近世代数

姚炳学 编著

科学出版社

北京

内 容 简 介

本书介绍了几类最基本的代数系统. 全书共五章: 第 1 章介绍基本概念, 它是后面各章的基础; 第 2 章介绍群的基本理论, 主要包括群的概念与性质、几类简单的群、子群、商群, 以及群的同态与同构; 第 3 章介绍环的基本理论, 主要包括环的概念与性质、理想与商环, 以及环的同态与同构; 第 4 章介绍整环里的因子分解理论; 第 5 章介绍域的扩张及其在几何作图中的应用.

本书可作为应用型普通高校数学与应用数学专业学生的选用教材, 也可作为其他从事代数学、信息科学、计算机科学研究的专业人员的参考用书.

图书在版编目（CIP）数据

近世代数 / 姚炳学编著. —北京：科学出版社，2018.1
ISBN 978-7-03-055483-3

Ⅰ. 近… Ⅱ. 姚… Ⅲ. 抽象代数 Ⅳ. O153

中国版本图书馆 CIP 数据核字（2017）第 282054 号

责任编辑：王胡权 / 责任校对：张凤琴
责任印制：张 伟 / 封面设计：迷底书装

科 学 出 版 社 出版
北京东黄城根北街 16 号
邮政编码：100717
http://www.sciencep.com
北京中石油彩色印刷有限责任公司 印刷
科学出版社发行 各地新华书店经销
*
2018 年 1 月第 一 版 开本：720 × 1000 B5
2022 年 8 月第五次印刷 印张：11 1/8
字数：225 000
定价：39.00 元
（如有印装质量问题，我社负责调换）

前 言

近世代数既是现代数学的基础，也是现代科学的基础，因为近世代数的概念和方法已经渗透到现代科学的各个分支．近世代数是每位数学工作者所必须具备的数学知识，也是研究物理学、计算机科学、信息科学等不可缺少的工具．近世代数的主要研究对象是代数系统的代数结构，而代数结构是重要的数学结构之一，是数学研究对象的一个重要方面．

近世代数是公认的比较难学的课程之一，尤其对于普通高等院校的学生．其原因在于近世代数概念抽象，推理严密，而且例子较少．应用型人才培养特色名校建设工程的开展，迫切要求出版一本适用普通高等院校、具备“少而精”特点的近世代数教材，既不能面面俱到，又必须包含最基本的内容．本书就是为应用型普通高等院校数学专业学生编写的．本书主要包括群论与环论两部分内容，虽然内容不多，但却体现了丰富的数学思想和方法．掌握这些数学思想与方法远比记忆概念本身与定理结论重要得多．希望学生通过一个学期的学习，理解和掌握近世代数的基本内容、基本方法和基本理论，初步具备应用近世代数的思想和理论处理和解决实际问题的能力，为进一步学习现代数学或从事数学教学打下坚实的基础．

本书内容一般 60 学时可讲完，带 * 号的内容可选学．在每一节后都附有适量的习题，这部分习题大都是基本的，学生在理解了教材的有关内容后就可独立完成．个别稍难的习题，需要对有关知识深刻理解，并掌握一定的解题技巧．

本书的编写得到“聊城大学应用型人才培养特色名校工程系列教材”出版基金的资助，也得到聊城大学数学科学学院领导的支持和同事的帮助，在此一并对他们表示衷心感谢．

限于编者水平，书中疏漏与不妥之处在所难免，恳请各位专家和读者批评指正．

编 者

2017 年 5 月

目　　录

第1章 基本概念

近世代数在数学的各个分支都有重要的应用. 近世代数的主要内容就是研究带有运算的集合, 即代数系统, 其中群与环是最重要的代数系统. 本书主要介绍这两种代数系统的基本内容.

本章主要介绍常用到的一些基本概念, 这些概念在后面的各章中都要用到.

1.1 集 合

集合(set)是近代数学上最基本的概念之一, 它是指由一些事物所组成的一个整体, 集合也简称为集. 组成集合的各个事物称为这个集合的元素或元.

当我们所讨论的问题限定在某一集合内时, 这个集合称为论域或全集, 记为U.

集合通常用大写拉丁字母$A,B,C,\cdots$表示. 特别地, $\mathbb{C}$表示**复数集**(the set of complex numbers), $\mathbb{R}$表示**实数集**(the set of real numbers), $\mathbb{Q}$表示**有理数集**(the set of rational numbers), $\mathbb{Z}$表示**整数集**(the set of integers), $\mathbb{N}$表示**自然数集**(the set of natural numbers), 即非负整数集. 另外, $\mathbb{C}^*$表示**非零复数集**, $\mathbb{R}^+$表示**正实数集**, $2\mathbb{Z}$表示**偶数集**, 其余类同.

集合中的元素常用小写拉丁字母$a,b,c,\cdots$来表示. 如果a是集合A中的一个元素, 就说a属于集合A, 记为$a\in A$; 如果a不是集合A中的元素, 就说a不属于集合A, 记为$a\notin A$. 不包含任何元素的集合称为**空集**(empty set), 记为$\varnothing$.

包含有限个元素的集合称为**有限集**(finite set), 包含无穷多个元素的集合称为**无限集**(infinite set). 有限集A所包含的元素个数用$|A|$表示, 特别地, $|\varnothing|=0$.

表示一个集合的方法通常有列举法和描述法.

列举法就是列出它的所有元素, 并用大括号括起来. 例如,

$$A=\{1,3,5,7\},\quad B=\{红,黄,蓝\},\quad C=\left\{1,\frac{1}{2},\frac{1}{3},\cdots\right\}.$$

描述法就是利用元素所具有的特性来刻画集合. 例如,

$$D=\{全体自然数\},\quad E=\{x\mid x^2-3x+2=0\}.$$

定义 1.1.1 如果集合A的每一个元素都属于集合B, 则称A是B的一个**子**

集(subset), 也称 A 包含于 B , 记为 $A \subseteq B$.

如果集合 A 是集合 B 的一个子集, 且集合 B 中有元素不在集合 A 中, 则称 A 是 B 的一个**真子集**(proper subset), 记为 $A \subset B$.

空集被认为是任何集合的子集.

由集合 A 的所有子集为元素构成的集合, 称为 A 的**幂集**(power set), 记为 $P(A)$. 例如, 若 $A=\{1,2,3\}$, 则 $P(A)=\{\varnothing,\{1\},\{2\},\{3\},\{1,2\},\{1,3\},\{2,3\},A\}$.

易知, 当 $|A|=n$ 时, $|P(A)|=2^n$.

当集合 A 与集合 B 有完全相同的元素时, 称 A 与 B **相等**, 记为 $A=B$. 显然, $A=B$ 当且仅当 $A \subseteq B$ 且 $B \subseteq A$.

定义 1.1.2 由集合 A 和集合 B 的所有公共元素构成的集合, 叫做 A 与 B 的**交集**(intersection set), 简称 A 与 B 的**交**, 记为 $A \cap B$.

例如, 若 $A=\{0,1,3,5\}, B=\{1,2,3\}, C=\{4,5,6\}$, 则 A 与 B 的交为 $A \cap B=\{1,3\}$. 而 B 与 C 的交为空集, 即 $B \cap C=\varnothing$.

定义 1.1.3 由集合 A 和集合 B 的所有元素作成的集合, 叫做 A 与 B 的**并集**(union set), 简称 A 与 B 的**并**, 记为 $A \cup B$.

例如, 在上面的例子中, A 与 B 的并为 $A \cup B=\{0,1,2,3,5\}$, 而 B 与 C 的并为 $B \cup C=\{1,2,3,4,5,6\}$.

定义 1.1.4 设论域为 U, A 为 U 的子集. 由 U 中不属于 A 的元素作成的集合, 叫做 A 的**补集**或**余集**(complementary set), 记为 A^{c} 或 A'.

例如, 若论域 $U=\{1,2,3,4,5,6,7,8,9,10\}$, $A=\{1,3,5,7,9\}$, 则 $A^{\mathrm{c}}=\{2,4,6,8,10\}$.

定义 1.1.5 设论域为 U, A,B 为 U 的子集, 由 U 中既属于 A 又不属于 B 的元素作成的集合, 叫做 A 与 B 的**差集**(difference set), 记为 $A-B$ 或 $A \setminus B$.

例如, 若论域 $U=\{1,2,3,4,5,6,7,8,9,10\}, A=\{1,3,5,7,9\}, B=\{1,2,3,4,5\}$, 则 $A-B=\{7,9\}$.

不难验证, 集合的运算满足以下性质.

定理 1.1.1 设论域为 U, A,B,C 为 U 的三个子集, 则有

(1) 幂等律: $A \cap A=A, A \cup A=A$;

(2) 交换律: $A \cap B=B \cap A, A \cup B=B \cup A$;

(3) 结合律: $(A \cap B) \cap C=A \cap(B \cap C),(A \cup B) \cup C=A \cup(B \cup C)$;

(4) 分配律: $A \cap(B \cup C)=(A \cap B) \cup(A \cap C), A \cup(B \cap C)=(A \cup B) \cap(A \cup C)$;

(5) 吸收律: $A \cap(A \cup B)=A, A \cup(A \cap B)=A$;

(6) 两极律: $A \cup U=U, A \cap U=A, A \cup \varnothing=A, A \cap \varnothing=\varnothing$;

(7) 补余律: $A \cup A^{\mathrm{c}}=U, A \cap A^{\mathrm{c}}=\varnothing$;

(8) 复原律: $(A^c)^c = A$;

(9) 对偶律: $(A\bigcup B)^c = A^c\bigcap B^c, (A\bigcap B)^c = A^c\bigcup B^c$.

集合的“交”与“并”, 可以推广到任意多个子集的情况.

设论域为U, I为一个非空指标集, 对每个$i\in I$, A_i为U的子集, 定义这些子集的**“交”**与**“并”**如下:

$$\bigcap_{i\in I}A_i = \{x\in U \mid \forall i\in I, x\in A_i\},\quad \bigcup_{i\in I}A_i = \{x\in U \mid \exists i\in I, 使x\in A_i\}.$$

容易验证, 当B也是U的子集时, 有

$$B\bigcup\left(\bigcap_{i\in I}A_i\right)=\bigcap_{i\in I}(B\bigcup A_i),\quad B\bigcap\left(\bigcup_{i\in I}A_i\right)=\bigcup_{i\in I}(B\bigcap A_i);$$

$$\left(\bigcup_{i\in I}A_i\right)^c=\bigcap_{i\in I}A_i^c,\quad \left(\bigcap_{i\in I}A_i\right)^c=\bigcup_{i\in I}A_i^c.$$

习题 1.1

1. 判断下列命题的真假.

(1) $a\in\{a\}$; (2) $a\subseteq\{a\}$; (3) $\{a\}\subseteq\{a\}$; (4) $a\in\{a,\{a\}\}$; (5) $\{a\}\subseteq\{a,\{a\}\}$;

(6) $\{a\}\in\{a,\{a\}\}$; (7) $\varnothing\subseteq\{a\}$; (8) $\varnothing\subseteq\varnothing$; (9) $\varnothing\in\{\varnothing\}$; (10) $\varnothing\subseteq\{\varnothing\}$.

2. 设A,B,C是论域U的三个子集. 证明:

(1) 若$A\bigcap B = A\bigcup B$, 则$A = B$;

(2) 若$A\bigcap B = A\bigcap C, A\bigcup B = A\bigcup C$, 则$B = C$.

3. 设A,B是两个有限集合. 证明:

$$|A\bigcup B| = |A| + |B| - |A\bigcap B|.$$

4. 设A,B,C是论域U的三个子集. 证明:

(1) $A - B = A\bigcap B^c$;

(2) $A-(B\bigcup C) = (A-B)\bigcap(A-C)$;

(3) $A-(B\bigcap C) = (A-B)\bigcup(A-C)$;

(4) $A\bigcap(B-C) = (A\bigcap B)-(A\bigcap C)$;

(5) $(A-B)\bigcup(B-A) = (A\bigcup B)-(A\bigcap B)$.

1.2　映　　射

映射是在两个集合之间建立的一种联系, 通过映射来研究代数系统, 是近世代数中一种重要的研究方法.

定义 1.2.1　设X与Y是两个非空集合, 如果有一个对应法则f, 使得对于

X 中每个元素 x，在 Y 中都有一个唯一确定的元素 y 与它对应，则称 f 为集合 X 到集合 Y 的一个**映射**(mapping)，X 称为这个映射的**定义域**(domain)，记为

$$f: X \to Y,$$
$$x \mapsto f(x),$$

也可简记为 $f: X \to Y$ 或 $f: x \mapsto y, \forall x \in X$. 并且把 $y = f(x)$ 叫做 x 在映射 f 之下的**像**(image)，而 x 叫做 y 在映射 f 之下的**原像**或**逆像**(preimage).

例 1.2.1 设 $X = \{a,b,c\}, Y = \{1,3,5,7\}$，则

$$f: X \to Y,$$
$$a \mapsto 1, \quad b \mapsto 3, \quad c \mapsto 7$$

是 X 到 Y 的一个映射；而

$$g: X \to Y,$$
$$a \mapsto 1, \quad b \mapsto 1, \quad c \mapsto 1$$

也是 X 到 Y 的一个映射；但

$$h: X \to Y,$$
$$a \mapsto 1, \quad b \mapsto 7$$

不是 X 到 Y 的映射，因为 X 中的元素 c 在 h 下没有像.

例 1.2.2 设 $\mathbb{Q}$ 为有理数集，则法则

$$f: \mathbb{Q} \to \mathbb{Q},$$
$$\frac{b}{a} \mapsto a + b$$

不是 $\mathbb{Q}$ 到 $\mathbb{Q}$ 的映射，因为对于 $\frac{1}{2}$ 和 $\frac{2}{4}$，显然它们在 $\mathbb{Q}$ 中表示同一个元素，但是按照对应法则 f，它们的像却不同，从而不符合映射的定义.

从上面的例子可以看出，集合 X 到集合 Y 的一个对应法则 f 必须满足下列三个条件时才是 X 到 Y 的一个映射:

(1) X 中的每个元素在对应法则 f 下都有确定的像;

(2) X 中的每个元素的像都在 Y 中;

(3) X 中的相等的元素的像也相等.

定义 1.2.2 设 f 是集合 X 到集合 Y 的一个映射.

(1) 若 A 是 X 的一个子集，则称 Y 的子集

$$\{f(x) \mid x \in A\}$$

为 A 在 f 下的像，记为 $f(A)$. 特别地，$f(X)$ 称为 f 的**值域**(codomain)，也记为 $\operatorname{Im} f$.

(2) 若 B 是 Y 的一个子集, 则称 X 的子集

$$\{x \in X \mid f(x) \in B\}$$

为 B 在 f 下的**逆像**, 记为 $f^{-1}(B)$. 特别地, 当 $B=\{b\}$ 为单元素集合时, $f^{-1}(\{b\})$ 也简记为 $f^{-1}(b)$.

根据上面所述定义, 若 B 是 Y 的子集, 则 $x \in f^{-1}(B) \Leftrightarrow f(x) \in B$. 并且 $f(\varnothing)=\varnothing$, $f^{-1}(\varnothing)=\varnothing$.

在例 1.2.1 中, 若 $A=\{a,b\}, B=\{5,7\}$, 则 $f(A)=\{1,3\}, f^{-1}(B)=\{c\}$, $\operatorname{Im} f=\{1,3,7\}$.

定义 1.2.3　设 f 与 g 都是集合 X 到集合 Y 的映射. 如果对 X 中每个元素 x 都有 $f(x)=g(x)$, 则称映射 f 与映射 g **相等**, 记为

$$f=g.$$

例如, 设 $X=\{1,2,3\}, Y=\{2,4,6,8,10\}$,

$$f: x \mapsto 2^x, \quad g: x \mapsto x^2-x+2,$$

则 $f=g$. 因为 $f(1)=2=g(1), f(2)=4=g(2), f(3)=8=g(3)$.

定义 1.2.4　设 f 是集合 X 到集合 Y 的一个映射. 若在 f 下 Y 中每个元素在 X 中都有逆像, 即对任意的 $y \in Y$, 存在 $x \in X$, 使 $f(x)=y$, 则称 f 是 X 到 Y 的一个**满射**(surjection).

根据这个定义, 集合 X 到集合 Y 的映射 f 是满射当且仅当 $f(X)=Y$.

定义 1.2.5　设 f 是集合 X 到集合 Y 的一个映射. 若在 f 下 X 中不相等的元素在 Y 中的像也不相等, 即由 $x_1 \neq x_2$ 能推出 $f(x_1) \neq f(x_2)$, 则称 f 是 X 到 Y 的一个**单射**(injection).

显然, 映射 $f: X \to Y$ 是单射, 当且仅当 f 满足 $f(x_1)=f(x_2) \Rightarrow x_1=x_2$, $\forall x_1, x_2 \in X$.

定义 1.2.6　设 f 是集合 X 到集合 Y 的一个映射. 若 f 既是满射, 又是单射, 则称 f 是 X 到 Y 的一个**双射**(bijection).

当 f 是集合 X 到集合 Y 的一个双射时, 对于任意的 $y \in Y$, 由于只有唯一的 $x \in X$, 使 $f(x)=y$, 因此法则

$$Y \to X,$$

$$y \mapsto x, \quad \text{使 } f(x)=y$$

给出了一个集合 Y 到集合 X 的映射, 而且是个双射. 这个映射称为 f 的逆映射, 记为 f^{-1}, 即 $f^{-1}(y)=x$.

应注意, 只有当 f 是一个双射时, f 才有逆映射 f^{-1}, 此时 $f^{-1}(y)$ 是一个元素. 而当 f 为一般映射时, $f^{-1}(y)$ 是一个集合, 即

$$f^{-1}(y)=f^{-1}(\{y\})=\{x\in X\mid f(x)=y\}.$$

定理 1.2.1 设 X 与 Y 是两个有限集合，且 $|X|=|Y|$，则集合 X 到集合 Y 的一个映射 f 是满射当且仅当 f 是单射.

证 设 $|X|=|Y|=n$，且 $X=\{x_1,x_2,\cdots,x_n\}, Y=\{y_1,y_2,\cdots,y_n\}$，

$$f: x_i \to y_{k_i} \quad (i=1,\cdots,n; 1\leqslant k_i\leqslant n)$$

是 X 到 Y 的一个映射.

若 f 是满射，则由 $x_1\neq x_2$，必有 $y_{k_1}\neq y_{k_2}$. 因若 $y_{k_1}=y_{k_2}$，则

$$f(X)=\{y_{k_1},y_{k_2},\cdots,y_{k_n}\}$$

最多有 $n-1$ 个元素，因此 $f(X)\neq Y$，这与 f 是满射矛盾. 这种讨论对 X 中任意两个元素都成立，因此 f 是单射.

反之，设 f 是单射，则由于 X 中不同元素的像也不同，故 $|f(X)|=n=|Y|$. 但 $f(X)\subseteq Y$，故 $f(X)=Y$，即 f 是满射. □

由上述定理，容易得到下面的结论.

推论 1.2.1 如果 X 与 Y 是两个有限集合，且 $|X|=|Y|$，则 X 到 Y 的映射 f 是双射当且仅当 f 是满(单)射.

根据定义 1.2.2，映射 $f: X\to Y$ 可以诱导下列两个映射:

$$f: P(X)\to P(Y),$$
$$A\mapsto f(A)=\{f(x)\mid x\in A\}, \quad \forall A\subseteq X$$

及

$$f^{-1}: P(Y)\to P(X),$$
$$B\mapsto f^{-1}(B)=\{x\in X\mid f(x)\in B\}, \quad \forall B\subseteq Y.$$

在这里，我们依然用 f 表示映射 $P(X)\to P(Y)$. 因为如果对 $f(x)$ 与 $f(\{x\})$ 不加区别的话，映射 $f: P(X)\to P(Y)$ 可以看成是映射 $f: X\to Y$ 的扩展.

需要注意的是，符号 f^{-1} 可以表示映射 $f^{-1}: P(Y)\to P(X)$，也可以表示 f 的逆映射，但只有当 f 为双射时，f 才能有逆映射 f^{-1}.

不难验证，映射 $f: P(X)\to P(Y)$ 与 $f^{-1}: P(Y)\to P(X)$ 满足下列性质.

定理 1.2.2 设 $f: X\to Y$ 是一个映射，$A, A_1, A_2\subseteq X$，$B, B_1, B_2\subseteq Y$，则下列性质成立.

(1) $A_1\subseteq A_2 \Rightarrow f(A_1)\subseteq f(A_2)$.

(2) $B_1\subseteq B_2 \Rightarrow f^{-1}(B_1)\subseteq f^{-1}(B_2)$.

(3) $f(A_1\cup A_2)=f(A_1)\cup f(A_2)$，$f(A_1\cap A_2)\subseteq f(A_1)\cap f(A_2)$.

(4) $f^{-1}(B_1 \cup B_2) = f^{-1}(B_1) \cup f^{-1}(B_2)$, $f^{-1}(B_1 \cap B_2) = f^{-1}(B_1) \cap f^{-1}(B_2)$.

(5) $f^{-1}(B^c) = f^{-1}(B)^c$.

(6) $A \subseteq f^{-1}(f(A))$, 当 f 是单射时 "=" 成立; $f(f^{-1}(B)) \subseteq B$, 当 f 是满射时 "=" 成立.

证明留作习题.

定义 1.2.7 设 f 是集合 X 到集合 Y 的一个映射, 而 g 是集合 Y 到集合 Z 的一个映射. 对于任意的 $x \in X$, 规定

$$h(x) = g(f(x)),$$

则 h 是集合 X 到集合 Z 的一个映射, 称为映射 f 与 g 的**合成**(composition), 记为 $g \circ f$, 即

$$(g \circ f)(x) = g(f(x)), \quad \forall x \in X.$$

映射 f 与 g 的合成 $g \circ f$ 有时也简记为 gf.

映射的合成可用图 1.2.1 表示出来, 这种图称为**交换图**(commuting diagram).

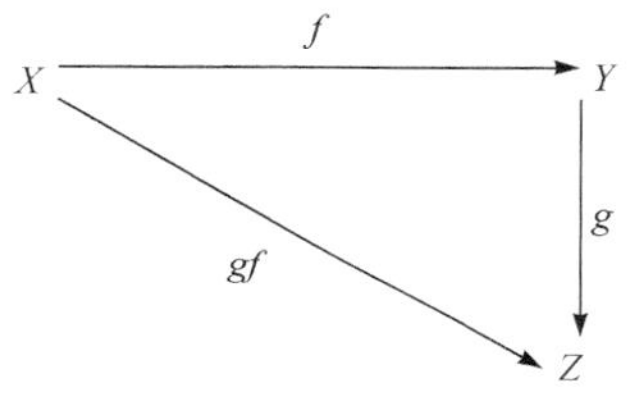

图 1.2.1　交换图

映射的合成满足下列性质.

定理 1.2.3 设 $f: X \to Y$, $g: Y \to Z$, $h: Z \to W$ 是三个映射, 则

$$(h \circ g) \circ f = h \circ (g \circ f).$$

证 显然 $(h \circ g) \circ f$ 与 $h \circ (g \circ f)$ 有相同的定义域 X. 又对任意的 $x \in X$,

$$((h \circ g) \circ f)(x) = (h \circ g)(f(x)) = h(g(f(x))),$$

$$(h \circ (g \circ f))(x) = h((g \circ f)(x)) = h(g(f(x))),$$

因此, $(h \circ g) \circ f = h \circ (g \circ f)$. □

定义 1.2.8 集合 X 到自身的映射, 叫做集合 X 的一个**变换**(transformation).

同样可以定义满射变换、单射变换、双射变换. 集合 X 的双射变换也称为 X 的一一变换.

定理 1.2.4 含 n 个元素的任意集合共有 $n!$ 个双射变换.

证 设 $X = \{1, 2, \cdots, n\}$, 则对 X 的每个双射变换 φ, 都能确定元素 $1, 2, \cdots, n$ 的一个全排列

$$\varphi(1)\varphi(2)\cdots\varphi(n).$$

反之, 元素 $1, 2, \cdots, n$ 的任意一个全排列都确定 X 的一个双射变换; 而且不同的排列确定不同的双射变换. 因此这 n 个元素有多少个全排列, X 就有多少个双射变换. 由于 n 个元素共有 $n!$ 个全排列, 故 X 共有 $n!$ 个双射变换. □

集合 X 的变换

$$f: x \mapsto x, \quad \forall x \in X$$

称为 X 的**恒等变换**(identity transformation), 通常记为 1_X .

恒等变换必为一一变换, 但一一变换不一定是恒等变换.

例如, $f: n \mapsto n+1, \forall n \in \mathbb{Z}$ 是整数集 $\mathbb{Z}$ 的一个一一变换, 但显然不是 $\mathbb{Z}$ 的恒等变换.

不难验证, 若 $f: X \to Y$ 是映射, 则

$$1_Y \circ f = f, \quad f \circ 1_X = f.$$

习题 1.2

1. 设 $F^{2\times 2}$ 为数域 F 上全体 2 阶方阵作成的集合. 问

$$f: \boldsymbol{A} \mapsto |\boldsymbol{A}|, \quad \forall \boldsymbol{A} \in F^{2\times 2}$$

是否是 $F^{2\times 2}$ 到 F 的一个映射? 是否是满射或单射?

2. 设 $f: X \to Y$, $g: Y \to Z$ 是两个映射. 证明:

(1) 若 f, g 为单射, 则 gf 为单射;

(2) 若 f, g 为满射, 则 gf 为满射;

(3) 若 gf 为单射, 则 f 为单射;

(4) 若 gf 为满射, 则 g 为满射.

3. 证明定理 1.2.2.

4. 设 $f: X \to Y$ 是一个映射. 证明:

(1) f 为单射 $\Leftrightarrow$ 存在映射 $g: Y \to X$, 使 $gf = 1_X$;

(2) f 为满射 $\Leftrightarrow$ 存在映射 $g: Y \to X$, 使 $fg = 1_Y$.

5. 设 $X = \{x_1, x_2, \cdots, x_n\}, Y = \{y_1, y_2, \cdots, y_m\}$. 问

(1) 从 X 到 Y 可以规定多少个不同的映射?

(2) 当 $m = n$ 时, 从 X 到 Y 可以规定多少个不同的双射?

1.3 卡氏积与代数运算

集合与映射是近代数学中的最基本的概念, 而代数运算则是一种特殊的映射.

定义 1.3.1 设 X, Y 是两个非空集合, 称集合

$$\{(x, y) \mid x \in X, y \in Y\}$$

为集合 X 与集合 Y 的**笛卡儿积**(Cartesian product), 简称**卡氏积**, 记为 $X \times Y$. 即 $X \times Y = \{(x, y) \mid x \in X, y \in Y\}$, 且规定

$$(x_1, y_1) = (x_2, y_2) \Leftrightarrow x_1 = x_2, y_1 = y_2.$$

一般地，$X \times Y \neq Y \times X$. 例如，设 $X = \{1,2\}, Y = \{a,b,c\}$，则

$$X \times Y = \{(1,a),(1,b),(1,c),(2,a),(2,b),(2,c)\},$$

$$Y \times X = \{(a,1),(a,2),(b,1),(b,2),(c,1),(c,2)\}.$$

当 X,Y 都有限时，$|X \times Y| = |Y \times X|$.

卡氏积的概念可以推广到 n 个集合的情形. 设 $X_1, X_2, \cdots, X_n$ 为 n 个集合，则称集合

$$\{(x_1, x_2, \cdots, x_n) \mid x_i \in X_i, i = 1, 2, \cdots, n\}$$

为集合 $X_1, X_2, \cdots, X_n$ 的**卡氏积**，记为 $X_1 \times X_2 \times \cdots \times X_n$ 或 $\prod_{i=1}^{n} X_i$.

定义 1.3.2　设 X,Y,Z 是三个非空集合. 集合 $X \times Y$ 到集合 Z 的一个映射叫做一个 $X \times Y$ 到 Z 的**代数运算**(algebraic operation). 特别地，$X \times X$ 到 X 的代数运算称为 X 的代数运算，也称为 X 的**二元运算**或**运算**.

一个代数运算通常用 $\circ$ 表示，并将 (x,y) 在 $\circ$ 下的像记为 $a \circ b$，即元素 x 与 y 在运算 $\circ$ 下的结果为 $a \circ b$. 在不会引起混淆的情况下也将 $a \circ b$ 简记为 ab.

例 1.3.1　一个 $\mathbb{Z} \times \mathbb{Z}^*$ 到有理数集 $\mathbb{Q}$ 的映射

$$\circ : (a,b) \mapsto \frac{a}{b}$$

是 $\mathbb{Z} \times \mathbb{Z}^*$ 到 $\mathbb{Q}$ 的一个代数运算.

例 1.3.2　设 M 是数域 F 上的 n 维向量空间，则映射

$$\circ : (\lambda, \boldsymbol{\alpha}) \mapsto \lambda \boldsymbol{\alpha}$$

是 $F \times M$ 到 M 的一个代数运算.

今后我们将主要讨论集合 M 的二元运算.

当 $M = \{x_1, x_2, \cdots, x_n\}$ 是一个有限集合时，M 的代数运算 $\circ$ 可以用下面的矩形表来表示:

$\circ$	x_1	x_2	$\cdots$	x_n
x_1	d_{11}	d_{12}	$\cdots$	d_{1n}
x_2	d_{21}	d_{22}	$\cdots$	d_{2n}
$\vdots$	$\vdots$	$\vdots$		$\vdots$
x_n	d_{n1}	d_{n2}	$\cdots$	d_{nn}

其中，$d_{ij}=x_i\circ x_j, i=1,2,\cdots,n, j=1,2,\cdots,n.$

这个表称为 M 的**运算表**或**乘法表**(multiplication table).

当非空集合 M 有代数运算 $\circ$ 时，称 $(M,\circ)$ 是一个**代数系统**(algebraic system)，或简称 M 是一个代数系统. 更一般地，一个代数系统可以有多个代数运算.

例如，数的普通加法、减法与乘法都是整数集、有理数集、实数集和复数集的代数运算.

例 1.3.3 设 M 是一个非空集合，则子集的“并”与“交”是 M 的幂集 $P(M)$ 的两个代数运算.

下面我们给出变换的一种代数运算.

设 M 是一个非空集合，$T(M)$ 是由 M 的全体变换作成的集合. 任取 $\sigma,\tau\in T(M)$，定义 $\sigma\tau$ 为

$$\sigma\tau: x\mapsto\sigma(\tau(x)),\quad \forall x\in M,$$

则显然 $\sigma\tau\in T(M)$，从而是 $T(M)$ 的一个代数运算，并称这个代数运算为**变换的乘法**(multiplication of transformation)，即变换的乘法就是变换的合成.

若 $S(M)$ 表示 M 的全体一一变换的集合，则 $S(M)$ 是 $T(M)$ 的一个子集. 下面证明，变换的乘法也是 $S(M)$ 的代数运算，即 M 的任意两个一一变换的“乘积”仍是 M 的一一变换.

事实上，任取 $\sigma,\tau\in S(M)$，$a\in M$，则由于 σ 是 M 的一个满射变换，所以存在 $b\in M$，使 $\sigma(b)=a$. 又因为 τ 也是 M 的一个满射变换，所以存在 $c\in M$，使 $\tau(c)=b$. 于是

$$(\sigma\tau)(c)=\sigma(\tau(c))=\sigma(b)=a,$$

即 $\sigma\tau$ 是 M 的满射变换.

任取 $x,y\in M$，若有 $(\sigma\tau)(x)=(\sigma\tau)(y)$，则 $\sigma(\tau(x))=\sigma(\tau(y))$. 由于 σ 是 M 的单射变换，故 $\tau(x)=\tau(y)$. 而 τ 也是 M 的单射变换，所以 $x=y$. 因此，$\sigma\tau$ 是 M 的单射变换.

这说明 $\sigma\tau$ 是 M 的一一变换，故变换的乘法也是 $S(M)$ 的代数运算.

习题 1.3

1. 设 M 为正整数集，下列各个法则 $\circ$ 是否是 M 的代数运算？

(1) $a\circ b=a+b-1$；

(2) $a\circ b=b$；

(3) $a\circ b=\dfrac{a}{b}$；

(4) $a \circ b = 1$；

(5) $a \circ b = a + b - ab$.

2. 设 X,Y,Z 是三个非空有限集合，且 $|X| = m, |Y| = n, |Z| = r$. 问 $X \times Y$ 到 Z 共有多少种不同的代数运算?

3. 设 M 是含有 n 个元素的集合. 求 $|S(M)|$ 与 $|T(M)|$.

1.4 运 算 律

我们知道，数的加法与乘法既满足结合律，又满足交换律. 而矩阵的乘法不满足交换律. 本节将介绍集合 M 的一般代数运算的运算规律.

定义 1.4.1 设 $\circ$ 是集合 M 的一个代数运算，如果对 M 中任意元素 a,b,c，都有

$$(a \circ b) \circ c = a \circ (b \circ c),$$

则称 M 的这个代数运算 $\circ$ 满足**结合律**(associative law).

例如，数、多项式、矩阵及函数的通常的加法与乘法都满足结合律，而它们的减法运算不满足结合律.

例 1.4.1 设 M 为自然数集，则 M 的代数运算

$$a \circ b = ab + 1, \quad \forall a, b \in M$$

不满足结合律.

证 因为虽然有 $1, 2 \in M$，但却有

$$(1 \circ 1) \circ 2 = 5 \neq 4 = 1 \circ (1 \circ 2),$$

因此所给的代数运算不满足结合律.

例 1.4.2 变换的乘法满足结合律.

证 由定理 1.2.3 可知，变换的乘法满足结合律.

当集合 M 的代数运算 $\circ$ 满足结合律时，由于对任意的 $a_1, a_2, a_3 \in M$，都有

$$(a_1 \circ a_2) \circ a_3 = a_1 \circ (a_2 \circ a_3),$$

因此，只要三个元素的排列顺序不变，就有两种不同的加括号方法，即 $(a_1 \circ a_2) \circ a_3$ 与 $a_1 \circ (a_2 \circ a_3)$，其结果相同. 从而可以用 $a_1 \circ a_2 \circ a_3$ 表示 $(a_1 \circ a_2) \circ a_3$ 或 $a_1 \circ (a_2 \circ a_3)$.

当集合 M 的代数运算 $\circ$ 不满足结合律时，对于 M 的三个元素 a_1, a_2, a_3，式子 $a_1 \circ a_2 \circ a_3$ 并无实际意义. 更一般地，对于 M 的任意 n 个元素 $a_1, a_2, \cdots, a_n$，当元素排列顺序不改变时，可以证明，共有 $s = \dfrac{(2n-2)!}{n!(n-1)!}$ 种不同的加括号方法，从而有 s

种运算结果, 分别记为

$$\pi_1(a_1 \circ a_2 \circ \cdots \circ a_n), \pi_2(a_1 \circ a_2 \circ \cdots \circ a_n), \cdots, \pi_s(a_1 \circ a_2 \circ \cdots \circ a_n).$$

定理 1.4.1 若集合 M 的代数运算 $\circ$ 满足结合律, 则对 M 中的任意 $n\ (n \geqslant 3)$ 个元素 $a_1, a_2, \cdots, a_n$, 只要不改变元素的排列顺序, 无论怎样加括号, 其结果都相等.

证 对任意的 $1 \leqslant j \leqslant s$, 我们证明: $\pi_j(a_1 \circ a_2 \circ \cdots \circ a_n)$ 都是 M 中同一个确定的元素.

对元素个数 n 应用数学归纳法.

由于代数运算 $\circ$ 满足结合律, 所以当 $n=3$ 时, 结论显然成立.

假设对元素个数小于或等于 $n-1$ 时结论成立, 考虑元素个数为 n 的情形. 由于不管怎样加括号, 其最后一步总是 M 中两个元素作运算, 故不妨设

$$\pi_j(a_1 \circ a_2 \circ \cdots \circ a_n) = b_1 \circ b_2,$$

且设 b_1 是 $a_1, a_2, \cdots, a_n$ 中前 $k (1 \leqslant k < n)$ 个元素运算所得的结果, b_2 是后 $n-k$ 个元素运算所得的结果, 即 $b_1 = a_1 \circ a_2 \circ \cdots \circ a_k$, $b_2 = a_{k+1} \circ a_{k+2} \circ \cdots \circ a_n$. 由归纳假设, 它们都是唯一确定的, 故

$$\begin{aligned}\pi_j(a_1 \circ a_2 \circ \cdots \circ a_n) &= b_1 \circ b_2 = (a_1 \circ a_2 \circ \cdots \circ a_k) \circ (a_{k+1} \circ a_{k+2} \circ \cdots \circ a_n) \\ &= [a_1 \circ (a_2 \circ \cdots \circ a_k)] \circ (a_{k+1} \circ \cdots \circ a_n) \\ &= a_1 \circ [(a_2 \circ \cdots \circ a_k) \circ (a_{k+1} \circ \cdots \circ a_n)] = a_1 \circ (a_2 \circ \cdots \circ a_n).\end{aligned}$$

由归纳假设, $a_2 \circ \cdots \circ a_n$ 是 M 中唯一确定的元素, 从而 $a_1 \circ (a_2 \circ \cdots \circ a_n)$ 是 M 中唯一确定的元素. 因此, 每个 $\pi_j(a_1 \circ a_2 \circ \cdots \circ a_n)$ 都等于这个确定的元素. 从而结论对一切 n 都成立, 即

$$\pi_1(a_1 \circ a_2 \circ \cdots \circ a_n) = \pi_2(a_1 \circ a_2 \circ \cdots \circ a_n) = \cdots = \pi_s(a_1 \circ a_2 \circ \cdots \circ a_n).$$ □

由上述定理可知, 若集合 M 的代数运算 $\circ$ 满足结合律, 则对 M 中的任意 n 个元素 $a_1, a_2, \cdots, a_n$, 只要不改变元素的排列顺序, 无论怎样加括号, 都不改变运算结果. 因此可以用

$$a_1 \circ a_2 \circ \cdots \circ a_n$$

表示任意一种加括号方法所得的运算结果.

特别地, 数、多项式、矩阵和线性变换的加法与乘法都满足结合律. 因此, 在对这些对象进行这样的运算时可以任意结合, 而不必加括号.

定义 1.4.2 设 $\circ$ 是集合 M 的一个代数运算, 如果对 M 中任意元素 a, b 都有

$$a \circ b = b \circ a,$$

则称代数运算 $\circ$ 满足**交换律**(commutative law).

当 M 为有限集合时，通过运算表可以很容易地看出运算是否满足交换律. 运算满足交换律当且仅当运算表中关于主对角线对称的元素相等.

定理 1.4.2　若集合 M 的代数运算 $\circ$ 既满足结合律又满足交换律，则对 M 中任意 n 个元素进行运算时，可以任意结合和交换元素的前后次序，其结果均相等.

证　对元素的个数 n 应用数学归纳法.

当 $n=2$ 时，结论显然成立. 假设对元素个数为 $n-1$ 时结论成立，下面考虑元素个数为 n 的情形.

在 M 中任取 n 个元素 $a_1,a_2,\cdots,a_n$，并设 $i_1i_2\cdots i_n$ 是 $1,2,\cdots,n$ 的任意一个排列，我们证明

$$a_{i_1}\circ a_{i_2}\circ\cdots\circ a_{i_n}=a_1\circ a_2\circ\cdots\circ a_n.$$

由于 $i_1i_2\cdots i_n$ 是 $1,2,\cdots,n$ 的一个排列，所以在 $i_1,i_2,\cdots,i_n$ 中必有一个为 n，不妨设 $i_k=n$. 由于代数运算 $\circ$ 满足结合律和交换律，故

$$\begin{aligned}a_{i_1}\circ a_{i_2}\circ\cdots\circ a_{i_n}&=(a_{i_1}\circ\cdots\circ a_{i_{k-1}})\circ[a_n\circ(a_{i_{k+1}}\circ\cdots\circ a_{i_n})]=(a_{i_1}\circ\cdots\circ a_{i_{k-1}})]\circ[(a_{i_{k+1}}\circ\cdots\circ a_{i_n})\circ a_n]\\&=[(a_{i_1}\circ\cdots\circ a_{i_{k-1}})\circ(a_{i_{k+1}}\circ\cdots\circ a_{i_n})]\circ a_n=(a_1\circ a_2\circ\cdots\circ a_{n-1})\circ a_n\\&=a_1\circ a_2\circ\cdots\circ a_n.\end{aligned}$$

因此，结论对一切 n 都成立，即对任意个 $n(n\geqslant 2)$ 个元素无论怎样加括号和交换顺序，其结果都是相等的. □

当一个集合 M 有两个代数运算 $\circ$ 与 $\oplus$ 时，可以考虑分配律.

定义 1.4.3　设集合 M 有两个代数运算 $\circ$ 与 $\oplus$，如果对 M 中任意元素 a,b,c，都有

$$a\circ(b\oplus c)=(a\circ b)\oplus(a\circ c),$$

则称 $\circ$ 对 $\oplus$ 满足**左分配律**(left distributive law)；如果

$$(b\oplus c)\circ a=(b\circ a)\oplus(c\circ a),$$

则称 $\circ$ 对 $\oplus$ 满足**右分配律**(right distributive law).

当 $\circ$ 对 $\oplus$ 既满足左分配律又满足右分配律时，称 $\circ$ 对 $\oplus$ 满足**分配律**(distributive law).

定理 1.4.3　设集合 M 有两个代数运算 $\circ$ 与 $\oplus$，其中 $\oplus$ 满足结合律，而 $\circ$ 对 $\oplus$ 满足左分配律，则对 M 中任意元素 a 及 $b_1,b_2,\cdots,b_n$，有

$$a\circ(b_1\oplus b_2\oplus\cdots\oplus b_n)=(a\circ b_1)\oplus\cdots\oplus(a\circ b_n).$$

证　对 n 应用数学归纳法即可得证. □

对右分配律有类似的结论，不再赘述.

习题 1.4

1. 下列各集合的代数运算是否满足结合律？是否满足交换律？

(1) M 为实数集，$a \circ b = 2a + b$；

(2) M 为整数集，$a \circ b = a^2 - ab + b^2$；

(3) M 为整数集，$a \circ b = \max\{a,b\}$.

2. 设 $M = \{a,b,c\}$ 的代数运算 $\circ$ 满足结合律和交换律，试完成下面的运算表.

$\circ$	a	b	c
a	a		
b	b	c	a
c	c		

3. 设 $M = \{0,a,b,c\}$ 的代数运算 $\oplus$ 与 $\circ$ 由下列运算表给出:

$\oplus$	0	a	b	c
0	0	a	b	c
a	a	0	c	b
b	b	c	0	a
c	c	b	a	0

$\circ$	0	a	b	c
0	0	0	0	0
a	0	0	0	0
b	0	a	b	c
c	0	a	b	c

证明:

(1) 运算 $\oplus$ 满足结合律与交换律;

(2) 运算 $\circ$ 满足结合律;

(3) 运算 $\circ$ 对 $\oplus$ 满足分配律;

4. 设集合 M 有两个代数运算 $\circ$ 与 $\oplus$，其中 $\oplus$ 满足结合律，而 $\circ$ 对 $\oplus$ 满足分配律，则对 M 中任意元素 $a_1,a_2,\cdots,a_m$ 及 $b_1,b_2,\cdots,b_n$, 有

$$\begin{aligned}&(a_1 \oplus a_2 \oplus \cdots \oplus a_m)\circ(b_1 \oplus b_2 \oplus \cdots \oplus b_n)\\ =&(a_1\circ b_1)\oplus\cdots\oplus(a_1\circ b_n)\\ &\oplus(a_2\circ b_1)\oplus\cdots\oplus(a_2\circ b_n)\\ &\oplus\cdots\oplus(a_m\circ b_1)\oplus\cdots\oplus(a_m\circ b_n).\end{aligned}$$

1.5　等价关系与集合的分类

对集合进行分类是研究代数系统的有效方法，而等价关系对于集合的分类起着重要作用.

定义 1.5.1 设 X,Y 为两个非空集合，则称 $X\times Y$ 的任意一个子集 R 为 X 到 Y 的一个**二元关系**(binary relation)，简称 X 到 Y 的**关系**. 当 $(x, y)\in R$ 时，称 x 与 y 有关系 R，记为 xRy. 当 $(x, y)\notin R$ 时，称 x 与 y 没有关系 R，记为 $x\overline{R}y$.

由于 X 到 Y 的关系 R 是 $X\times Y$ 的一个子集，因而与子集一样，关系也有"并"与"交"运算.

若 R 是 X 到 Y 的关系，则集合

$$\{(y,x)\mid(x,y)\in R\}$$

是 $Y\times X$ 的一个子集，从而是 Y 到 X 的一个关系. 这个关系称为 R 的**逆关系**(inverse relation)，记为 R^{-1}.

若 R_1 是 X 到 Y 的关系，R_2 是 Y 到 Z 的关系，则

$$\{(x,z)\in X\times Z\mid \exists y\in Y, 使\ xR_1y, yR_2z\}$$

是 $X\times Z$ 的一个子集，从而是 X 到 Z 的一个关系. 这个关系称为 R_1 与 R_2 的**合成**(composition)，记为 $R_1\circ R_2$.

当 $X=Y=M$ 时，相应的二元关系称为 M 上的二元关系或 M 的二元关系，简称为 M 的关系.

例 1.5.1 设 $M=\{a,b,c\}$，则

$$R_1=\{(a,a),(b,b),(c,c)\},\quad R_2=\{(a,a),(b,b),(c,c),(a,b)\}$$

都是 M 的二元关系.

定义 1.5.2 设 R 是集合 M 的一个关系. 如果 R 满足:

(1) **反身性**(reflexivity): 对任意的 $a\in M$，aRa；

(2) **对称性**(symmetry): 对任意的 $a,b\in M$，$aRb\Rightarrow bRa$；

(3) **传递性**(transitivity): 对任意的 $a,b,c\in M$，$aRb,bRc\Rightarrow aRc$，

则称 R 是集合 M 的一个**等价关系**(equivalence relation).

等价关系常用符号"~"表示. 当 $a\sim b$ 时，称 a 与 b 等价.

例如，在例 1.5.1 中 R_1 是集合 M 的一个等价关系.

例 1.5.2 设 $\mathbb{R}$ 是实数集，则 $R_1=\{(a,b)\in\mathbb{R}\times\mathbb{R}\mid a=b\}$ 是 $\mathbb{R}$ 的一个等价关系. 但 $R_2=\{(a,b)\in\mathbb{R}\times\mathbb{R}\mid a\leqslant b\}$ 不是 $\mathbb{R}$ 的等价关系，因为虽然有 $3R_25$，但却得不到 $5R_23$，即对称性不成立.

定义 1.5.3 若把非空集合 M 的全体元素分成若干个互不相交的非空子集，则称这些非空子集的集合为集合 M 的一个**分类**(partition)，而每个这样的子集叫做 M 的一个**类**(class).

根据上述定义，所谓集合 M 的一个分类是指 M 的一个子集族 $S=\{A_i\mid i\in I\}$，满足

(1) $A_i \neq \varnothing, \forall i \in I$;

(2) $M = \bigcup\{A_i \mid i \in I\}$;

(3) 当 $i \neq j$ 时, $A_i \cap A_j = \varnothing$.

例 1.5.3　设 $M = \{1,2,3,4\}$, 则 $S_1 = \{\{1,2\},\{3,4\}\}$ 是 M 的一个分类, 而 $S_2 = \{\{1,2\},\{1,4\},\{3\}\}$ 不是 M 的一个分类, 因为 $\{1,2\} \cap \{1,4\} \neq \varnothing$.

集合的分类与集合的等价关系有密切的联系.

定理 1.5.1　设 $S = \{A_i \mid i \in I\}$ 是集合 M 的一个分类. 定义 M 的关系 R 如下:

$$aRb \Leftrightarrow a \text{ 与 } b \text{ 在同一个类},$$

则 R 是 M 的一个等价关系.

证　由分类的定义, R 是 M 的一个二元关系, 而且显然有 $aRa, \forall a \in M$.

对任意的 $a,b \in M$, 若有 aRb, 则 a 与 b 在同一个类, 从而 b 与 a 在同一个类, 即有 bRa.

对任意的 $a,b,c \in M$, 若有 aRb, bRc, 则 a 与 b 在同一个类, b 与 c 也在同一个类, 从而 a 与 c 在同一个类, 即有 aRc.

这说明 R 是 M 的一个等价关系. □

定理 1.5.2　设“~”是集合 M 的一个等价关系. 对于任意的 $a \in M$, 令

$$[a] = \{x \in M \mid x \sim a\},$$

则集合 $\{[a] \mid a \in M\}$ 是 M 的一个分类.

证　对任意的 $a \in M$, 由于 $a \sim a$, 所以 $a \in [a]$, 因此 $[a] \neq \varnothing$, 并且显然有 $\bigcup\{[a] \mid a \in M\} = M$.

任取 $a,b \in M$, 若有 $[a] \cap [b] \neq \varnothing$, 则存在 $c \in [a] \cap [b]$, 即 $c \in [a], c \in [b]$. 于是 $c \sim a, c \sim b$, 从而 $a \sim b$.

任取 $x \in [a]$, 则 $x \sim a$, 于是 $x \sim b$, 所以 $x \in [b]$. 故 $[a] \subseteq [b]$.

同理, $[b] \subseteq [a]$. 即 $[a] = [b]$. 因此, $\{[a] \mid a \in M\}$ 是 M 的一个分类. □

上述定理中的子集 $[a]$ 称为元素 a 的**等价类**(equivalence class).

例 1.5.4　取定一个正整数 n, 规定整数集 $\mathbb{Z}$ 的关系 R:

$$aRb \Leftrightarrow n \mid (a-b),$$

则 R 是 $\mathbb{Z}$ 的等价关系, 而这个等价关系所确定的等价类为

$$[0] = \{nk \mid k \in \mathbb{Z}\},$$

$$[1] = \{nk+1 \mid k \in \mathbb{Z}\},$$

$$[2] = \{nk+2 \mid k \in \mathbb{Z}\},$$

$$\cdots\cdots$$

$$[n-1] = \{nk+(n-1) \mid k \in \mathbb{Z}\}.$$

并称为模 n 的**剩余类**(residue class).

而 $\mathbb{Z}_n=\{[0],[1],[2],\cdots,[n-1]\}$ 称为模 n 的**剩余类集(residue class)**. 模 n 的剩余类集也常记为 $\mathbb{Z}_n=\{\overline{0},\overline{1},\overline{2},\cdots,\overline{n-1}\}$.

显然, 对于 $a,b\in\mathbb{Z}$, $\overline{a}=\overline{b}\Leftrightarrow n\mid(a-b)$.

习题 1.5

1. 下列各集合 M 上规定的 R 是否是 M 的关系? 是否是 M 的等价关系?

(1) M 为复数集, $aRb\Leftrightarrow|a|=|b|$;

(2) M 为实数集, $aRb\Leftrightarrow ab>0$;

(3) M 为整数集, $aRb\Leftrightarrow a\mid b$;

(4) M 为有理数集, $\frac{b}{a}R\frac{d}{c}\Leftrightarrow ac+bd\geqslant 0$, 其中 $a,b,c,d\in\mathbb{Z}$.

2. 设 $M=\{a,b,c,d\}$, 在 $P(M)$ 中规定关系 R:

$$ARB\Leftrightarrow|A|=|B|,$$

证明: R 是 $P(M)$ 的等价关系. 并给出由 R 所确定的 $P(M)$ 的分类.

3. 设 $M=\{1,2,3,4\}$, 试写出 M 的所有分类.

4. 设 $\mathbb{C}^{n\times n}$ 为复数域上 n 阶矩阵的集合, 证明下列关系 R 为等价关系:

(1) $\boldsymbol{A}R\boldsymbol{B}\Leftrightarrow$ 存在可逆矩阵 $\boldsymbol{P}$, 使 $\boldsymbol{P}^{-1}\boldsymbol{A}\boldsymbol{P}=\boldsymbol{B}$;

(2) $\boldsymbol{A}R\boldsymbol{B}\Leftrightarrow r(\boldsymbol{A})=r(\boldsymbol{B})$;

(3) $\boldsymbol{A}R\boldsymbol{B}\Leftrightarrow \det(\boldsymbol{A})=\det(\boldsymbol{B})$.

1.6　代数系统的同态与同构

代数系统是有代数运算的集合, 因而常用映射来研究代数系统之间的关系, 而同态映射与同构映射则是代数系统之间最重要的映射.

定义 1.6.1　设集合 M 与 $\bar{M}$ 分别有代数运算 $\circ$ 与 $\bar{\circ}$, φ 是一个 M 到 $\bar{M}$ 的映射. 如果 φ 满足:

$$\varphi(a\circ b)=\varphi(a)\,\bar{\circ}\,\varphi(b),\quad \forall a,b\in M,$$

则称 φ 是一个 M 到 $\bar{M}$ 的**同态映射**(homomorphism), 简称**同态**. 当同态映射 φ 是满射时, 称 φ 为**同态满射**(epimorphism)或**满同态**. 当同态映射 φ 是单射时, 称 φ 为**同态单射**(monomorphism)或**单同态**. 当同态映射 φ 是双射时, 称 φ 为**同构映射**(isomorphism), 简称**同构**.

如果存在一个 M 到 $\bar{M}$ 的同态满射, 则称 M 与 $\bar{M}$ 同态, 或称代数系统 $(M,\circ)$

与 $(\bar{M},\bar{\circ})$ 同态，记为

$$M \sim \bar{M} \quad \text{或} \quad (M,\circ) \sim (\bar{M},\bar{\circ}) .$$

如果存在一个 M 到 $\bar{M}$ 的同构映射，则称 M 与 $\bar{M}$ 同构，或称代数系统 $(M,\circ)$ 与 $(\bar{M},\bar{\circ})$ 同构，记为

$$M \cong \bar{M} \quad \text{或} \quad (M,\circ) \cong (\bar{M},\bar{\circ}) .$$

例 1.6.1 令 M 为数域 F 上的 n 维向量空间，代数运算为向量的普通加法. 而 $\bar{M}$ 取为 F，代数运算为数的普通加法，则

$$\varphi: M \to \bar{M},$$
$$(a_1, a_2, \cdots, a_n) \mapsto a_1$$

是一个 M 到 $\bar{M}$ 的同态映射，且是同态满射.

例 1.6.2 设 $\mathbb{Z}$ 为整数集，$2\mathbb{Z}$ 为偶数集，代数运算为数的普通加法，则映射

$$\varphi: n \mapsto 2n, \quad \forall n \in \mathbb{Z}$$

是一个 $\mathbb{Z}$ 到 $2\mathbb{Z}$ 的同构映射.

定理 1.6.1 设集合 M 与 $\bar{M}$ 分别有代数运算 $\circ$ 与 $\bar{\circ}$，且 $M \sim \bar{M}$，则

(1) 当 $\circ$ 满足结合律时，$\bar{\circ}$ 也满足结合律;

(2) 当 $\circ$ 满足交换律时，$\bar{\circ}$ 也满足交换律.

证 设 φ 是一个 M 到 $\bar{M}$ 的同态满射，则 $\forall \bar{a},\bar{b},\bar{c} \in \bar{M}$，存在 $a,b,c \in M$，使得 $\varphi(a)=\bar{a}, \varphi(b)=\bar{b}, \varphi(c)=\bar{c}$，于是当 $\circ$ 满足结合律时，

$$\begin{aligned}(\bar{a} \circ \bar{b}) \circ \bar{c} &= (\varphi(a) \mathbin{\bar{\circ}} \varphi(b)) \mathbin{\bar{\circ}} \varphi(c) = \varphi(a \circ b) \mathbin{\bar{\circ}} \varphi(c) = \varphi((a \circ b) \circ c) \\ &= \varphi(a \circ (b \circ c)) = \varphi(a) \mathbin{\bar{\circ}} \varphi(b \circ c) = \varphi(a) \mathbin{\bar{\circ}} (\varphi(b) \mathbin{\bar{\circ}} \varphi(c)) = \bar{a} \circ (\bar{b} \circ \bar{c}),\end{aligned}$$

即 $\bar{\circ}$ 也满足结合律.

当 $\circ$ 满足交换律时，

$$\bar{a} \mathbin{\bar{\circ}} \bar{b} = \varphi(a) \mathbin{\bar{\circ}} \varphi(b) = \varphi(a \circ b) = \varphi(b \circ a) = \varphi(b) \mathbin{\bar{\circ}} \varphi(a) = \bar{b} \mathbin{\bar{\circ}} \bar{a} ,$$

即 $\bar{\circ}$ 也满足交换律. □

上面定义的同态与同构，是含有一个代数运算的代数系统间的一种映射. 当 M 与 $\bar{M}$ 各有两个代数运算时，相应地也有同态与同构概念.

定义 1.6.2 设集合 M 有代数运算 $\oplus$ 与 $\circ$，集合 $\bar{M}$ 有代数运算 $\bar{\oplus}$ 与 $\bar{\circ}$. 若映射

$$\varphi: M \to \bar{M}$$

满足:

$$\varphi(a \oplus b) = \varphi(a) \mathbin{\bar{\oplus}} \varphi(b), \quad \varphi(a \circ b) = \varphi(a) \mathbin{\bar{\circ}} \varphi(b), \quad \forall a,b \in M ,$$

则称 φ 是一个 M 到 $\bar{M}$ 的**同态映射**.

类似于定义 1.6.2, 可以定义 M 到 $\bar{M}$ 的同态满射或同构映射, 以及代数系统 $(M,\oplus,\circ)$ 与 $(\bar{M},\bar{\oplus},\bar{\circ})$ 同态与同构等.

定理 1.6.2　设集合 M 有代数运算 $\oplus$ 与 $\circ$, $\bar{M}$ 有代数运算 $\bar{\oplus}$ 与 $\bar{\circ}$. 若 $(M,\oplus,\circ)\sim(\bar{M},\bar{\oplus},\bar{\circ})$, 则当 $\circ$ 对 $\oplus$ 满足左(右)分配律时, $\bar{\circ}$ 对 $\bar{\oplus}$ 也满足左(右)分配律.

这个定理的证明方法与定理 1.6.1 类似, 不再赘述.

代数系统 M 到自身的同态映射, 称为 M 的**自同态映射**, 简称 M 的**自同态** (endomorphism). M 到自身的同构映射, 称为 M 的**自同构映射**, 简称 M 的**自同构** (automorphism).

例 1.6.3　令 M 为非零实数集, 代数运算为普通乘法, 则映射

$$\varphi: a \mapsto \frac{1}{a}, \quad \forall a \in M$$

是一个 M 的一个自同构.

同构映射是比较两个代数系统的有力工具, 在整个近世代数中起着重要作用. 代数系统间的同构关系是一个等价关系.

事实上, 对任何代数系统 M, M 的恒等映射总是一个自同构, 即 $M \cong M$.

其次, 若代数系统 M_1 与 M_2 同构, 且

$$\varphi: M_1 \to M_2$$

是 M_1 到 M_2 的一个同构映射, 则易知 φ 的逆映射

$$\varphi^{-1}: M_2 \to M_1$$

是 M_2 到 M_1 的同构映射, 从而 M_2 与 M_1 同构.

又若 M_1 与 M_2 同构, M_2 与 M_3 同构, 且设 φ_1,φ_2 分别是 M_1 到 M_2, M_2 到 M_3 的同构映射, 则 φ_1 与 φ_2 的合成

$$\varphi_2\varphi_1: M_1 \to M_3$$

是 M_1 到 M_3 的同构映射. 从而 $M_1 \cong M_3$.

对于同构的代数系统, 除元素符号及运算符号外, 基本没有什么区别, 它们有相同的代数结构. 这是因为当 $M=\{a,b,c,\cdots\}$, 运算符号用 $\circ$ 时, 若 $M\cong\bar{M}$, 且 φ 为同构映射, 则 $\bar{M}=\{\varphi(a),\varphi(b),\varphi(c),\cdots\}$, 且 $\bar{M}$ 的代数运算满足 $\varphi(a)\,\bar{\circ}\,\varphi(b)=\varphi(a\circ b)$, 即由 M 完全决定了 $\bar{M}$ 的元素及运算结果.

习题 1.6

1. 设 $\mathbb{R}$ 为实数集，代数运算为普通乘法. 问下列映射是否为 $\mathbb{R}$ 的自同态？是否为 $\mathbb{R}$ 的自同构？

(1) $x \mapsto |x|$； (2) $x \mapsto \begin{cases} \dfrac{1}{x}, & x \neq 0, \\ 0, & x = 0; \end{cases}$ (3) $x \mapsto x^2$； (4) $x \mapsto -x$.

2. 设代数系统 $(M, \circ)$ 与代数系统 $(\bar{M}, \bar{\circ})$ 同态，问当代数运算 $\bar{\circ}$ 满足结合律时，$\circ$ 是否满足结合律？

3. 设 $\mathbb{R}$ 为实数集，代数运算为数的普通加法. 试给出 $\mathbb{R}$ 的两个不同的自同构.

第 2 章　群　　论

近世代数的研究对象是各种各样的代数系统，而群是含有一种代数运算的重要代数系统. 目前，群论已发展成为一门内容丰富的数学分支，它在数学、物理、化学、计算机等自然科学的许多领域都有广泛的应用.

2.1　群 的 概 念

我们先从比群更广的半群开始.

定义 2.1.1　设 S 是有代数运算 $\circ$ 的非空集合. 若代数运算 $\circ$ 满足结合律，即

$$(a\circ b)\circ c = a\circ(b\circ c), \quad \forall a,b,c\in S,$$

则称 S 关于运算 $\circ$ 作成一个**半群**(semigroup)，或称 $(S,\circ)$ 是一个半群.

若半群 S 的运算还满足交换律，即 $a\circ b = b\circ a, \forall a,b\in S$，则称 S 为**交换半群**(commutative semigroup).

半群的运算 $\circ$ 通常称为**乘法**(multiplication)，并在不会混淆时将 $a\circ b$ 简记为 ab，称为 a 与 b 的**积**(product).

例 2.1.1　自然数集 $\mathbb{N}$ 关于数的加法与乘法分别作成半群 $(\mathbb{N},+)$ 与 $(\mathbb{N},\cdot)$，但这两个半群是不同的半群，因为它们的运算不同.

例 2.1.2　设 $S=[0,1]$，对任意的 $a,b\in S$，定义 S 的运算 $\wedge$ 与 $\vee$ 分别为

$$a\wedge b=\min\{a,b\}, \quad a\vee b=\max\{a,b\}, \quad \forall a,b\in S,$$

则 $(S,\wedge)$ 与 $(S,\vee)$ 都是交换半群.

定义 2.1.2　设 S 为半群，

(1) 若存在 $e_l\in S$，使 $e_l x = x, \forall x\in S$，则称 e_l 是 S 的一个**左单位元**(left identity);

(2) 若存在 $e_r\in S$，使 $xe_r = x, \forall x\in S$，则称 e_r 是 S 一个**右单位元**(right identity).

若 S 的元素 e 既是左单位元，又是右单位元，则称 e 为 S 的**单位元**(identity). 含有单位元的半群称为**含单半群**(monoid) 或**幺半群**.

一个半群可能有左单位元而没有右单位元，也可能有右单位元而没有左单位元.

例 2.1.3　设 S 为至少含有两个元素的集合，对任意的 $a,b\in S$，定义 $a\circ b = a$，

则 $(S,\circ)$ 是一个半群，且每个元素都是右单位元，但没有左单位元.

如果一个半群既有左单位元，又有右单位元，则必有唯一的单位元. 事实上，若 e_l, e_r 分别是半群 S 的左单位元与右单位元，则由 $e_l = e_l e_r = e_r$ 易知，S 的左单位元与右单位元是相同的，也是唯一的单位元.

设 S 为半群，n 为正整数，$a \in S$. 我们定义

$$a^n = \overbrace{a \circ a \circ \cdots \circ a}^{n}.$$

易知，对于半群 S 的元素 a 及正整数 m,n，有 $a^m a^n = a^{m+n}$, $(a^m)^n = a^{mn}$.

定义 2.1.3　设 $(G,\circ)$ 是一个半群，若

(1) $\exists e \in G$, 使 $e \circ a = a, \forall a \in G$;

(2) $\forall a \in G, \exists a' \in G$, 使 $a' \circ a = e$,

则称 $(G,\circ)$ 是一个**群**(group)，或称 G 关于运算 $\circ$ 作成群，e 称为 $(G,\circ)$ 的**左单位元**，a' 称为 a 的**左逆元**(left inverse element).

若 G 的运算还满足交换律，则称 G 为**交换群**(commutative group)或 Abel 群.

例如，全体非零有理数以及全体正有理数关于数的普通乘法分别作成群，分别称为非零有理数乘群 $(\mathbb{Q}^*,\cdot)$ 和正有理数乘群 $(\mathbb{Q}^+,\cdot)$. 同样地，我们有非零实数乘群 $(\mathbb{R}^*,\cdot)$、非零复数乘群 $(\mathbb{C}^*,\cdot)$ 和正实数乘群 $(\mathbb{R}^+,\cdot)$.

又如，数域 F 上的全体 n 阶可逆阵关于矩阵的乘法也作成群，称为数域 F 上的**一般线性群**(general linear group)，记为 $GL_n(F)$.

例 2.1.4　整数集 $\mathbb{Z}$ 关于运算

$$a \circ b = a + b + 4, \quad \forall a,b \in \mathbb{Z}$$

作成群，其左单位元为 -4，a 的左逆元为 $-8-a$.

在上例中，当运算为数的普通加法时，$(\mathbb{Z},+)$ 也作成群. 这两个群虽然集合是同一个，但因为运算不同，因而是不同的群.

同半群一样，群的代数运算通常也叫做乘法，且常省略运算符号.

一个群如果只包含有限个元素，则称为**有限群**(finite group)，否则称为**无限群**(infinite group).

一个有限群 G 所含元素的个数 n 称为 G 的**阶**(order)，记为 $|G|=n$. 无限群 G 的阶定义为无限，记为 $|G|=\infty$.

例 2.1.5　设 n 是一个正整数，则全体 n 次单位根关于数的普通乘法作成一个交换群，称为 n 次单位根群，记为 U_n，即

$$U_n = \{\varepsilon \in \mathbb{C} \mid \varepsilon^n = 1\} = \left\{ \mathrm{e}^{\frac{2k\pi \mathrm{i}}{n}} \middle| k = 0,1,2,\cdots,n-1 \right\},$$

其中1为左单位元, $\mathrm{e}^{\frac{2k\pi\mathrm{i}}{n}}$ 的左逆元为 $\mathrm{e}^{\frac{2(n-k)\pi\mathrm{i}}{n}}$.

例 2.1.6　令 $G=\{1,i,j,k,-1,-i,-j,-k\}$, 规定 G 的乘法如下:

$\cdot$	1	i	j	k
1	1	i	j	k
i	i	-1	k	$-j$
j	j	$-k$	-1	i
k	k	j	$-i$	-1

$(-x)y=x(-y)=-xy,\quad (-x)(-y)=xy,\quad -(-x)=x$,　其中 $x,y\in\{1,i,j,k\}$.

显然, G 对所规定的乘法封闭, 1是左单位元. 又1与 -1 的左逆元均为自身, i 与 $-i$ 、 j 与 $-j$ 、 k 与 $-k$ 分别互为左逆元.

但要验证 G 作成群, 还需验证结合律是否成立. 从乘法表中可以看出, i,j,k 三个元素的地位相当, 故只要验证下列五个式子即可:

$$(ii)i=i(ii),\quad (ij)j=i(ij),\quad (ji)i=j(ii),\quad (ij)i=i(ji),\quad (ij)k=i(jk),$$

而上述五个式子容易验证是成立的, 故 G 对所规定的运算作成群. 这个群称为**四元数群**(quaternion group), 它是一个8阶非交换群.

例 2.1.7　设 n 是一个正整数, $\mathbb{Z}_n=\{\bar{0},\bar{1},\bar{2},\cdots,\overline{n-1}\}$ 为模 n 的剩余类集. 证明: $\mathbb{Z}_n$ 关于如下的加法

$$\bar{a}+\bar{b}=\overline{a+b},\quad \forall a,b\in\mathbb{Z}$$

作成一个交换群.

证　对任意的 $a,b,a_1,b_1\in\mathbb{Z}$, 若有 $\bar{a}=\bar{a}_1,\ \bar{b}=\bar{b}_1$, 则 $n\mid(a-a_1),n\mid(b-b_1)$. 于是 $n\mid((a-a_1)+(b-b_1))$, 即 $n\mid((a+b)-(a_1+b_1))$. 因此 $\overline{a_1+b_1}=\overline{a+b}$. 这说明所规定的加法是 $\mathbb{Z}_n$ 的一个代数运算, 而且显然满足交换律和结合律.

又 $\mathbb{Z}_n$ 有左单位元 $\bar{0}$, $\mathbb{Z}_n$ 中元素 $\bar{a}$ 有左逆元 $\overline{-a}$. 故 $\mathbb{Z}_n$ 关于规定的加法作成一个交换群.

值得指出的是, 虽然 $\mathbb{Z}_n$ 只有 n 个元素, 但 $\mathbb{Z}_n$ 依然可以表示为

$$\mathbb{Z}_n=\{\bar{k}\mid k\in\mathbb{Z}\}.$$

下面我们来讨论群的性质.

定理 2.1.1　群 G 的左单位元 e 满足

$$ae=a,\quad \forall a\in G,$$

即 G 的左单位元也是右单位元.

证 对任意的 $a \in G$, 记 a 的左逆元为 a', a' 的左逆元为 a'', 则 $a'a = a''a' = e$, 于是

$$ae = e(ae) = (a''a')(a(a'a)) = a''(a'a)(a'a) = (a''(ea'))a = (a''a')a = ea = a. \quad \square$$

由于群 G 的左单位元 e 也是 G 的右单位元, 因此, e 是 G 的单位元. 而且由半群的结论知, 群 G 的单位元是唯一的.

定理 2.1.2 对群 G 的每个元素 a, 其左逆元 a' 满足 $aa' = e$, 即 a 的左逆元也是右逆元, 并且是唯一的.

证 因为 $a' \in G$, 故 a' 在 G 中也有左逆元, 记为 a'', 即 $a''a' = e$. 于是

$$aa' = e(aa') = (a''a')(aa') = a''[(a'a)a'] = a''(ea') = a''a' = e.$$

若 a', b 都是 a 的左逆元, 则由于 a 的左逆元也是右逆元, 故有

$$a'a = aa' = e, \quad ba = ab = e,$$

于是,

$$b = be = b(aa') = (ba)a' = ea' = a'.$$

从而 a 的左逆元是唯一的. $\square$

由于群中元素 a 的左逆元 a' 也是 a 的右逆元, 因此称其为 a 的**逆元**(inverse element), 并将 a 的这个唯一的逆元记为 a^{-1}.

容易验证在群中消去律成立, 即

$$ab = ac \Rightarrow b = c, \quad ba = ca \Rightarrow b = c.$$

下面的两个定理可以给出群的等价定义.

定理 2.1.3 设 G 是一个半群, 则 G 作成群的充分必要条件是:

(1) 存在 $e' \in G$, 使 $ae' = a, \forall a \in G$ (e' 称为 G 的右单位元);

(2) 对 G 的每个元素 a, 存在 $a'' \in G$, 使 $aa'' = e'$ (a'' 称为 a 的右逆元).

证 可根据定理 2.1.1 与定理 2.1.2 的结果及证明方法证明, 这里从略.

这个定理说明, 在群的定义里, 可以将左单位元改为右单位元, 同时将左逆元改为右逆元. 即左单位元与元素的左逆元对应, 右单位元与元素的右逆元对应, 否则就不能作成群.

定理 2.1.4 设 G 是一个半群, 则 G 作成群的充分必要条件是: 对 G 中的任意元素 a, b, 方程

$$ax = b, \quad ya = b$$

在 G 中都有解.

证 设 G 作成群, 则显然 $x = a^{-1}b$ 与 $y = ba^{-1}$ 分别是两个方程的解.

反之，设对 G 中的任意元素 a,b，所给的两个方程在 G 中都有解．现从 G 中任意取定一个元素 b，设方程 $yb=b$ 在 G 中的解为 e，即 $eb=b$．

$\forall a\in G$，设方程 $bx=a$ 在 G 中的解为 c，即 $bc=a$，则 $ea=e(bc)=(eb)c=bc=a$，即 e 是 G 的左单位元．

最后，对 G 中的任意元素 a，由于方程 $ya=e$ 在 G 中有解，即 a 在 G 中有左逆元．因此，G 作成群．　□

推论 2.1.1　有限半群 G 作成群的充分必要条件是：在 G 中消去律成立．

证　必要性显然成立，下证充分性．

设 $|G|=n$，且 $G=\{a_1,a_2,\cdots,a_n\}$．在 G 中任取二元素 a,b，由于 G 满足消去律，因此

$$G=\{aa_1,aa_2,\cdots,aa_n\},$$

而 $b\in G$，故必有某个 a_j，满足 $aa_j=b$，即方程 $ax=b$ 在 G 中有解．

同理可证，方程 $ya=b$ 在 G 中有解，故由定理 2.1.4，G 作成群．　□

这里应注意，如果半群 G 不是有限的，则结论可能不成立．例如，正整数集对数的普通乘法作成半群，消去律也成立，但它却作不成群．

对于一个交换群 G，如果其运算称为加法并用“+”表示，则称 G 为一个**加法群**，简称**加群**(additive group)．这时单位元改用 0 表示，并称为 G 的**零元**(zero element)；元素 a 的逆元用 $-a$ 表示，并称为 a 的**负元**(negative element)．

例如，整数加群 $(\mathbb{Z},+)$ 与实数加群 $(\mathbb{R},+)$ 都是加群．但在一般情况下，今后讨论抽象群时其运算仍然用 $\circ$ 表示或者省略，并仍称为乘法．

习题 2.1

1 设 n 是一个正整数，令

$$G=\{nk\mid k\in\mathbb{Z}\},$$

证明：G 关于数的普通加法作成一个群．

2. 设 $G=\left\{\begin{pmatrix}1&0\\0&1\end{pmatrix},\begin{pmatrix}-1&0\\0&-1\end{pmatrix},\begin{pmatrix}1&0\\0&-1\end{pmatrix},\begin{pmatrix}-1&0\\0&1\end{pmatrix}\right\}$．证明：$G$ 关于矩阵的普通乘法作成一个群．

3. 证明：对群中的任意元素 $a_1,a_2,\cdots,a_n$，有

$$(a_1a_2\cdots a_n)^{-1}=a_n^{-1}a_{n-1}^{-1}\cdots a_2^{-1}a_1^{-1}.$$

4. 设 G 是一个群，u 是群 G 的一个元素．证明：G 关于下列运算

$$a\circ b=aub$$

也作成一个群．

5. 设 G 是一个群，$a,b,c\in G$．证明：方程

$$xaxba = xbc$$

在 G 中有且只有一个解.

6. 证明: 如果群 G 的每个元素都满足方程 $x^2 = e$, 则 G 必为交换群.

拓展阅读 1　群论的起源

群论是法国数学家伽罗瓦的发明. 他用该理论, 具体来说是伽罗瓦群, 解决了五次方程是否可用根式求解问题. 在此之前柯西、阿贝尔等也对群论做出了贡献.

最先产生的是 n 个文字的一些置换所构成的置换群, 它是在研究当时代数学的中心问题, 即五次以上的一元多项式方程是否可用根式求解的问题时, 经由拉格朗日、鲁菲尼、阿贝尔、伽罗瓦引入和发展的, 并用它彻底解决了这个中心问题. 伽罗瓦还引入了置换群的同构、正规子群等重要概念. 应当指出, 柯西早在 1815 年就发表了有关置换群的第一篇论文, 并在 1844～1846 年对置换群做了很多工作. 由于伽罗瓦的原稿是他在决斗致死前夕赶写成的, 置换群的系统知识和伽罗瓦用于方程理论的研究直到后来在若尔当的名著《置换和代数方程专论》中才得到很好的介绍和进一步的发展. 置换群是最终产生和形成抽象群的第一个最主要来源.

在数论中, 拉格朗日和高斯研究过由具有同一判别式的二次型类, 对于两个型的“复合”乘法, 构成一个交换群. 戴德金(1858 年)和克罗内克(1870 年)在代数数论的研究中也引进了有限交换群以至有限群. 这些是导致抽象群产生的第二个主要来源.

克莱因于1872年在其著名的埃尔朗根纲领中指出, 几何的分类可以通过无限连续变换群来进行. 克莱因和庞加莱在对“自守函数”的研究中曾用到其他类型的无限群(即离散群或不连续群). 在 1870 年前后, 李开始研究连续变换群即解析变换李群, 用来阐明微分方程的解, 并将它们分类. 这些无限变换群的理论是导致抽象群产生的第三个主要来源.

凯莱于 1849 年、1854 年和 1878 年发表的论文中已然提到接近有限抽象群的概念. 弗罗贝尼乌斯于 1879 年、内托于 1882 年, 以及迪克于 1882～1883 年的工作也推进了这方面认识. 19 世纪 80 年代, 综合上述三个主要来源, 数学家们终于成功地概括出抽象群的公理系统, 大约在 1890 年得到公认. 20 世纪初, 亨廷顿、莫尔、迪克森等都给出过抽象群的种种独立公理系统，这些公理系统和现代的定义一致.

2.2　元素的阶

由于一个群首先是一个半群，因而当 G 是群且 n 为正整数时，对于 $a \in G$，按照半群中元素的正整数幂的定义，有

$$a^n = \overbrace{aa\cdots a}^{n}.$$

另外，我们规定 $a^0 = e$, $a^{-n} = (a^{-1})^n$.

这样，一个群中元素的任意整数幂就有定义了. 而且容易看出，对于任意整数 m,n，有

$$a^m a^n = a^{m+n}, \quad (a^m)^n = a^{mn}.$$

定义 2.2.1　设 G 是一个群，$a \in G$. 使

$$a^n = e$$

成立的最小正整数 n，称为元素 a 的**阶**(order)，记为 $|a| = n$. 如果这样的正整数不存在，则称 a 的阶为无限，记为 $|a| = \infty$.

显然，单位元的阶为 1，其余元素的阶都不是 1.

当 G 为加群时，a 的阶应相应地改为使 $na = 0$ 成立的最小正整数.

例如，在四次单位根群 U_4 中，单位元 1 的阶是 1，元素 -1 的阶是 2，i 与 $-$i 的阶均为 4. 而对于整数加群，除零元之外，其余元素的阶均为无限.

群中元素的阶具有下列性质.

定理 2.2.1　设 G 是一个群，$a \in G$，$|a| = n$，则

(1) $a^m = e \Leftrightarrow n \mid m$;

(2) $a^s = a^k \Leftrightarrow n \mid (s-k)$;

(3) $a^0, a^1, a^2, \cdots, a^{n-1}$ 互不相等;

(4) $|a^k| = \dfrac{n}{(k,n)}$，特别地，$|a^{-1}| = |a| = n$.

证　(1) 设 $n \mid m$，则有整数 q，使 $m = nq$，于是 $a^m = a^{nq} = (a^n)^q = e^q = e$.

反之，设 $a^m = e$，且

$$m = nq + r, \quad 0 \leqslant r < n,$$

则 $e = a^m = (a^n)^q a^r = a^r$，因为 $|a| = n$，所以 $r = 0$，从而 $m = nq$，即 $n \mid m$.

(2) $a^s = a^k \Leftrightarrow a^{s-k} = e \Leftrightarrow n \mid (s-k)$.

(3) 若存在 i, j, 满足 $0 \leqslant i < j \leqslant n-1$, 使 $a^i = a^j$, 则 $a^{j-i} = e$, 且 $0 < j-i \leqslant n-1$. 这与 $|a| = n$ 矛盾. 因此, $a^0, a^1, a^2, \cdots, a^{n-1}$ 互不相等.

(4) 设 $(k,n) = d$, 且 $n = dn_1$, $k = dk_1$, 则 $(k_1, n_1) = 1$. 由于 $|a| = n$, 故

$$(a^k)^{n_1} = a^{kn_1} = a^{nk_1} = (a^n)^{k_1} = e.$$

若有正整数 m, 使 $(a^k)^m = e$, 则 $a^{km} = e$, 于是由(1), $n \mid km$, 从而 $n_1 \mid k_1 m$. 但 $(k_1, n_1) = 1$, 故 $n_1 \mid m$. 因此, a^k 的阶是 n_1, 即 $|a^k| = n_1 = \dfrac{n}{(k,n)}$.

当 $k = -1$ 时, $|a^{-1}| = \dfrac{n}{(-1,n)} = n.$ □

从这个定理可以看出, 要证明群中元素 a 的阶是 n, 只需验证以下两条:

(1) $a^n = e$;

(2) $a^m = e \Rightarrow n \mid m$.

由上述定理立刻得到下列推论.

推论 2.2.1　设 $|a| = st$, 其中 s, t 为正整数, 则 $|a^s| = t$.

推论 2.2.2　设 $|a| = n$, 则 $|a^k| = n \Leftrightarrow (k,n) = 1$.

定理 2.2.2　设 G 为群, $a \in G$, 且 $|a| = \infty$, 则

(1) $a^m = e \Leftrightarrow m = 0$;

(2) $a^k = a^s \Leftrightarrow k = s$;

(3) 对于任意非零整数 $k, |a^k| = \infty$.

证　(1) 由定义即得.

(2) 易知 $a^k = a^s \Leftrightarrow a^{k-s} = e$, 再由(1), $a^{k-s} = e \Leftrightarrow k - s = 0 \Leftrightarrow k = s$. 从而结论成立.

(3) 若 a^k 的阶有限, 并设 $|a^k| = m$, 则 $a^{km} = (a^k)^m = e$, 这与 $|a| = \infty$ 矛盾. 因此 $|a^k| = \infty$. □

例 2.2.1　设 G 是一个群, $a, b \in G$. 证明: $|bab^{-1}| = |a|$.

证　若 a 是有限阶的, 且设 $|a| = n$, 则

$$(bab^{-1})^n = ba^n b^{-1} = e.$$

若有整数 m, 使 $(bab^{-1})^m = e$, 则 $ba^m b^{-1} = e$, 即 $a^m = e$, 从而 $n \mid m$, 所以 $|bab^{-1}| = n$.

若 a 的阶为无限, 则 bab^{-1} 的阶也为无限. 否则, 存在正整数 r, 使 $(bab^{-1})^r = e$, 即

$$ba^r b^{-1} = e, \quad a^r = e,$$

这与 a 的阶为无限矛盾.

定理 2.2.3　有限群中每个元素的阶均有限，且不超过群的阶.

证　设 $|G|=n$，则对任意的 $a\in G$，

$$a,a^2,\cdots,a^n,a^{n+1}\in G,$$

因此上述 $n+1$ 个元素必有相等的. 不妨设 $a^i=a^j,1\leqslant i<j\leqslant n+1$，则 $a^{j-i}=e$，且 $0<j-i\leqslant n$，从而 $|a|\leqslant n$，因此 a 的阶有限，且不超过群 G 的阶. □

这个定理的逆命题不成立，因为存在无限群，而其中每个元素的阶均有限.

例 2.2.2　对每个正整数 n，U_n 为 n 次单位根群. 令 $U=\bigcup\limits_{n=1}^{\infty}U_n$，则 U 关于数的普通乘法作成一个无限交换群.

事实上，$\forall a,b\in U$，则存在正整数 m,n，使 $a\in U_m,b\in U_n$，从而 $ab\in U_{mn}\subseteq U$，且 1 为单位元，a 的逆元为 $\dfrac{1}{a}$，故 U 作成群. 由于对每个正整数 n，U_n 中的元素的阶均为有限，因而 U 中的元素的阶均有限.

定理 2.2.4　设 G 为群，$a,b\in G$，且 $|a|=m,|b|=n$. 若 $ab=ba,(m,n)=1$，则 $|ab|=mn$.

证　由已知条件可得

$$(ab)^{mn}=a^{mn}b^{mn}=(a^m)^n(b^n)^m=e.$$

若有整数 s，使 $(ab)^s=e$. 则 $e=(ab)^{sm}=(a^m)^sb^{sm}=b^{sm}$. 但 $|b|=n$，故 $n\mid sm$，又因为 $(m,n)=1$，所以 $n\mid s$.

同理可证，$m\mid s$. 又 $(m,n)=1$，故 $mn\mid s$. 从而 $|ab|=mn$. □

定理 2.2.4 中的条件 $ab=ba$ 与 $(m,n)=1$ 都是重要的，缺少任何一个条件，都将可能导致结论不成立.

例 2.2.3　在 $GL_2(\mathbb{Q})$ 中，取

$$a=\begin{pmatrix}0&-1\\1&0\end{pmatrix},\quad b=\begin{pmatrix}0&1\\-1&-1\end{pmatrix},$$

则 $|a|=4,|b|=3$. 虽然有 $(4,3)=1$，但

$$ab=\begin{pmatrix}1&1\\0&1\end{pmatrix},\quad |ab|\neq 12.$$

又如，在群 G 中任取元素 a，则不管 a 的阶是多少，总有 $aa^{-1}=a^{-1}a=e$，其阶为 1.

利用上述的结论，可以证明交换群中元素阶的一个性质.

定理 2.2.5　设 G 为交换群，且 G 中的元素有最大阶 m，则 G 中每个元素的

阶都是 m 的因数.

证 设 G 中的元素 a 的阶为 m. 任取 $b\in G$, 设 $|b|=n$. 如果 $n\nmid m$, 则必存在素数 p, 正整数 m_1,n_1, 以及非负整数 k, 满足

$$m=p^k m_1,\quad p\nmid m_1,$$
$$n=p^{k+1}n_1.$$

由于 $|a|=m, |b|=n$, 所以 $|a^{p^k}|=m_1, |b^{n_1}|=p^{k+1}$. 又由于 $(m_1,p^{k+1})=1$, 且 G 为交换群, 故 $|a^{p^k}b^{n_1}|=p^{k+1}m_1>p^k m_1=m$. 这与 m 是 G 中元素的最大阶矛盾. 因此 $n\,|\,m$, 即 G 中的每个元素的阶都是 m 的因数. □

习题 2.2

1. 设 a,b,c 为群 G 的元素, 证明:

$$|ab|=|ba|,\quad |abc|=|bca|=|cab|.$$

2. 设 a 为群 G 的唯一的 2 阶元素. 证明: 对 G 的每个元素 b, 都有 $ab=ba$.

3. 证明:

(1) 在一个有限群里, 阶大于 2 的元素的个数一定是偶数;

(2) 偶数阶群中阶等于 2 的元素的个数是奇数.

4. 设 G 是群, 且 $|G|>1$. 证明: 若 G 中除 e 外其余元素的阶都相同, 则这个相同的阶不是无限就是一个素数.

5. 设群 G 中元素 a 的阶是 $mn, (m,n)=1$, 其中 m,n 为正整数. 证明: 在 G 中存在元素 b,c, 使

$$a=bc=cb,\quad |b|=m,\quad |c|=n,$$

并且这样的 b,c 还是唯一的.

拓展阅读 2　伽罗瓦小传

伽罗瓦(É. Galois, 1811～1832), 法国数学家, 1811 年 10 月 25 日出生于法国巴黎郊区, 他的双亲都受过良好的教育. 在父母的熏陶下, 他童年时代就表现出有才能、认真、热心等良好的品格. 1823 年, 伽罗瓦考入有名的路易 · 勒 · 格兰皇家中学. 那段日子他经常到图书馆阅读数学专著, 特别对一些数学大师, 如勒让德的《几何原理》和拉格朗日的《代数方程的解法》《解析函数论》等进行了认真分析和研究. 1827 年, 伽罗瓦已经熟悉欧拉、高斯、雅可比的著作, 这更提高了他的

信心.

1829 年, 伽罗瓦在他中学最后一年快要结束时, 把关于群论初步研究结果的论文提交给法国科学院, 科学院委托当时法国最杰出的数学家柯西作为这些论文的鉴定人, 但没被提及. 1830 年 2 月, 伽罗瓦将他的研究成果比较详细地写成论文交上去了, 以参加科学院的数学大奖评选, 希望能够获奖. 论文寄给当时科学院终身秘书傅里叶, 但傅里叶在同年 5 月去世了, 在他的遗物中未能发现伽罗瓦的手稿. 就这样伽罗瓦递交的两次数学论文都被遗失了.

1830 年 7 月, 伽罗瓦在巴黎高等师范学校的第一年功课行将结束, 他这时写成的数学著作, 已经使人有可能对他思想的独创性和敏锐性作出评价. 伽罗瓦通过改进数学大师拉格朗日的思想, 并在阿贝尔研究的基础上, 进一步发展了他的思想, 把全部问题转化或归结为置换群及其子群结构的分析. 这个理论的大意是: 每个方程对应于一个群, 即这个方程根的置换群(伽罗瓦群). 当且仅当一个方程的伽罗瓦群是可解群时, 这方程是根式可解的.

1831 年 1 月, 伽罗瓦在寻求确定方程的可解性这个问题上, 又得到一个结论, 他写成论文提交给法国科学院. 这篇论文是伽罗瓦关于群论的重要著作, 当时负责审查的数学家泊松为理解这篇论文绞尽脑汁. 尽管借助于拉格朗日已证明的一个结果可以表明伽罗瓦所要证明的论断是正确的, 但最后他还是建议科学院否定它.

1831 年 5 月 10 日, 伽罗瓦以“企图暗杀国王”的罪名被捕. 在监狱中伽罗瓦一方面与官方进行不妥协的斗争, 另一面他还抓紧时间刻苦钻研数学. 尽管牢房里条件很差, 生活艰苦, 他仍能静下心来在数学王国里思考.

1832 年 3 月 16 日伽罗瓦获释后不久, 年轻气盛的他卷入了一场所谓的“爱情与荣誉”的决斗. 伽罗瓦非常清楚自己难以摆脱死亡的命运, 所以连夜给朋友写信, 仓促地把自己生平的数学研究心得扼要写出, 并附以论文手稿. 他不时中断, 然后又接着写下一个极其潦草的大纲. 他在天亮之前那最后几个小时写出的东西, 为一个折磨了数学家们几个世纪的问题找到了真正的答案, 并且开创了数学的一片新的天地. 第二天上午, 伽罗瓦死于决斗. 一位世界上最杰出的数学家在他 21 岁时被杀死了, 他研究数学只有五年.

伽罗瓦最主要的成就是提出了群的概念, 并用群论彻底解决了根式求解代数方程的问题, 而且由此发展了一整套关于群和域的理论. 为了纪念他, 人们称之为伽罗瓦理论. 正是这套理论创立了抽象代数学, 把代数学的研究推向了一个新的里程. 正是这套理论为数学研究工作提供了新的数学工具——群论. 它对数学分析、几何学的发展产生了很大影响, 并标志着数学发展现代阶段的开始.

2.3　子　　群

子群是群论中的一个基本概念，通过子群的特征来研究群的性质，是群论研究的基本方法之一.

定义 2.3.1　设 G 是一个群，H 是 G 的一个非空子集. 如果 H 本身关于 G 的运算也作成一个群，则称 H 是群 G 的一个**子群**(subgroup)，记为 $H \leqslant G$.

当群 G 至少含有两个元素时，G 至少含有两个子群 $\{e\}$ 和 G ，称为 G 的**平凡子群**(trivial subgroup). 群 G 的其他子群称为**非平凡子群**或**真子群**(proper subgoup).

当 H 是群 G 的子群且 $H \neq G$ 时，记 $H < G$. 如 $(\mathbb{Z},+)<(\mathbb{Q},+)<(\mathbb{R},+)<(\mathbb{C},+)$. 但正有理数乘群 $(\mathbb{Q}^+, \cdot)$ 不是有理数加群 $(\mathbb{Q},+)$ 的子群，因为两者的运算不一致.

显然，若 H 是群 G 的子群，而 K 是 H 的子群，则 K 是 G 的子群.

定理 2.3.1　设 G 为群，$H \leqslant G$ ，则子群 H 的单位元就是 G 的单位元，H 中的元素 a 在 H 中的逆元就是 a 在 G 中的逆元.

证　设 e' 是子群 H 的单位元，e 是群 G 的单位元，则

$$e'e' = e' = e'e,$$

于是由消去律知 $e' = e$.

若 a' 是 a 在 H 中的逆元，a^{-1} 是 a 在 G 中的逆元，则 $a'a = a^{-1}a = e$，再由消去律即得 $a' = a^{-1}$.　□

群 G 的一个非空子集是否作成子群，可以由下列条件判断.

定理 2.3.2　设 H 是群 G 的非空子集，则 $H \leqslant G$ 的充分必要条件是

(1)　$a,b \in H \Rightarrow ab \in H$;

(2)　$a \in H \Rightarrow a^{-1} \in H$.

证　设 $H \leqslant G$，则 G 的代数运算也是 H 的代数运算，因此，当 $a,b \in H$ 时，必有 $ab \in H$. 又由定理 2.3.1 知，当 $a \in H$ 时，a^{-1} 就是 a 在 H 中的逆元，因而 $a^{-1} \in H$.

反之，若条件(1)，(2)满足，则 G 的代数运算限制在 H 上也是 H 的代数运算，且结合律在 H 中显然成立. 又根据(2)，当 $a \in H$ 时 $a^{-1} \in H$ ，从而再由(1)得，$e = aa^{-1} \in H$，即 H 有单位元 e，且每个元素都有逆元，因此 H 是 G 的一个子群. □

在上述定理中，非空子集作成子群的两个条件可以合并为一个.

定理 2.3.3　设 H 是群 G 的非空子集，则 $H \leqslant G$ 的充分必要条件是

$$a,b \in H \Rightarrow a^{-1}b \in H.$$

证　若 $H \leqslant G$，则当 $a,b \in H$ 时，$a^{-1} \in H$，从而 $a^{-1}b \in H$.

反之，设当 $a,b \in H$ 时，$a^{-1}b \in H$. 于是，若 $a,b \in H$，则有 $e = a^{-1}a \in H$，从而 $a^{-1} = a^{-1}e \in H$，于是 $ab = (a^{-1})^{-1}b \in H$，根据定理 2.3.2，$H$ 是 G 的子群. □

容易验证，上述定理中的条件 $a,b \in H \Rightarrow a^{-1}b \in H$，可以改为 $a,b \in H \Rightarrow ab^{-1} \in H$.

当 G 为加群时，其子群也称为子加群. 定理 2.3.2 与定理 2.3.3 中的条件相应地改为

$$a,b \in H \Rightarrow a+b, -a \in H \quad \text{和} \quad a,b \in H \Rightarrow a-b \in H.$$

对于群 G 的非空有限子集，其作成子群的条件更简单.

定理 2.3.4　设 H 是群 G 的非空有限子集，则 $H \leqslant G$ 的充分必要条件是

$$a,b \in H \Rightarrow ab \in H.$$

证　必要性显然成立，下证充分性.

由条件知，G 的代数运算也是 H 的代数运算，且显然满足结合律，于是 H 是 G 的有限半群. 又由于消去律在 G 中成立，因而在 H 中也成立. 由推论 2.1.1 知，H 是 G 的子群. □

例 2.3.1　对于数域 F 上的一般线性群 $GL_n(F)$，若令

$$SL_n(F) = \{\boldsymbol{A} \in F^{n\times n} \mid |\boldsymbol{A}| = 1\},$$

则 $SL_n(F)$ 是 $GL_n(F)$ 的子群，称为数域 F 上的**特殊线性群**(special linear group).

事实上，首先易知 $SL_n(F)$ 是非空的，因为单位矩阵 $\boldsymbol{E} \in SL_n(F)$. 又对任意的 $\boldsymbol{A}, \boldsymbol{B} \in SL_n(F)$，有 $|\boldsymbol{A}| = |\boldsymbol{B}| = 1$. 于是 $|\boldsymbol{A}^{-1}\boldsymbol{B}| = |\boldsymbol{A}|^{-1}|\boldsymbol{B}| = 1$，即 $\boldsymbol{A}^{-1}\boldsymbol{B} \in SL_n(F)$. 因此，$SL_n(F)$ 是 $GL_n(F)$ 的子群.

例 2.3.2　设 G 是一个群，令

$$C(G) = \{a \in G \mid ax = xa, \forall x \in G\},$$

证明：$C(G)$ 是 G 的可换子群.

证　显然 $e \in C(G)$，从而 $C(G) \neq \varnothing$. 又 $\forall a,b \in C(G)$，$\forall x \in G$，于是有 $xa = ax$，$xb = bx$，故

$$xa^{-1} = a^{-1}(ax)a^{-1} = a^{-1}(xa)a^{-1} = a^{-1}x,$$

$$x(ab) = (xa)b = (ax)b = a(xb) = a(bx) = (ab)x,$$

即 $a^{-1}, ab \in C(G)$，因而 $C(G) \leqslant G$. 又根据 $C(G)$ 的定义，$C(G)$ 中的元素与 G 的元素相乘时可换，从而 $C(G)$ 是 G 的一个可换子群.

上述例题中的 $C(G)$ 称为群 G 的**中心**(center)，而 $C(G)$ 中的每个元素都称为 G 的**中心元素**或**中心元**(central element). 即 $a \in G$ 是 G 的中心元，当且仅当

$ax = xa, \forall x \in G$.

非空子集作成子群的条件, 也可通过非空子集的下列运算来刻画.

设 G 是一个群, A 与 B 为 G 的非空子集, 规定

$$AB = \{ab \mid a \in A, b \in B\}, \quad A^{-1} = \{a^{-1} \mid a \in A\},$$

并称 AB 为 A 与 B 的**积**, A^{-1} 为 A 的**逆**.

不难验证, 对于群 G 的任意非空子集 A,B,C, 均有

(1) $(AB)C = A(BC)$;

(2) $A \subseteq B \Rightarrow AC \subseteq BC, CA \subseteq CB, A^{-1} \subseteq B^{-1}$;

(3) $A(B \cup C) = AB \cup AC$, $(B \cup C)A = BA \cup CA$;

(4) $A(B \cap C) \subseteq AB \cap AC$, $(B \cap C)A \subseteq BA \cap CA$;

(5) $(AB)^{-1} = B^{-1}A^{-1}$;

(6) $(A^{-1})^{-1} = A$.

一般地, $A(B \cap C) \neq AB \cap AC$.

例如, 在正实数乘群 $(\mathbb{R}^+, \cdot)$ 中, 令 $A = B = \{1,2\}, C = \{1,4\}$, 则 $AB = \{1,2,4\}$, $AC = \{1,2,4,8\}$, $AB \cap AC = \{1,2,4\}$, 但 $A(B \cap C) = \{1,2\}$.

定理 2.3.5 设 H 是群 G 的非空子集, 则

(1) $H \leqslant G \Rightarrow HH = H, H^{-1} = H$;

(2) $HH \subseteq H, H^{-1} \subseteq H \Rightarrow H \leqslant G$.

证 (1) 若 $H \leqslant G$, 则显然有 $HH \subseteq H$. 而 $H = H\{e\} \subseteq HH$, 所以 $HH = H$.

又若 $a \in H$, 则必有 $a^{-1} \in H$, 从而 $a = (a^{-1})^{-1} \in H^{-1}$, 即 $H \subseteq H^{-1}$. 进一步有, $H^{-1} \subseteq (H^{-1})^{-1} = H$, 故 $H^{-1} = H$.

反之, 设 $HH \subseteq H, H^{-1} \subseteq H$. 则当 $a,b \in H$ 时, $ab \in HH \subseteq H, a^{-1} \in H^{-1} \subseteq H$, 于是由定理 2.3.2, $H \leqslant G$. □

类似地, 有如下定理.

定理 2.3.6 设 H 是群 G 的非空子集, 则

(1) $H \leqslant G \Rightarrow HH^{-1} = H$;

(2) $HH^{-1} \subseteq H \Rightarrow H \leqslant G$.

定理 2.3.7 设 H,K 是群 G 的子群, 则 $HK \leqslant G \Leftrightarrow HK = KH$.

证 若 $HK \leqslant G$, 则由定理 2.3.5, $HK = (HK)^{-1} = K^{-1}H^{-1} = KH$.

反之, 若 $HK = KH$, 则

$$\begin{aligned}(HK)(HK)^{-1} &= (HK)(K^{-1}H^{-1}) = H(KK^{-1})H^{-1} = (HK)H^{-1} \\ &= (KH)H^{-1} = K(HH^{-1}) = KH = HK.\end{aligned}$$

于是由定理 2.3.6 知, $HK \leqslant G$. □

习题 2.3

1. 设 G 是一个群，I 是一个指标集，且对任意的 $i\in I, H_i \leqslant G$，证明：$\bigcap_{i\in I} H_i \leqslant G$.

2. 设 H 是群 G 的一个非空子集，H 中每个元素的阶都有限. 证明：$H \leqslant G$ 当且仅当 H 对 G 的运算封闭.

3. 证明：交换群中的所有有限阶元素作成一个子群.

4. 设 G 是一个群，$H \leqslant G, a\in G. a^m, a^n \in H$. 证明：若 $(m,n)=1$，则 $a\in H$.

拓展阅读 3　阿贝尔小传

阿贝尔(N.H.Abel, 1802～1829), 19 世纪最伟大的数学家之一, 1802 年 8 月 5 日出生于挪威. 他的父亲是一个小村庄的牧师，全家生活在穷困之中. 1815 年，当他进入了奥斯陆的一所天主教学校时，他的数学才华便显露出来. 在他的老师霍尔姆伯的引导下，他学习了不少当时的著名数学家的著作.

1821 年，阿贝尔进入奥斯陆的克里斯蒂安尼亚大学就读. 在学校里，他几乎全是自学，同时花大量时间作研究.

1823 年，当阿贝尔的第一篇论文发表后，他的朋友便力请挪威政府资助他到德国及法国进修. 在等待政府回复时，于 1824 年他发表了《一元五次方程没有代数一般解》的论文. 他把论文寄给了当时有名的数学家高斯，可惜高斯错过了这篇论文，也不知道这个著名的代数难题已被解决.

1825 年的冬季，阿贝尔远赴柏林，认识了克列尔(Crelle)，并跟他成为很要好的朋友. 1826 年，在阿贝尔的鼓励下，克列尔创立了一份纯粹数学和应用数学杂志，该杂志的第一期便刊登了阿贝尔在五次方程方面的研究成果. 另外还有方程理论、泛函方程及理论力学等方面的论文. 在柏林，新的数学向导使他继续独立地进行研究工作，后来阿贝尔到了欧洲不同的地方.

1826 年夏天，阿贝尔在巴黎造访了当时最顶尖的数学家，并且完成了一份有关超越函数的研究报告. 这些工作展示出一个代数函数理论，现称为阿贝尔定理，而这定理也是后期阿贝尔积分及阿贝尔函数的理论基础. 阿贝尔在巴黎受到冷落，曾经把自己的研究报告寄去科学学院，望可得到好评，但他的努力也是徒然，并在离开巴黎前罹患结核病.

阿贝尔辗转回到挪威，但欠下不少债. 在 1828 年，他找到一份代课教师职位来维持生计. 但他的穷困及病况并没有降低他对数学的热诚. 他在这期间写了大量的论文, 主要是方程理论及椭圆函数, 也就是有关阿贝尔方程和阿贝尔群的理论. 他比雅可比更快地完成了椭圆函数的理论. 此时, 阿贝尔的名声已经响遍所有的数学中心, 各方面的人也希望为他找到一个适当的教授席位, 当中克列尔便希望为他在柏林找得一个教授席位.

在 1828 年冬天, 阿贝尔的病逐渐严重起来. 到 1829 年 1 月时, 他已知自己寿命不长, 出血的症状已无法否认, 直至 1829 年 4 月 6 日凌晨去世.

阿贝尔在数学方面的成就是多方面的. 除了五次方程之外, 他还研究了更广的一类代数方程, 后人发现这是具有交换的伽罗瓦群的方程. 为了纪念他, 后人称交换群为阿贝尔群. 阿贝尔还研究过无穷级数, 得到了一些判别准则以及关于幂级数求和的定理. 这些工作使他成为分析学严格化的推动者.

阿贝尔和雅可比还是公认的椭圆函数论的奠基者. 阿贝尔发现了椭圆函数的加法定理、双周期性, 并引进了椭圆积分的反演. 阿贝尔的这一系列工作为椭圆函数论的研究开拓了道路, 并深刻地影响着其他数学分支. 埃尔米特曾说: 阿贝尔留下的思想可供数学家们工作 150 年.

2.4 循 环 群

循环群是一种研究得比较透彻的群, 也是一种非常重要的群.

设 M 是群 G 的任意一个子集, G 中包含 M 的子群总是存在的, 因为 G 本身就是一个这样的子群. 我们用 $\langle M\rangle$ 表示 G 中包含 M 的所有子群的交, 则 G 中任何一个子群只要包含 M, 就必然包含 $\langle M\rangle$. 所以, $\langle M\rangle$ 是群 G 中包含 M 的最小子群.

定义 2.4.1 设 M 是群 G 的子集, 则称 $\langle M\rangle$ 为群 G 中**由子集 M 生成的子群**.

易知, 当 $M=\varnothing$ 时, $\langle\varnothing\rangle=\{e\}$; 当 $M\leqslant G$ 时, $\langle M\rangle=M$.

当 M 为 G 的非空子集时, 对 M 中任意元素 $a_1,a_2,\cdots,a_n,\cdots$, $\langle M\rangle$ 必包含

$$a_1^{k_1}a_2^{k_2}\cdots a_n^{k_n},\quad k_i\in\mathbb{Z}, 1\leqslant i\leqslant n,\ n=1,2,\cdots.$$

另一方面, 容易验证, 一切这样的元素作成一个包含 M 的子群, 因此

$$\langle M\rangle=\left\{a_1^{k_1}a_2^{k_2}\cdots a_n^{k_n}\mid a_i\in M, k_i\in\mathbb{Z}, 1\leqslant i\leqslant n, n\in\mathbb{Z}^+\right\}.$$

当 $M=\{a_1,a_2,\cdots,a_n\}$ 时, $\langle M\rangle$ 简记为 $\langle a_1,a_2,\cdots,a_n\rangle$. 特别地, 当 $M=\{a\}$ 时, $\langle M\rangle=\langle a\rangle$, 并称 $\langle a\rangle$ 为由 a 生成的**循环子群**(cyclic subgroup).

定义 2.4.2 若群 G 可以由一个元素 a 生成，即 $G=\langle a\rangle$，则称 G 是由 a 生成的**循环群**(cyclic group)，并称 a 是 G 的一个**生成元**(generator).

易知，$\langle a\rangle=\{a^k \mid k\in\mathbb{Z}\}$，且循环群必为交换群.

当 G 为加群时，相应地有

$$\langle a_1,a_2,\cdots,a_n\rangle=\{k_1a_1+k_2a_2+\cdots+k_na_n \mid a_i\in M, k_i\in\mathbb{Z}, 1\leqslant i\leqslant n, n\in\mathbb{Z}^+\};$$

$$\langle a\rangle=\{ka \mid k\in\mathbb{Z}\}.$$

例 2.4.1 整数加群 $(\mathbb{Z},+)$ 是无限循环群. 事实上，对任意整数 n，$n=n\cdot 1$，故 $\mathbb{Z}=\langle 1\rangle$. 而且也有 $\mathbb{Z}=\langle -1\rangle$.

例 2.4.2 n 次单位根群 U_n 是一个 n 阶循环群. 事实上，设 ε 是一个 n 次单位原根，即 $\varepsilon^n=1$，但当 $1\leqslant k\leqslant n-1$ 时，$\varepsilon^k\neq 1$，则 ε 是 U_n 的一个生成元，且

$$U_n=\langle\varepsilon\rangle=\{1,\varepsilon,\varepsilon^2,\cdots,\varepsilon^{n-1}\}.$$

由于 ε 为 n 次单位原根，故 $1,\varepsilon,\varepsilon^2,\cdots,\varepsilon^{n-1}$ 是 n 个互不相等的 n 次单位根. 而对任意整数 k，ε^k 必与这 n 个复数中的一个相等.

类似地，模 n 的剩余类加群 $(\mathbb{Z}_n,+)$ 也是一个 n 阶循环群，而 $\bar{1}$ 就是 $\mathbb{Z}_n$ 的一个生成元.

定理 2.4.1 设 a 为群 G 的元素，则

(1) 当 $|a|=\infty$ 时，$\langle a\rangle=\{a^k \mid k\in\mathbb{Z}\}$ 是 G 的无限循环子群，且 $s\neq t\Rightarrow a^s\neq a^t$；

(2) 当 $|a|=n$ 时，$\langle a\rangle$ 是 G 的 n 阶循环子群，且 $\langle a\rangle=\{e,a,a^2,\cdots,a^{n-1}\}$.

证 (1) 根据定理 2.2.2，当 $s\neq t$ 时，$a^s\neq a^t$，故 $\langle a\rangle=\{a^k \mid k\in\mathbb{Z}\}$ 为无限循环子群.

(2) 根据定理 2.2.1，$e,a,a^2,\cdots,a^{n-1}$ 互不相等. 又对任意整数 m，令

$$m=nq+r,\quad 0\leqslant r<n,$$

则 $a^m=(a^n)^q\cdot a^r=a^r$. 因此 $\langle a\rangle=\{a^k \mid k\in\mathbb{Z}\}=\{e,a,a^2,\cdots,a^{n-1}\}$ 是 G 的 n 阶循环子群.

□

由上述定理容易验证：若 n 阶群是循环群，则其生成元必为 n 阶元素；反之，若 n 阶群有 n 阶元素 a，则 G 是由 a 生成的循环群. 也就是说，n 阶循环群的元素 a 是生成元，当且仅当 $|a|=n$.

定理 2.4.2 无限循环群 $\langle a\rangle$ 有两个生成元 a 与 a^{-1}，且 $a\neq a^{-1}$；n 阶循环群有 $\varphi(n)$ 个生成元，其中 $\varphi(n)$ 为欧拉函数，表示小于或等于 n 且与 n 互素的正整数的个数.

证 当 $|a|=\infty$ 时，显然 a 与 a^{-1} 是生成元，且 $a\neq a^{-1}$. 而对任意整数 $k\neq\pm 1$，$\langle a^k\rangle$ 不包含 a. 因此 a^k 不是生成元，所以 $\langle a\rangle$ 的生成元只有 a 与 a^{-1}.

当 $|a|=n$ 时，$a^k(1\leqslant k\leqslant n)$ 是 $\langle a\rangle$ 的生成元当且仅当 $|a^k|=n$，而 $|a^k|=\dfrac{n}{(k,n)}$，因此当且仅当 $(k,n)=1$ 时，a^k 为生成元，故 $\langle a\rangle$ 有 $\varphi(n)$ 个生成元. □

例如，8 阶循环群 $\langle a\rangle$ 的生成元有 4 个，分别为 a,a^3,a^5 和 a^7.

下面我们讨论循环群的子群.

定理 2.4.3　循环群的子群仍为循环群.

证　设 $G=\langle a\rangle$ 是一个循环群，$H\leqslant G$. 若 $H=\{e\}$，则 H 显然是循环群.

若 $H\neq\{e\}$，则 H 中必存在 a 的正整数幂，设 a^m 是 H 中 a 的最小正整数幂，则 $\langle a^m\rangle\subseteq H$. 另一方面，任取 $a^s\in H$，令

$$s=mq+r,\quad 0\leqslant r<m,$$

则由于 $a^s,a^m\in H$，故 $a^r=a^{s-mq}=a^s\cdot(a^m)^{-q}\in H$. 但 a^m 是 H 中的最小正整数幂，故 $r=0$. 从而 $a^s=(a^m)^q\in\langle a^m\rangle$，于是又有 $H\subseteq\langle a^m\rangle$. 因此 $H=\langle a^m\rangle$，即子群 H 也是循环群. □

定理 2.4.4　当群 G 为无限循环群时，G 有无穷多个子群；当 $G=\langle a\rangle$ 为 n 阶循环群时，对 n 的每个正因数 k，G 有且只有一个 k 阶子群，这个子群为 $\left\langle a^{\frac{n}{k}}\right\rangle$.

证　(1) 当 $G=\langle a\rangle$ 为无限循环群时，$|a|=\infty$. 从而

$$\langle e\rangle,\langle a\rangle,\langle a^2\rangle,\cdots,\langle a^m\rangle,\cdots$$

都是 G 的互不相同的子群，因而 G 有无穷多个子群.

(2) 设 $|a|=n$，$k\mid n$，且 $n=kq$，则 $|a^q|=k$，从而 $\langle a^q\rangle$ 是 G 的一个 k 阶子群.

若 H 也是 G 的一个 k 阶子群，则存在整数 m，使 $H=\langle a^m\rangle$，且 $|a^m|=k$. 但 $|a^m|=\dfrac{n}{(m,n)}$，故 $\dfrac{n}{(m,n)}=k$，从而 $(m,n)=q$，$q\mid m$. 于是 $a^m\in\langle a^q\rangle$，即 $H\subseteq\langle a^q\rangle$. 但 H 与 $\langle a^q\rangle$ 的阶都为 k，故 $H=\langle a^q\rangle$，即 G 的 k 阶子群只有 $\langle a^q\rangle$，即 $\left\langle a^{\frac{n}{k}}\right\rangle$. □

例如，6 阶循环群 $\langle a\rangle$ 有一个 1 阶子群 $\langle a^6\rangle=\{e\}$；有一个 2 阶子群 $\langle a^3\rangle=\{e,a^3\}$；有一个 3 阶子群 $\langle a^2\rangle=\{e,a^2,a^4\}$；有一个 6 阶子群 $\langle a\rangle$.

对于正整数 n，用 $T(n)$ 表示 n 的正因数的个数. 当 n 有标准分解式

$$n=p_1^{k_1}p_2^{k_2}\cdots p_m^{k_m}$$

时，易知 $T(n)=(k_1+1)(k_2+1)\cdots(k_m+1)$. 因此，根据定理 2.4.4，$n$ 阶循环群有 $T(n)$ 个子群.

习题 2.4

1. 写出 8 阶循环群 $\langle a\rangle$ 的所有子群.

2. 写出 10 阶循环群 $\langle a\rangle$ 的所有生成元.

3. 设 a 是群 G 的一个元素. 证明:

(1) 当 $|a|=\infty$ 时, $\langle a^s\rangle=\langle a^t\rangle \Leftrightarrow s=\pm t$;

(2) 当 $|a|=n$ 时, $\langle a^s\rangle=\langle a^t\rangle \Leftrightarrow (s,n)=(t,n)$.

4. 设 a,b 是群 G 的两个有限阶元素, 且

$$ab=ba,\quad (|a|,|b|)=1.$$

证明: $\langle a,b\rangle=\langle ab\rangle$.

5. 证明: 任何一个群不能是它的两个真子群的并.

拓展阅读 4　凯 莱 小 传

凯莱(A. Cayley, 1821～1895), 英国纯粹数学的近代学派带头人, 1821 年 8 月 16 日生于英格兰. 凯莱自幼喜欢解决复杂的数学问题. 1839 年进入剑桥大学三一学院, 在希腊语、法语、德语、意大利语以及数学方面成绩优异. 1842 年毕业后在三一学院任职 3 年, 开始了毕生从事的数学研究. 因未继续受聘, 于 1846 年进入林肯法律协会学习并于1849年成为律师, 以后的14年他以律师为职业, 同时继续数学研究. 1863 年任剑桥大学数学教授, 直至 1895 年 1 月 26 日逝世.

凯莱最主要的贡献是与西尔维斯特一起, 共同奠定了关于代数不变量理论的基础. 他是矩阵论的创立者, 对几何学的统一研究也做出了重要的贡献. 他曾任剑桥哲学会、伦敦数学会、皇家天文学会的会长.

凯莱是极丰产的数学家, 他对线性代数的理论、矢量和张量分析、高次曲线的性质等都有研究, 写有数学论文约 900 篇. 他的数学论文几乎涉及纯粹数学的所有领域, 收集在共有 14 卷的《凯莱数学论文集》中, 并著有《椭圆函数初论》一书.

2.5　变　换　群

设 M 是一个非空集合, 则 M 的全体变换关于变换的乘法作成一个半群. 本节将介绍这个半群的一些子群.

定义 2.5.1 设 M 是一个非空集合, 则由 M 的若干个变换关于变换的乘法所作成的群, 称为 M 的一个**变换群**(transformation group). 若变换群的每个元素都是双射变换, 则称此变换群为**双射变换群**(bijection transformation group); 否则称为**非双射变换群**(non-bijection transformation group).

由第 1 章知道, 任意两个双射变换的乘积仍是双射变换, 而双射变换的逆变换也是双射变换. 因此我们有下列结论.

定理 2.5.1 设 M 是任意非空集合, 则 $S(M)$ 关于变换的乘法作成群, 且恒等变换为单位元, 每个双射变换的逆变换是其逆元.

定义 2.5.2 称集合 M 的双射变换群 $S(M)$ 为 M 上的**对称群**(symmetric group)或 M 的对称群. 特别地, 当 $|M|=n$ 时, M 的对称群记为 S_n, 并称为 n 元**对称群**.

易知, M 的任何双射变换群, 都是对称群 $S(M)$ 的子群; n 元对称群 S_n 是 $n!$ 阶有限群.

定理 2.5.2 设 G 是非空集合 M 的一个变换群, 则 G 是 M 的双射变换群的充分必要条件是: G 中含有 M 的单射变换(或满射变换).

证 必要性显然, 下证充分性.

设 M 有单射变换 $\tau\in G$, ε 为 G 的单位元, 则

$$\varepsilon\tau=\tau\varepsilon=\tau,$$

于是对 M 中的任意元素 a, 有 $\tau(\varepsilon(a))=(\tau\varepsilon)(a)=\tau(a)$. 由于 τ 是单射变换, 故 $\varepsilon(a)=a$, 即 ε 是恒等变换.

下证 G 的任一元素都是 M 的双射变换.

任取 $\sigma\in G, \sigma$ 在 G 中的逆元记为 σ^{-1}, 则

$$\sigma\sigma^{-1}=\sigma^{-1}\sigma=\varepsilon,$$

因而若有 $\sigma(a)=\sigma(b)(a,b\in M)$, 则有 $\sigma^{-1}(\sigma(a))=\sigma^{-1}(\sigma(b)), \varepsilon(a)=\varepsilon(b)$. 从而 $a=b$. 即 σ 为 M 的单射变换.

又由 $\sigma(\sigma^{-1}(a))=\varepsilon(a)=a$ 知, M 中任何元素 a 在 σ 下有逆像 $\sigma^{-1}(a)$, 即 σ 为 M 的满射变换. 从而 σ 是双射变换, 故 G 为 M 的双射变换群.

当 G 含有 M 的满射变换时, 记 $\tau\in G$ 为 M 的满射变换, 则对任意的 $a\in M$, 有 $b\in M$, 使 $\tau(b)=a$. 记 G 的单位元为 ε, 则 $\varepsilon\tau=\tau$, 于是 $(\varepsilon\tau)(b)=\tau(b)$, 即 $\varepsilon(a)=a$. 由于 a 是任意的, 因此, G 的单位元 ε 是 M 的恒等变换.

其余部分的证明, 跟 G 含单射变换时的证明完全一致. □

从上面的定理可以看出: 双射变换群 G 的单位元为恒等变换, 而 G 的每个元素的逆元就是其逆变换; 非双射变换群的每个元素既不是单射变换, 也不是满射变换.

例 2.5.1　设 $M=\{1,2,3,4\}$，则 M 的下列两个变换

$$\alpha=\begin{pmatrix}1&2&3&4\\1&1&3&4\end{pmatrix},\quad \beta=\begin{pmatrix}1&2&3&4\\1&1&4&3\end{pmatrix}$$

作成 M 的一个非双射变换群.

事实上，易知 $\alpha^2=\beta^2=\alpha$, $\alpha\beta=\beta\alpha=\beta$, 因此 $\{\alpha,\beta\}$ 关于变换的乘法封闭，且 α 是 G 的单位元，α 与 β 的逆元均为自身，因此 G 作成群，且显然是非双射变换群.

定义 2.5.3　n 元对称群 S_n 的任意一个子群，都称为一个 n 元**置换群**，简称**置换群**(permutation group). S_n 的任意一个元素都叫做一个 n 元**置换**(permutation).

在研究有限集合 M 的置换时，M 的元素具体用什么符号表示并不重要. 因此常用数码 $1,2,\cdots,n$ 来表示，即 $M=\{1,2,\cdots,n\}$.

将数码 i 变成 $k_i\ (i=1,2,\cdots,n)$ 的置换记作

$$\begin{pmatrix}1&2&\cdots&n\\k_1&k_2&\cdots&k_n\end{pmatrix},$$

其中，$k_1k_2\cdots k_n$ 是 $1,2,\cdots,n$ 的任意一个排列.

为了简化置换的表示方法，先引入下面的符号.

定义 2.5.4　设 n 元置换 σ 把数码 i_1 变成 i_2，i_2 变成 i_3，…，i_{k-1} 变成 i_k，又把 i_k 变成 i_1，而其余的数码(如果还有的话)都不变，则称 σ 为一个 k-**循环置换**，简称为 k-**循环**(k-cycle)或**循环**，k-循环又叫 k-轮换，记为

$$\sigma=(i_1\ i_2\ \cdots\ i_k).$$

显然 $\sigma=(i_1\ i_2\ \cdots\ i_k)=(i_2\ i_3\ \cdots\ i_k\ i_1)=\cdots=(i_k\ i_1\ \cdots\ i_{k-1})$.

恒等置换也叫 1-循环，记为 (1)，也可记为 (k)，其中 $k=2,3,\cdots,n$，即

$$(1)=(2)=\cdots=(n).$$

例如，$\begin{pmatrix}1&2&3\\2&3&1\end{pmatrix}=(1\ 2\ 3)=(2\ 3\ 1)=(3\ 1\ 2)$. 这样，三元对称群可以表示为

$$S_3=\{(1),(1\ 2),(1\ 3),(2\ 3),(1\ 2\ 3),(1\ 3\ 2)\}.$$

2-循环也称为**对换**(transposition).

没有公共数码的两个或多个循环，称为**不相连的循环**(disjoint cycles).

定理 2.5.3　任何一个 n 元置换 σ 都可以表示成不相连的循环之积.

证　对 σ 变动的数码个数 t 应用数学归纳法.

若 $t=0$，则 σ 为恒等置换，定理显然成立.

假设对于数码变动个数 $t<s$ 的所有 n 元置换，定理都成立. 下面看数码变动

个数为 s 的情形.

任取一个被 σ 变动的数码 j_1，并且在 σ 下，j_1 变成 j_2，j_2 变成 j_3，⋯. 由于总共变动了 s 个数码. 因而必存在 r, 使 j_r 变成 $j_1,j_2,\cdots,j_r$ 中的某一个.又由于当 $i=2,3,\cdots,r$ 时, j_{i-1} 变成 j_i,于是 j_r 只能变成 j_1，这样我们得到一个 r-循环:

$$\tau_1=(j_1\ j_2\ \cdots\ j_r).$$

若 $r=s$，则 $\sigma=\tau_1$ 是一个循环. 若 $r<s$，则

$$\begin{aligned}\sigma&=\begin{pmatrix}j_1 & j_2 & \cdots & j_r & j_{r+1} & \cdots & j_s & j_{s+1} & \cdots & j_n\\ j_2 & j_3 & \cdots & j_1 & j'_{r+1} & \cdots & j'_s & j_{s+1} & \cdots & j_n\end{pmatrix}\\ &=\begin{pmatrix}j_1 & j_2 & \cdots & j_r & j_{r+1} & \cdots & j_s & j_{s+1} & \cdots & j_n\\ j_1 & j_2 & \cdots & j_r & j'_{r+1} & \cdots & j'_s & j_{s+1} & \cdots & j_n\end{pmatrix}\\ &\quad\cdot\begin{pmatrix}j_1 & j_2 & \cdots & j_r & j_{r+1} & \cdots & j_s & j_{s+1} & \cdots & j_n\\ j_2 & j_3 & \cdots & j_1 & j_{r+1} & \cdots & j_s & j_{s+1} & \cdots & j_n\end{pmatrix}\\ &=\sigma_1\tau_1,\end{aligned}$$

其中 σ_1 使 $s-r$ 个数码变动, 而且这些变动的数码不同于 $j_1,j_2,\cdots,j_r$. 由归纳假设, σ_1 可以表示成不相连循环之积:

$$\sigma_1=\tau_m\cdots\tau_2,$$

因此 $\sigma=\sigma_1\tau_1=\tau_m\cdots\tau_2\tau_1$ 为不相连的循环之积. □

例如,

$$\begin{pmatrix}1 & 2 & 3 & 4 & 5 & 6 & 7\\ 3 & 4 & 5 & 6 & 7 & 2 & 1\end{pmatrix}=(1\quad 3\quad 5\quad 7)(2\quad 4\quad 6).$$

任一个循环都可以表示成对换之积, 例如,

$$(i_1\ i_2\ \cdots\ i_k)=(i_1\ i_k)(i_1\ i_{k-1})\cdots(i_1\ i_3)(i_1\ i_2)$$

就是一种表示, 因而每个置换都可以表示成对换之积. 但表示方法并不唯一.

例如,

$$(1\,2\,3)=(1\,3)(1\,2)=(1\,3)(1\,2)(2\,3)(2\,3),$$

$$(1\,2\,3\,4)=(1\,4)(1\,3)(1\,2)=(1\,4)(1\,3)(3\,4)(1\,2)(3\,4).$$

但是, 同一个置换表示成对换乘积时, 其对换的个数的奇偶性不变, 因为我们有下面的结论.

定理 2.5.4 每个置换表示成对换之积时, 其对换个数的奇偶性不变.

证 设置换 σ 可表示成 m 个对换 $\sigma_1,\sigma_2,\cdots,\sigma_m$ 之积,

$$\sigma=\sigma_1\sigma_2\cdots\sigma_m,$$

则施行 σ 变换，相当于连续施行对换 $\sigma_m,\sigma_{m-1},\cdots,\sigma_1$．而 σ 将偶排列 $12\cdots n$ 变为排列

$$\sigma(1)\sigma(2)\cdots\sigma(n),$$

因而对排列 $12\cdots n$ 连续施行对换 $\sigma_m,\sigma_{m-1},\cdots,\sigma_1$，必定也得到排列

$$\sigma(1)\sigma(2)\cdots\sigma(n).$$

由于施行一次对换改变排列的奇偶性，因此 m 的奇偶性与排列 $\sigma(1)\sigma(2)\cdots\sigma(n)$ 的奇偶性一致．但排列 $\sigma(1)\sigma(2)\cdots\sigma(n)$ 的奇偶性是确定的，因而 m 的奇偶性也是确定的，即对换个数的奇偶性不变． □

定义 2.5.5 一个置换若表示成偶数个对换之积，则称其为**偶置换**(even permutation)，否则称其为**奇置换**(odd permutation).

从定理 2.5.4 的证明可以看出，置换 σ 的奇偶性与排列 $\sigma(1)\sigma(2)\cdots\sigma(n)$ 的奇偶性一致．由于在 n 个数码的所有排列中奇、偶排列各占一半，因此 $S_n(n>1)$ 的奇、偶置换也各占一半．

按照定义，任二偶置换之积仍是偶置换，因而 $S_n(n>1)$ 的全体偶置换作成一个 $\dfrac{n!}{2}$ 阶的子群，并称为 n 元**交代群**或**交错群**(alternating group)，记为 A_n．

定理 2.5.5 循环置换具有下列性质.

(1) $(i_1\ i_2\ \cdots\ i_k)$ 的阶为 k．

(2) $(i_1\ i_2\ \cdots\ i_k)^{-1}=(i_k\ i_{k-1}\ \cdots\ i_2\ i_1)$．

(3) k 为偶数时，$(i_1\ i_2\ \cdots\ i_k)$ 是奇置换；k 为奇数时，$(i_1\ i_2\ \cdots\ i_k)$ 是偶置换.

(4) 两个不相连循环相乘时可以交换顺序.

证 (1) 经直接验算知，当 $1\leqslant m<k$ 时，$(i_1\ i_2\ \cdots\ i_k)^m$ 将 i_1 变为 i_{m+1}，而 $i_{m+1}\neq i_1$，因此 $(i_1\ i_2\ \cdots\ i_k)^m\neq(1)$．而 $(i_1\ i_2\ \cdots\ i_k)^k=(1)$，故 $(i_1\ i_2\ \cdots\ i_k)$ 的阶为 k．

(2) 由 $(i_k\ i_{k-1}\cdots\ i_2\ i_1)(i_1\ i_2\ \cdots\ i_k)=(1)$，知 $(i_1\ i_2\ \cdots\ i_k)^{-1}=(i_k\ i_{k-1}\ \cdots\ i_2\ i_1)$．

(3) 由 $(i_1\ i_2\ \cdots\ i_k)=(i_1\ i_k)(i_1\ i_{k-1})\cdots(i_1\ i_2)$ 知，循环 $(i_1\ i_2\ \cdots\ i_k)$ 的奇偶性与 k 的奇偶性相反．因而，当 k 为偶数时，$(i_1\ i_2\ \cdots\ i_k)$ 是奇置换；当 k 为奇数时，$(i_1\ i_2\ \cdots\ i_k)$ 是偶置换.

(4) 设 $\sigma=(i_1\ i_2\ \cdots\ i_s),\tau=(j_1\ j_2\ \cdots\ j_t)$，其中 $\{i_1,i_2,\cdots,i_s\}\cap\{j_1,j_2,\cdots,j_t\}=\varnothing$，则

$$\sigma\tau=\begin{pmatrix} i_1 & i_2 & \cdots & i_s & j_1 & j_2 & \cdots & j_t & l_{s+t+1} & \cdots & l_n \\ i_2 & i_3 & \cdots & i_1 & j_2 & j_3 & \cdots & j_1 & l_{s+t+1} & \cdots & l_n \end{pmatrix}=\tau\sigma.$$ □

推论 2.5.1 设 $\sigma=(i_1\ i_2\ \cdots\ i_s),\tau=(j_1\ j_2\ \cdots\ j_t)$ 为不相连的循环，则 $\sigma\tau$ 的阶为 $[s,t]$．

证 首先，由定理 2.5.5，$|\sigma|=s, |\tau|=t$，所以 $(\sigma\tau)^{[s,t]}=\sigma^{[s,t]}\tau^{[s,t]}=(1)$.

其次，由于

$$\sigma\tau(i_k)=\sigma(i_k),\quad k=1,2,\cdots,s,$$
$$\sigma\tau(j_r)=\tau(j_r),\quad r=1,2,\cdots,t.$$

因此，若有 $(\sigma\tau)^m=(1)$，则必有 $\sigma^m=(1)$ 且 $\tau^m=(1)$. 于是 $s\mid m, t\mid m$. 从而 $[s,t]\mid m$. 这说明 $\sigma\tau$ 的阶为 $[s,t]$. □

例如，四元对称群 S_4 的全部元素为

(1);

(1 2), (1 3), (1 4), (2 3), (2 4), (3 4);

(1 2 3), (1 2 4), (1 3 2), (1 3 4), (1 4 2), (1 4 3), (2 3 4), (2 4 3);

(1 2 3 4), (1 2 4 3), (1 3 2 4), (1 3 4 2), (1 4 2 3), (1 4 3 2);

(1 2)(3 4), (1 3)(2 4), (1 4)(2 3),

其中，第一行的置换为 1 阶偶置换，第二行的置换为 2 阶奇置换，第三行的置换为 3 阶偶置换，第四行的置换为 4 阶奇置换，第五行的置换为 2 阶偶置换.

例 2.5.2 $K_4=\{(1),(1\,2)(3\,4),(1\,3)(2\,4),(1\,4)(2\,3)\}$ 作成 A_4 的交换子群，这个群(以及与其同构的群)称为 Klein **四元群**(Klein four group).

事实上，K_4 中除单位元 (1) 外，其余三个元素是 S_4 的全部 2 阶偶置换，且其中任意两个不同元素之积等于第三个，即 K_4 关于置换的乘法封闭. 由非空有限子集作成子群的条件可知，K_4 是 A_4 的子群，且显然是一个交换子群.

习题 2.5

1. 设 M 为实数集，对任意的实数 b 及非零实数 a，令

$$\tau_{(a,b)}: M\to M,$$
$$x\mapsto ax+b,\quad \forall x\in M,$$

证明：$G=\{\tau_{(a,b)}\mid a,b\in M, 且 a\neq 0\}$ 是 M 的双射变换群.

2. 将置换 $\sigma=\begin{pmatrix}1&2&3&4&5&6&7&8&9&10\\3&4&5&6&7&10&9&8&1&2\end{pmatrix}$ 表示成不相连的循环之积，并求其阶.

3. 证明：一个 $n\ (n>1)$ 元置换群中的置换或者全为偶置换，或者奇、偶置换各半.

4. 设 $\sigma_1,\sigma_2,\cdots,\sigma_m$ 为不相连的循环. 证明：$\sigma_1\sigma_2\cdots\sigma_m$ 的阶为 $|\sigma_1|,|\sigma_2|,\cdots,|\sigma_m|$ 的最小公倍数.

5. 设 n 元置换 $\tau=\begin{pmatrix}1&2&\cdots&n\\i_1&i_2&\cdots&i_n\end{pmatrix}$. 证明：对任意 n 元置换 σ，有

$$\sigma\tau\sigma^{-1}=\begin{pmatrix}\sigma(1) & \sigma(2) & \cdots & \sigma(n)\\ \sigma(i_1) & \sigma(i_2) & \cdots & \sigma(i_n)\end{pmatrix}.$$

6. 设$\sigma=\begin{pmatrix}1&2&3&4&5&6\\3&1&4&6&2&5\end{pmatrix}$, $\tau=\begin{pmatrix}1&2&3&4&5&6\\2&3&5&6&1&4\end{pmatrix}$, 计算: $\sigma\tau, \tau^2\sigma, \sigma\tau^{-1}, \tau\sigma\tau^{-1}$.

拓展阅读 5　克莱因小传

克莱因(F. C. Klein, 1849～1925), 德国数学家, 1849 年 4 月 25 日生于杜塞尔多夫. 克莱因在中学毕业后考入了波恩大学, 学习数学和物理. 他本来是想成为一位物理学家, 但是数学教授普律克改变了他的主意. 1868 年克莱因在普律克教授的指导下完成了博士论文. 1871 年, 克莱因接受哥廷根大学的邀请担任数学讲师. 1872 年他又被埃尔朗根大学聘任为数学教授. 1880～1886 年任莱比锡大学教授. 1886 年, 克莱因接受了哥廷根大学的邀请来到哥廷根, 开始了他的数学家的生涯, 他在这里直到 1913 年退休. 1872～1895 年任哥廷根《数学年刊》主编, 倡导编辑《数学百科全书》, 并编写了其中的第 4 卷.

他的主要课题是非欧几何、群论和函数论. 克莱因在数学上做出的第一个贡献是在 1870 年与李合作发现的库默尔面上曲线的渐近线的基本性质. 他进一步地与李合作研究 W-曲线. 1871 年克莱因出版了两篇有关非欧几何的论文, 论文中证明了如果欧氏几何是相容的, 那么非欧几何也是相容的. 这就把非欧几何置于与欧氏几何同样坚实的基础之上. 克莱因在他的著名的埃尔朗根纲领中, 以变换群的观点综合了各种几何不变量及其空间特性, 以此为标准来分类, 从而统一了几何学. 变换在现代数学中扮演着主要角色. 克莱因指明了如何用变换群来表达几何的基本特性的方法.

克莱因认为自己对数学的贡献主要在函数理论上. 1882 年他在一篇论文中用几何方法来处理函数理论并把势论与保形映射联系起来. 他也经常把物理概念用在函数理论上, 特别是流体力学.

克莱因对力学的贡献在于他在哥廷根任职期间推动了应用力学的发展. 1893 年, 克莱因在美国芝加哥参观国际博览会后, 深感基础学科对于发展工业的重要性. 他回到德国后在哥廷根竭力促进数学、力学和其他基础学科在工程技术中的应用, 并在哥廷根大学成立应用力学系. 这个系是现代力学发源地之一. 以普朗特和冯·卡门为代表的近代力学学派首先在哥廷根大学成长发展, 这与克莱因的努力是分不开的. 克莱因在哥廷根讲授的课程非常广泛, 主要是在数学和物理之间的交叉课题，如力学和势论．他实现了重建哥廷根大学作为世界数学研究的重要中心的愿望．著名的数学杂志《数学年刊》就是在克莱因的主持管理下才在重要性上达到和超过了《克莱尔杂志》．这本杂志在复分析、代数几何和不变量理论方面很有特色，在实分析和群论新领域也很出色．

2.6 群的同态与同构

在第 1 章中，我们介绍过代数系统间的同态与同构概念．而群是含有一个代数运算的代数系统，因而群与群之间也有同态与同构．

设 G 与 $\overline{G}$ 是两个群，φ 是 G 到 $\overline{G}$ 的映射，若 φ 保持运算，即

$$\varphi(ab)=\varphi(a)\varphi(b), \quad \forall a,b\in G,$$

则称 φ 是群 G 到群 $\overline{G}$ 的**同态映射**或**同态**(homomorphism)．

当同态映射 φ 为单射时，称 φ 为**单同态**(monomorphism)；当同态映射 φ 为满射时，称 φ 为**满同态**(epimorphism)；当同态映射 φ 为双射时，称 φ 为**同构映射**或**同构**(isomorphism)．

群 G 到自身的同态与同构，分别称为 G 的**自同态**(endomorphism)与**自同构**(automorphism)．

若存在群 G 到群 $\overline{G}$ 的同态满射，则称群 G 与 $\overline{G}$ 同态，记为 $G\sim\overline{G}$；若存在群 G 到群 $\overline{G}$ 的同构映射，则称群 G 与 $\overline{G}$ 同构，记为 $G\cong\overline{G}$．

在下面的讨论中，G 与 $\overline{G}$ 表示两个群，其单位元分别为 e 与 $\overline{e}$．

定理 2.6.1 设 G 与 $\overline{G}$ 是各有一个代数运算的代数系统，且 $G\sim\overline{G}$，则当 G 是群时，$\overline{G}$ 也是群．

证 设 φ 为 G 到 $\overline{G}$ 的同态满射，则由第 1 章知道，$\overline{G}$ 的运算满足结合律．

对任意的 $\overline{a}\in\overline{G}$，存在 $a\in G$，使 $\varphi(a)=\overline{a}$，于是

$$\varphi(e)\overline{a}=\varphi(e)\varphi(a)=\varphi(ea)=\varphi(a)=\overline{a},$$

即 $\varphi(e)$ 是 $\overline{G}$ 的左单位元．

又由 $\varphi(a^{-1})\overline{a}=\varphi(a^{-1})\varphi(a)=\varphi(a^{-1}a)=\varphi(e)$ 知，$\varphi(a^{-1})$ 是 $\overline{a}$ 的左逆元．因此，$\overline{G}$ 也是一个群． □

应当注意，上述定理中的同态映射必须为满射，否则结论不成立！例如，设 G 为正有理数乘群，$\overline{G}$ 为全体正整数关于数的普通乘法作成的半群，则

$$\varphi: G\to\overline{G}, \quad \varphi(x)=1, \quad \forall x\in G$$

是 G 到 $\overline{G}$ 的同态映射，但 $\overline{G}$ 不是群．

定理 2.6.2　设 φ 是群 G 到群 $\bar{G}$ 的同态映射, 则

(1) $\varphi(e)$ 是 $\bar{G}$ 的单位元;

(2) $\varphi(a)^{-1}=\varphi(a^{-1}), \forall a\in G$;

(3) 当 H 是 G 的子群时, $\varphi(H)$ 是 $\bar{G}$ 的子群;

(4) 当 $\bar{H}$ 是 $\bar{G}$ 的子群时, $\varphi^{-1}(\bar{H})$ 是 G 的子群.

证　(1) 由于 $\varphi(e)\varphi(e)=\varphi(ee)=\varphi(e)=\varphi(e)\bar{e}$, 由消去律即得, $\varphi(e)=\bar{e}$, 即 $\varphi(e)$ 是 $\bar{G}$ 的单位元.

(2) 任取 $a\in G$, 由于 $\varphi(a^{-1})\varphi(a)=\varphi(a^{-1}a)=\varphi(e)$, 故 $\varphi(a)$ 的逆元是 $\varphi(a^{-1})$.

(3) 首先 $\varphi(e)\in\varphi(H)$, 故 $\varphi(H)\neq\varnothing$. 任取 $\bar{h}_1,\bar{h}_2\in\varphi(H)$, 存在 $h_1,h_2\in H$, 使 $\bar{h}_1=\varphi(h_1),\bar{h}_2=\varphi(h_2)$, 由于 $H\leqslant G$, 所以 $h_1^{-1}h_2\in H$, 于是 $\bar{h}_1^{-1}\bar{h}_2-\varphi(h_1)^{-1}\varphi(h_2)=\varphi(h_1^{-1}h_2)\in\varphi(H)$, 因此, $\varphi(H)\leqslant\bar{G}$.

(4) 由于 $\varphi(e)=\bar{e}\in\bar{H}$, 故 $e\in\varphi^{-1}(\bar{H})$, 即 $\varphi^{-1}(\bar{H})\neq\varnothing$. 任取 $h_1,h_2\in\varphi^{-1}(\bar{H})$, 则 $\varphi(h_1),\varphi(h_2)\in\bar{H}$. 由于 $\bar{H}\leqslant\bar{G}$, 故 $\varphi(h_1^{-1}h_2)=\varphi(h_1)^{-1}\varphi(h_2)\in\bar{H}$, 即 $h_1^{-1}h_2\in\varphi^{-1}(\bar{H})$. 故 $\varphi^{-1}(\bar{H})\leqslant G$. □

设 φ 是群 G 到群 $\bar{G}$ 的同态映射, 则称

$$\operatorname{Ker}\varphi=\{x\in G\mid\varphi(x)=\bar{e}\}$$

为同态映射 φ 的**核**(kernel). 而称 $\varphi(G)$ 为 φ 的**像**(image), $\varphi(G)$ 也可记为 $\operatorname{Im}\varphi$.

变换群是一种相对具体的群, 而下面的凯莱(A.Cayley)定理表明, 每个抽象群都与一个变换群同构.

定理 2.6.3 (凯莱定理)　任何群都与一个双射变换群同构.

证　设 G 为任意一个群, 任取 $a\in G$, 令

$$\begin{gathered}\tau_a: G\to G,\\ x\mapsto ax,\quad \forall x\in G,\end{gathered}$$

则易知 τ_a 是 G 的一个双射变换. 令

$$\bar{G}=\{\tau_a \mid a\in G\},$$

任取 $\tau_a,\tau_b,\in\bar{G}$, 则对任意的 $x\in G$,

$$\begin{gathered}(\tau_a\tau_b)(x)=\tau_a(bx)=a(bx)=(ab)x=\tau_{ab}(x),\\ (\tau_{a^{-1}}\tau_a)(x)=\tau_{a^{-1}}(ax)=a^{-1}(ax)=x.\end{gathered}$$

因此 $\tau_a\tau_b=\tau_{ab}\in\bar{G}, \tau_a^{-1}=\tau_{a^{-1}}\in\bar{G}$. 所以 $\bar{G}\leqslant S(G)$.

显然

$$\begin{gathered}\varphi: G\to\bar{G},\\ a\mapsto\tau_a,\quad \forall a\in G\end{gathered}$$

是群 G 到群 $\bar{G}$ 的双射，且

$$\varphi(ab)=\tau_{ab}=\tau_a\tau_b=\varphi(a)\varphi(b),$$

因此，φ 为同构映射. 从而，$G\cong\bar{G}$，即群 G 与 G 的一个双射变换群 $\bar{G}$ 同构. □

根据这个定理，当 G 为 n 阶群时，G 与 S_n 的一个 n 阶子群同构.

定理 2.6.4 设群 G 与群 $\bar{G}$ 同态，则当 G 是循环群时，$\bar{G}$ 也是循环群.

证 设 $G=\langle a\rangle$，φ 是群 G 到群 $\bar{G}$ 的同态满射. 下证 $\bar{G}=\langle\varphi(a)\rangle$.

事实上，显然 $\langle\varphi(a)\rangle\subseteq\bar{G}$. 另一方面，任取 $\bar{x}\in\bar{G}$，则存在 $x\in G$，使 $\varphi(x)=\bar{x}$. 由于 $G=\langle a\rangle$，故存在整数 m，使 $x=a^m$. 于是

$$\bar{x}=\varphi(x)=\varphi(a^m)=\varphi(a)^m,$$

从而 $\bar{G}\subseteq\langle\varphi(a)\rangle$. 故 $\bar{G}=\langle\varphi(a)\rangle$. 这说明 $\bar{G}$ 是由 $\varphi(a)$ 生成的循环群. □

定理 2.6.5 设 $G=\langle a\rangle$ 是一个循环群.

(1) 若 $|a|=\infty$，则 $G\cong(\mathbb{Z},+)$；

(2) 若 $|a|=n$，则 $G\cong U_n$.

证 (1) 设 $|a|=\infty$，则 $a^s=a^t$ 当且仅当 $s=t$，于是

$$\varphi:G\to\mathbb{Z},$$
$$a^k\mapsto k,\quad \forall k\in\mathbb{Z}$$

是 G 到 $\mathbb{Z}$ 的单射，而且显然也是满射.

又 $\varphi(a^sa^t)=\varphi(a^{s+t})=s+t=\varphi(a^s)+\varphi(s^t)$，所以 φ 为同构映射. 故 $G\cong(\mathbb{Z},+)$.

(2) 设 $|a|=n$，ε 是一个 n 次单位原根，则 $U_n=\langle\varepsilon\rangle=\{\varepsilon^k\mid k\in\mathbb{Z}\}$，且

$$a^s=a^t\Leftrightarrow n\mid(s-t)\Leftrightarrow\varepsilon^s=\varepsilon^t,$$

因此

$$\varphi:G\to U_n,$$
$$a^k\mapsto\varepsilon^k,\quad \forall k\in\mathbb{Z}$$

是一个单射，而且显然也是一个满射. 又

$$\varphi(a^s\cdot a^t)=\varphi(a^{s+t})=\varepsilon^{s+t}=\varepsilon^s\cdot\varepsilon^t=\varphi(a^s)\ \varphi(a^t),$$

所以 φ 为同构映射，故 $G\cong U_n$. □

由于群与群之间的同构关系是一个等价关系，因而在同构意义下，只有两类循环群：无限循环群 $(\mathbb{Z},+)$ 和 n 阶循环群 U_n.

定理 2.6.6 任何群 G 的所有自同构关于变换的乘法作成一个群，这个群称为群 G 的**自同构群**(automorphism group)，记为 $\mathrm{Aut}(G)$.

证 设 σ,τ 是群 G 的任意两个自同构，则首先 $\sigma\tau$ 是群 G 的一个双射变换. 又对任意的 $a,b\in G$，

$$(\sigma\tau)(ab)=\sigma(\tau(ab))=\sigma(\tau(a)\tau(b))=\sigma(\tau(a))\sigma(\tau(b))=(\sigma\tau)(a)(\sigma\tau)(b),$$

所以，$\sigma\tau$ 是群 G 的一个自同构. 而

$$\sigma^{-1}(ab)=\sigma^{-1}(\sigma(\sigma^{-1}(a))\sigma(\sigma^{-1}(b)))=\sigma^{-1}(\sigma(\sigma^{-1}(a)\sigma^{-1}(b)))=\sigma^{-1}(a)\sigma^{-1}(b),$$

所以 σ^{-1} 也是群 G 的一个自同构. 因此，G 的所有自同构关于变换的乘法作成 G 的对称群的一个子群. □

其实，任意一个代数系统的所有自同构关于变换的乘法也作成群，称为这个代数系统的自同构群. 其证明方法与上述定理的证明完全一样.

例 2.6.1　证明：Klein 四元群 K_4 的自同构群 $\mathrm{Aut}(K_4)$ 与三元对称群 S_3 同构.

证　将 K_4 的四个元素依次记为 $e,1,2,3$. 再令 x,y,z 代表 $1,2,3$ 中三个不同的元素，则 xyz 是 $1,2,3$ 的任意一个全排列. 由于自同构将单位元变为单位元，故根据 K_4 的乘法易知，置换

$$\begin{pmatrix} e & 1 & 2 & 3 \\ e & x & y & z \end{pmatrix}$$

是 K_4 的一个自同构. 因此，K_4 的自同构群与三元对称群 S_3 同构.

习题 2.6

1. 设 H 是群 G 的一个子群. 证明：对任意的 $a\in G$，aHa^{-1} 是 G 的子群，且与 H 同构.
2. 设 φ 是群 G 到群 $\bar{G}$ 的同态映射，则 φ 为单射的充分必要条件是：$\mathrm{Ker}\varphi=\{e\}$.
3. 设 $(\mathbb{Q}^*,\cdot)$ 为非零有理数乘群，而 $(\mathbb{Z},+)$ 为整数加群. 证明：

$$\varphi:\mathbb{Q}\to\mathbb{Z},$$
$$2^n\frac{b}{a}\mapsto n$$

是 $(\mathbb{Q}^*,\cdot)$ 到 $(\mathbb{Z},+)$ 的一个同态满射，其中 a,b 为互素的奇数.

4. 证明：实数加群 $(\mathbb{R},+)$ 与正实数乘群 $(\mathbb{R}^+,\cdot)$ 同构.
5. 设 G 是一个群. 证明：

$$\varphi:G\to G,$$
$$x\mapsto x^{-1},\quad \forall x\in G$$

是 G 的自同构的充分必要条件是：G 为交换群.

拓展阅读 6　弗罗贝尼乌斯小传

弗罗贝尼乌斯(F. G. Frobenius, 1849～1917)，德国数学家，1849 年 10 月 26 日

生于德国柏林.

弗罗贝尼乌斯先就读于柏林的约阿希姆斯塔尔文科中学，在文科中学打下古典语文、历史、人文学科及数学、自然科学等各门知识的良好基础后，1867 年进入哥廷根大学，开始他的数学学习. 1870 年，弗罗贝尼乌斯在柏林完成学业并获博士学位. 1874 年，他被聘为柏林大学副教授，第二年又成为瑞士苏黎世高等工业学校教授.

1870 年左右，群论成为数学研究的主流之一. 弗罗贝尼乌斯在柏林时就受到库默尔和克罗内克的影响，对抽象群理论产生兴趣并从事这方面的研究，发表了多篇有价值的论文. 1892 年，他重返柏林大学任数学教授. 1893 年当选为柏林普鲁士科学院院士.

弗罗贝尼乌斯的论文数量很多，其中相当一部分非常重要. 他有几篇文章是与其他著名学者合作的，尤其与施蒂克尔贝格和舒尔的合作最为成功. 舒尔是弗罗贝尼乌斯的学生，被认为是抽象群表示论的初创者之一，他发展和简化了弗罗贝尼乌斯的一些结果.

弗罗贝尼乌斯的主要数学贡献在群论方面，尤其是群的表示理论. 群的思想萌芽虽然在数学史上出现得很早，但其概念直至 19 世纪后半叶才正式出现. 弗罗贝尼乌斯对抽象群概念的形成做出奠基性的贡献. 群的抽象概念完成之后，弗罗贝尼乌斯开始研究抽象群理论中的具体问题.

19 世纪末 20 世纪初，受戴德金来信的鼓舞，弗罗贝尼乌斯开始创立和发展群论中最系统和最本质的部分——有限群的表示理论，其核心是群特征标理论. 从 1896 年至 1907 年，弗罗贝尼乌斯发表了 20 多篇论文，从各方面扩展了特征论和表示论，专门论述了对称群的特征、变换群的特征等. 他还得出仅存在少数几个不可约表示、其他所有表示都是由它们组合而成的重要结果.

1917 年 8 月 3 日，弗罗贝尼乌斯在柏林州夏洛滕堡逝世.

2.7 陪　　集

陪集是群论中的一个重要概念，利用陪集可以将群进行分类.

定义 2.7.1　设 H 是群 G 的一个子群，$a\in G$，称群 G 的子集

$$aH=\{ah\mid h\in H\}$$

为群 G 关于子群 H 的一个**左陪集**(left coset). 而称

$$Ha=\{ha\mid h\in H\}$$

为群 G 关于子群 H 的一个**右陪集**(right coset).

例如，$H=\{(1),(12)\}$ 是三元对称群 S_3 的一个子群，则

$$(1\,3)H=\{(1\,3),(1\,2\,3)\},\quad (2\,3)H=\{(2\,3),(1\,3\,2)\}$$

是 H 的两个左陪集；而

$$H(1\,3)=\{(1\,3),(1\,3\,2)\},\quad H(2\,3)=\{(2\,3),(1\,2\,3)\}$$

是 H 的两个右陪集.

显然，H 本身既是一个左陪集，也是一个右陪集，且左陪集 aH 与右陪集 Ha 一般并不相等，但 aH 与 Ha 都包含 a.

对于左陪集，我们有下面的结论.

性质 2.7.1　设 H 是群 G 的一个子群，$a\in G$，则 $aH=H$ 的充分必要条件是 $a\in H$.

证　设 $aH=H$，则 $a=ae\in aH$，于是 $a\in H$.

反之，设 $a\in H$，则 $aH\subseteq HH\subseteq H$. 又因为 $a^{-1}\in H$，所以 $H=aa^{-1}H\subseteq a\cdot HH=aH$. 从而 $aH=H$. □

性质 2.7.2　设 H 是群 G 的一个子群，$a,b\in G$，则下列条件等价:

(1) $aH=bH$;

(2) $b\in aH$;

(3) $a^{-1}b\in H$.

证　$(1)\Rightarrow(2)$. 设 $aH=bH$，则 $b=be\in bH=aH$.

$(2)\Rightarrow(3)$. 设 $b\in aH$，则 $a^{-1}b\in a^{-1}\cdot aH=H$.

$(3)\Rightarrow(1)$. 设 $a^{-1}b\in H$，则由性质 2.7.1，$a^{-1}bH=H$. 于是

$$aH=a\cdot a^{-1}bH=bH.$$

□

性质 2.7.3　设 H 是群 G 的子群，$a,b\in G$. 如果 $aH\cap bH\neq\varnothing$，则 $aH=bH$.

证　设 $c\in aH\cap bH$，则 $c\in aH, c\in bH$，于是由性质 2.7.2，$cH=aH, cH=bH$. 从而 $aH=bH$. □

根据上述性质，群 G 关于子群 H 的全体不同的左陪集构成 G 的一个分类，而且元素 a 与 b 在同一个类当且仅当 $a^{-1}b\in H$.

如果用 $aH,bH,cH,\cdots$ 表示群 G 关于子群 H 的所有不同的左陪集，则有

$$G=aH\cup bH\cup cH\cup\cdots,$$

称其为 G 关于子群 H 的一个左陪集分解. 而称 $\{a,b,c,\cdots\}$ 为 G 关于 H 的一个**左陪集代表系**(representative system of left cosets).

同样可以讨论群 G 关于子群 H 的右陪集的性质及右陪集分解. 但相应的右陪集性质应改写为如下.

性质 2.7.4　设 H 是群 G 的一个子群，$a,b\in G$，则下列条件等价:

(1) $Ha=Hb$;

(2) $b \in Ha$;

(3) $ab^{-1} \in H$.

性质 2.7.5 设 H 是群 G 的一个子群，$a,b \in G$. 如果 $Ha \cap Hb \neq \varnothing$，则 $Ha = Hb$.

群 G 关于子群 H 的左陪集与右陪集有下列关系.

定理 2.7.1 设 H 是群 G 的一个子群,

$$L = \{aH \mid a \in G\}, \quad R = \{Hb \mid b \in G\}.$$

则存在 L 到 R 的双射.

证 令

$$\varphi: L \to R,$$
$$aH \mapsto Ha^{-1},$$

则对任意的 $a,b \in H$，有

$$aH = bH \Leftrightarrow a^{-1}b \in H \Leftrightarrow a^{-1}(b^{-1})^{-1} \in H \Leftrightarrow Ha^{-1} = Hb^{-1},$$

因此 φ 是映射，而且是单射.

又对任意右陪集 Ha，$a^{-1}H$ 是 G 关于子群 H 的左陪集，且 $\varphi(a^{-1}H) = Ha$. 从而 φ 为满射. 故 φ 是 L 到 R 的双射. □

应注意，$\varphi(aH) = Ha$ 一般不是 L 到 R 的映射.

根据上述定理，若 $A = \{a,b,c,\cdots\}$ 是 G 关于子群 H 的一个左陪集代表系，则 $A^{-1} = \{a^{-1},b^{-1},c^{-1},\cdots\}$ 是 G 关于子群 H 的一个右陪集代表系. 因此，若 G 有左陪集分解

$$G = aH \cup bH \cup cH \cup \cdots,$$

则 G 必有右陪集分解

$$G = Ha^{-1} \cup Hb^{-1} \cup Hc^{-1} \cup \cdots.$$

例如，取 S_3 的子群 $H = \{(1),(1\,2)\}$，则有

$$(1)H = \{(1),(1\,2)\} = (1\,2)H,$$
$$(1\,3)H = \{(1\,3),(1\,2\,3)\} = (1\,2\,3)H,$$
$$(2\,3)H = \{(2\,3),(1\,3\,2)\} = (1\,3\,2)H,$$

于是 $S_3 = (1)H \cup (1\,3)H \cup (1\,3\,2)H$ 为 S_3 关于 H 的一个左陪集分解，从而 $S_3 = H(1) \cup H(1\,3) \cup H(1\,2\,3)$ 为 S_3 关于 H 的一个右陪集分解.

定义 2.7.2 群 G 关于子群 H 的互异左(或右)陪集的个数，称为 H 在 G 中的指数，记为 $(G:H)$.

定理 2.7.2　设 H 为群 G 的一个子群，$a \in G$，则存在 H 到 aH 的双射.

证　令

$$\varphi: H \to aH,$$
$$h \mapsto ah, \quad \forall h \in H,$$

则不难验证 φ 是 H 到 aH 的一个双射. □

类似地，群 G 关于子群 H 的任意右陪集 Hb 与 H 之间也存在双射，进而得到下面的拉格朗日(J. L. Lagrange)定理.

定理 2.7.3 (拉格朗日定理)　设 H 是有限群 G 的一个子群，则

$$|G| = |H|(G:H),$$

从而群 G 的任何子群的阶和子群在 G 中的指数都是 $|G|$ 的因数.

证　令 $(G:H) = s$，且

$$G = a_1H \cup a_2H \cup \cdots \cup a_sH$$

为 G 关于 H 的左陪集分解，则

$$|G| = |a_1H| + |a_2H| + \cdots + |a_sH|.$$

由定理 2.7.2，$|a_iH| = |H| \, (i = 1, 2, \cdots, s)$，所以 $|G| = |H|(G:H)$. □

推论 2.7.1　有限群中每个元素的阶都能整除群的阶.

证　设 a 是有限群 G 的 n 阶元素，则 $H = \langle a \rangle = \{e, a, \cdots, a^{n-1}\}$ 是 G 的 n 阶子群. 于是由定理 2.7.3 知，n 整除群 G 的阶. □

例如，S_3 中元素的阶都是 6 的因数，子群 $H = \{(1), (2)\}$ 的阶是 2，$(S_3 : H) = 3$.

定理 2.7.4　设 H, K 是群 G 的两个子群，则 G 关于子群 $H \cap K$ 的所有左陪集，就是 G 关于 H 与 K 的左陪集的所有非空的交.

证　设 $c(H \cap K)$ 为 G 关于 $H \cap K$ 的任意一个左陪集，则

$$c(H \cap K) = cH \cap cK,$$

故 G 关于 $H \cap K$ 的左陪集是关于 H 与 K 的两个左陪集的交.

反之，任取 H 与 K 的左陪集 aH 与 bK，且 $aH \cap bK \neq \varnothing$，则存在 $c \in aH \cap bK$，即 $c \in aH, c \in bK$. 于是 $aH = cH, bK = cK$. 从而

$$aH \cap bK = cH \cap cK = c(H \cap K).$$

这说明 G 关于 H 与 K 的左陪集的非空交是关于 $H \cap K$ 的左陪集. □

根据上述定理，当 $(G:H)$ 与 $(G:K)$ 都有限时，$(G:H \cap K)$ 也有限，且

$$(G:H \cap K) \leqslant (G:H)(G:K).$$

定理 2.7.5　设 G 为有限群，H, K 是 G 的子群且 $K \leqslant H$，则

$$(G:K) = (G:H)(H:K).$$

证 由拉格朗日定理,

$$|G|=|H|(G:H)=|K|(G:K), \quad |H|=|K|(H:K),$$

因此, $(G:K)=(G:H)(H:K)$. □

例 2.7.1 设 H,K 是群 G 的两个有限子群, 则

$$|HK|=\frac{|H||K|}{|H\cap K|}.$$

证 设 $\dfrac{|H|}{|H\cap K|}=m$, 则 H 关于子群 $H\cap K$ 有左陪集分解

$$H=h_1(H\cap K)\cup h_2(H\cap K)\cup\cdots\cup h_m(H\cap K),$$

其中 $h_i\in H, h_i^{-1}h_j\notin H\cap K, i\neq j$. 于是

$$HK=h_1(H\cap K)K\cup h_2(H\cap K)K\cup\cdots\cup h_m(H\cap K)K=h_1K\cup h_2K\cup\cdots\cup h_mK.$$

由于当 $i\neq j$ 时, $h_i^{-1}h_j\notin H\cap K$, 所以 $h_i^{-1}h_j\notin K, i\neq j$. 即 $i\neq j$ 时, $h_iK\cap h_jK=\varnothing$. 因此 $|HK|=m|K|=\dfrac{|H||K|}{|H\cap K|}$.

例 2.7.2 设 G 是一个阶大于 2 的群, 且每个元素都满足方程 $x^2=e$, 则 G 必有 4 阶子群.

事实上, 由于每个元素都满足 $x^2=e$, 因而由习题 2.1 的第 6 题知, G 是交换群, 且除单位元外, 其余元素的阶都是 2.

任取 $a\in G-\{e\}$, $b\in G-\langle a\rangle$, 则 $|\langle a\rangle|=2$, $|\langle b\rangle|=2$, 并且 $|\langle a\rangle\cap\langle b\rangle|=1$, 故 $|\langle a\rangle\langle b\rangle|=4$. 又 $\langle a\rangle\langle b\rangle=\langle b\rangle\langle a\rangle$, 所以, $\langle a\rangle\langle b\rangle$ 是 G 的子群, 且其阶为 4.

例 2.7.3 设 G 为 6 阶群. 证明: 若 G 不是循环群, 则必与 S_3 同构.

证 由于 G 不是循环群, 因而 G 没有 6 阶元素. 故由推论 2.7.1 知, S_3 中除单位元外其余元素的阶为 2 或 3.

若 $G-\{e\}$ 中元素的阶都是 2, 则由上例知, G 有 4 阶子群, 矛盾. 若 $G-\{e\}$ 中元素的阶都是 3, 则可取 $a\in G-\{e\}$, $b\in G-\langle a\rangle$, 满足 $|\langle a\rangle\cap\langle b\rangle|=1$, 故 $|\langle a\rangle\langle b\rangle|=|\langle a\rangle||\langle b\rangle|=9$, 也出现矛盾. 因此, $G-\{e\}$ 中必有 2 阶元素 a 及 3 阶元素 b. 而显然 $|\langle a\rangle\cap\langle b\rangle|=1$, 于是, $|\langle a\rangle\langle b\rangle|=|\langle a\rangle||\langle b\rangle|=6$. 从而

$$G=\langle a\rangle\langle b\rangle=\{e,a\}\{e,b,b^2\}=\{e,a,b,ab,b^2,ab^2\}.$$

下面, 我们说明 $ba=ab^2$.

事实上, 显然有 $ba\neq e, ba\neq a, ba\neq b, ba\neq b^2$. 而 $ba\neq ab$, 否则 $|ab|=6$, 从而 G 为循环群, 矛盾. 因此, 只有 $ba=ab^2$. 由此不难得到 G 的运算表:

$\cdot$	e	a	b	ab	b^2	ab^2
e	e	a	b	ab	b^2	ab^2
a	a	e	ab	b	ab^2	b^2
b	b	ab^2	b^2	a	e	ab
ab	ab	b^2	ab^2	e	a	b
b^2	b^2	ab	e	ab^2	b	a
ab^2	ab^2	b	a	b^2	ab	e

将该运算表与 S_3 的运算表比较，就会得到 G 到 S_3 的一个同构映射 $\varphi: G\to S_3$，其中，

$$\varphi(e)=(1),\quad \varphi(a)=(1\ 2),\quad \varphi(b)=(1\ 2\ 3),$$
$$\varphi(ab)=(2\ 3),\quad \varphi(b^2)=(1\ 3\ 2),\quad \varphi(ab^2)=(1\ 3).$$

习题 2.7

1. 写出 Klein 四元群的所有子群.
2. 证明素数阶的群都是循环群.
3. 证明 6 阶群有且只有一个 3 阶子群.
4. 设 H,K 分别为群 G 的 m 阶子群与 n 阶子群. 证明：若 $(m,n)=1$，则 $H\cap K=\{e\}$.
5. 设 G 是一个群，$K\leqslant H\leqslant G$. 又 $A=\{a_1,a_2,\cdots\}$ 与 $B=\{b_1,b_2,\cdots\}$ 分别是 G 关于 H 和 H 关于 K 的左陪集代表系. 证明：$AB=\{ab\mid a\in A,b\in B\}$ 是 G 关于 K 的左陪集代表系.
6. 证明：四阶群若不是循环群，则必与 Klein 四元群同构.

拓展阅读 7　拉格朗日小传

拉格朗日(J. L. Lagrange, 1736～1813)，法国著名数学家、物理学家，1736 年 1 月 25 日生于意大利都灵，祖先是法国人. 1755 年，在探讨数学难题“等周问题”的过程中，他以欧拉的思路和结果为依据，用纯分析的方法求变分极值. 变分法的创立，使拉格朗日在都灵声名大振，并使他在 19 岁时就当上了都灵皇家炮兵学校的教授，成为当时欧洲公认的一流数学家. 1759 年拉格朗日当选柏林科学院院士，1772 年当选巴黎科学院院士，1776 年又被选为圣彼得堡科学院名

誉院士.

拉格朗日的学术生涯主要在 18 世纪后半期. 当时数学、物理学和天文学是自然科学主体. 拉格朗日在这三个学科中都做出了历史性重大贡献. 这些领域包括数论、方程论、微分方程、变分学、解析几何、流体力学以及天体力学等. 其中他在长篇论文《关于方程的代数解法的思考》中, 把前人解三、四次代数方程的各种解法总结为一套标准方法, 而且还分析出一般三、四次方程能用代数方法解出的原因. 他的思想为后来的阿贝尔和伽罗瓦采用并发展, 终于解决了高于四次的一般方程为何不能用代数方法求解的问题. 拉格朗日的想法已蕴含着置换群概念, 因而拉格朗日是群论的先驱.

1776 年, 拉格朗日被任命为柏林科学院院长以接替欧拉. 1787 年, 他接受了路易十六的邀请, 离开柏林, 定居巴黎, 直至去世. 这期间他参加了巴黎科学院成立的研究法国度量衡统一问题的委员会, 并出任法国米制委员会主任. 1791 年, 拉格朗日被选为英国皇家学会会员, 又先后在巴黎高等师范学校和巴黎综合工科学校任数学教授. 1795 年建立了法国最高学术机构——法兰西研究院后, 拉格朗日被选为科学院数理委员会主席.

1813 年 4 月 10 日, 拉格朗日在巴黎逝世.

2.8　正规子群与商群

正规子群是群论中的重要概念, 因为由正规子群可以构造一种新的群.

对于群 G 的一个子群 H 来说, 左陪集 aH 与右陪集 Ha 一般来说并不相等. 但也有些子群对于 G 中的任意元素 a, 都满足 $aH = Ha$. 具有这种性质的子群, 就是本节要讨论的正规子群.

定义 2.8.1　设 N 是群 G 的一个子群. 如果对 G 的每个元素 a, 都有

$$aN = Na,$$

则称 N 是群 G 的一个**正规子群**(normal subgroup), 记为 $N \trianglelefteq G$.

根据这个定义, 若 N 是群 G 的一个正规子群, H 是 G 的子群且包含 N, 则 N 显然也是 H 的正规子群.

对于正规子群 N 来说, 由于左陪集 aN 与右陪集 Na 是一样的, 因此都简称为陪集.

群 G 的平凡子群 $\{e\}$ 与 G 显然是 G 的正规子群, 称为 G 的**平凡正规子群**(trivial normal subgroup). G 的其他正规子群称为**非平凡正规子群**(non-trivial normal subgroup). 当 N 是 G 的正规子群且 $N \neq G$ 时, 记为 $N \triangleleft G$.

当 G 为交换群时, G 的每个子群显然也是 G 的正规子群.

阶大于 1 且只有平凡正规子群的群称为**单群**(simple group).

例 2.8.1　群 G 的中心 $C(G)$ 是 G 的正规子群.

证　由例 2.3.2, $C(G)$ 是 G 的子群. 又因为 $C(G)$ 中的每个元素与 G 中的元素都可换, 所以

$$aC(G)=C(G)a,\quad \forall a\in G,$$

因此, $C(G)$ 是 G 的正规子群.

定理 2.8.1　设 N 是群 G 的一个子群, 则下列条件等价:

(1) $N\trianglelefteq G$;

(2) $ana^{-1}\in N, \forall a\in G, \forall n\in N$;

(3) $aNa^{-1}\subseteq N, \forall a\in G$;

(4) $aNa^{-1}=N, \forall a\in G$.

证　$(1)\Rightarrow(2)$. 由于 $N\trianglelefteq G$, 故对任意的 $a\in G, n\in N$, 有 $ana^{-1}\in aNa^{-1}=Naa^{-1}=N$.

$(2)\Rightarrow(3)$. 显然成立.

$(3)\Rightarrow(4)$. 由 (3), $a^{-1}N(a^{-1})^{-1}\subseteq N$, 即 $a^{-1}Na\subseteq N$. 于是 $N=a(a^{-1}Na)a^{-1}\subseteq aNa^{-1}$. 考虑到 $a^{-1}Na\subseteq N$, 因此 $aNa^{-1}=N$.

$(4)\Rightarrow(1)$. 对任意的 $a\in G$, 由 $a^{-1}Na=N$, 得 $aN=aNa^{-1}\cdot a=Na$, 于是, $N\trianglelefteq G$.

□

根据上述定理, 满足(2), (3), (4)中的任意一个条件的子群均为正规子群. 因此, 我们在验证某一子群为正规子群时, 常常根据易于验证的条件(2)来验证.

例 2.8.2　$N=\{(1),(1\,2\,3),(1\,3\,2)\}$ 是三元对称群 S_3 的正规子群.

事实上, $(1\,2\,3)$ 与 $(1\,3\,2)$ 是 S_3 仅有的两个三阶元素. 根据例 2.2.1, 对 S_3 的任一元素 σ, $\sigma(1\,2\,3)\sigma^{-1}$ 与 $\sigma(1\,3\,2)\sigma^{-1}$ 仍是 S_3 的三阶元素. 故 $\sigma(1\,2\,3)\sigma^{-1}$ 与 $\sigma(132)\sigma^{-1}$ 仍为 N 的元素. 而 $\sigma(1)\sigma^{-1}=(1)\in N$. 所以 N 是 S_3 的正规子群.

例 2.8.3　数域 F 上的 n 阶特殊线性群 $SL_n(F)$ 是一般线性群 $GL_n(F)$ 的正规子群.

事实上, 由例 2.3.1 知, $SL_n(F)$ 是 $GL_n(F)$ 的子群. 又对任意的 $\boldsymbol{A}\in SL_n(F)$, $\boldsymbol{B}\in GL_n(F)$,

$$|\boldsymbol{BAB}^{-1}|=|\boldsymbol{B}||\boldsymbol{A}||\boldsymbol{B}|^{-1}=|\boldsymbol{A}|=1,$$

即 $\boldsymbol{BAB}^{-1}\in SL_n(F)$. 因此, $SL_n(F)$ 是 $GL_n(F)$ 的正规子群.

设 G 是一个群. 对任意的 $a\in G$, 定义

$$\sigma_a: G\to G,$$
$$x\mapsto axa^{-1},\quad \forall x\in G,$$

则易知σ_a是G的一个双射变换. 又由于

$$\sigma_a(xy)=a(xy)a^{-1}=(axa^{-1})(aya^{-1})=\sigma_a(x)\sigma_a(y),\quad \forall x,y\in G,$$

所以σ_a是G的一个自同构.

定义 2.8.2 对于群G的任意元素a, 称G的自同构σ_a为G的一个**内自同构**(inner automorphism). 群G的所有内自同构的集合记为$\mathrm{Inn}G$, 即$\mathrm{Inn}G=\{\sigma_a \mid a\in G\}$.

定理 2.8.2 设G是一个群, 则$\mathrm{Inn}G\trianglelefteq \mathrm{Aut}G$.

证 对任意$a,b\in G$,

$$(\sigma_a\sigma_b)(x)=\sigma_a(bxb^{-1})=a(bxb^{-1})a^{-1}=(ab)x(ab)^{-1}=\sigma_{ab}(x),\quad \forall x\in G,$$

即$\sigma_a\sigma_b=\sigma_{ab},\forall a,b\in G$.

由此不难验证, $\mathrm{Inn}G$关于变换的乘法作成一个群, 且单位元为σ_e(即恒等变换), σ_a的逆元为$\sigma_{a^{-1}}$.

下面我们证明: $\mathrm{Inn}G$是$\mathrm{Aut}G$的正规子群.

事实上, 设τ是G的任意一个自同构, σ_a称为G任意一个内自同构, 则对任意的$x\in G$,

$$\begin{aligned}(\tau\sigma_a\tau^{-1})(x)&=\tau(\sigma_a(\tau^{-1}(x)))=\tau(a\tau^{-1}(x)a^{-1})=\tau(a)\tau(\tau^{-1}(x))\tau(a^{-1})\\&=\tau(a)x\tau(a)^{-1}=\sigma_{\tau(a)}(x).\end{aligned}$$

因此$\tau\sigma_a\tau^{-1}=\sigma_{\tau(a)}\in \mathrm{Inn}G$. 故$\mathrm{Inn}G$是$\mathrm{Aut}G$的一个正规子群. □

G的所有内自同构关于变换的乘法作成的群$\mathrm{Inn}G$, 称为G的**内自同构群**(inner automorphism group).

例 2.8.4 证明 Klein 四元群$K_4=\{(1),(1\,2)(3\,4),(1\,3)(2\,4),(1\,4)(2\,3)\}$是四元对称群$S_4$的正规子群.

证 因为K_4中除单位元外的三个元素是S_4中仅有的阶为 2 的偶置换. 现任取其中一个, 设为τ, 则对S_4的任意元素σ, 乘积$\sigma\tau\sigma^{-1}$显然仍是一个阶为2的偶置换, 从而$\sigma\tau\sigma^{-1}\in K_4$. 故$K_4$是$S_4$的正规子群.

由于K_4为交换群, 所以其子群$B_4=\{(1),(1\,2)(3\,4)\}$是K_4的正规子群, 从而有

$$B_4\trianglelefteq K_4\trianglelefteq S_4.$$

但B_4不是S_4的正规子群, 因为$\{(1\,3),(1\,2\,3\,4)\}=(13)B_4\neq B_4(1\,3)=\{(1\,3),(1\,4\,3\,2)\}$. 这说明, 群$G$的正规子群的正规子群, 不一定是群$G$的正规子群.

下面讨论同态映射下正规子群的对应情况, 以及子群的乘积情况.

定理 2.8.3 设φ是群G到群$\bar{G}$的同态映射, 则

(1) 当$\bar{H}$是$\bar{G}$的正规子群时, $\varphi^{-1}(\bar{H})$是G的正规子群且包含$\mathrm{Ker}\varphi$;

(2) 当H是G的正规子群且φ为满同态时, $\varphi(H)$是$\bar{G}$的正规子群.

证　(1) 由定理 2.6.2, $\varphi^{-1}(\bar{H}) \leqslant G$.

现任取 $a \in \varphi^{-1}(\bar{H}), x \in G$, 则 $\varphi(a) \in \bar{H}$. 由于 $\bar{H} \trianglelefteq \bar{G}$, 所以 $\varphi(xax^{-1}) = \varphi(x)\varphi(a)\varphi(x)^{-1} \in \bar{H}$. 从而 $xax^{-1} \in \varphi^{-1}(\bar{H})$, 即 $\varphi^{-1}(\bar{H})$ 是 G 的正规子群. 而 $\varphi^{-1}(\bar{H})$ 包含 $\mathrm{Ker}\varphi$ 是显然的.

(2) 由定理 2.6.2, $\varphi(H) \leqslant \bar{G}$.

现任取 $b \in \varphi(H), y \in \bar{G}$, 则存在 $h \in H$, 使 $b = \varphi(h)$. 又由于 φ 为满同态, 故存在 $x \in G$, 使 $\varphi(x) = y$. 从而有

$$yby^{-1} = \varphi(x)\varphi(h)\varphi(x)^{-1} = \varphi(xhx^{-1}).$$

因为 $H \trianglelefteq G$, 所以 $xhx^{-1} \in H$. 从而, $yby^{-1} = \varphi(xhx^{-1}) \in \varphi(H)$. 这说明 $\varphi(H)$ 是 $\bar{G}$ 的正规子群. □

根据这个定理, 若 φ 是群 G 到群 $\bar{G}$ 的同态映射, 则同态核 $\mathrm{Ker}\varphi$ 是 G 的正规子群.

引理 2.8.1　设 φ 是群 G 到群 $\bar{G}$ 的同态映射, H 是 G 的子群. 如果 $H \supseteq \mathrm{Ker}\varphi$, 则

$$\varphi^{-1}(\varphi(H)) = H.$$

证　首先, $\varphi^{-1}(\varphi(H)) \supseteq H$ 显然成立.

其次, 任取 $x \in \varphi^{-1}(\varphi(H))$, 则 $\varphi(x) \in \varphi(H)$. 于是存在 $h \in H$, 使 $\varphi(x) = \varphi(h)$. 从而 $\varphi(xh^{-1}) = \bar{e}$. 所以 $xh^{-1} \in \mathrm{Ker}\varphi \subseteq H$, $x = xh^{-1}h \in HH \subseteq H$, 即 $\varphi^{-1}(\varphi(H)) \subseteq H$. 故 $\varphi^{-1}(\varphi(H)) = H$. □

定理 2.8.4　设 φ 是群 G 到群 $\bar{G}$ 的同态满射, $A = \{H \mid \mathrm{Ker}\varphi \subseteq H \leqslant G\}$, $B = \{\bar{H} \mid \bar{H} \leqslant \bar{G}\}$, 则存在双射 $f: A \to B$, 满足

(1) $H_1 \subseteq H_2 \Leftrightarrow f(H_1) \subseteq f(H_2)$;

(2) $H \trianglelefteq G \Leftrightarrow f(H) \trianglelefteq \bar{G}$.

证　令

$$f: A \to B,$$
$$H \mapsto \varphi(H), \quad \forall H \in A,$$

则由定理 2.6.2 知, f 是 A 到 B 的映射. 下证 f 是双射.

若 $f(H_1) = f(H_2)$, 则 $\varphi(H_1) = \varphi(H_2)$, 从而 $\varphi^{-1}(\varphi(H_1)) = \varphi^{-1}(\varphi(H_2))$. 由引理 2.8.1, $H_1 = H_2$. 即 f 是单射.

对任意的 $\overline{H} \leqslant \overline{G}$, 记 $H = \varphi^{-1}(\overline{H})$, 则由定理 2.6.2, $H \leqslant G$, 且 $H \supseteq \mathrm{Ker}\varphi$, 即 $H \in A$. 由于 φ 为满射, 故

$$f(H) = f(\varphi^{-1}(\overline{H})) = \varphi(\varphi^{-1}(\overline{H})) = \overline{H},$$

即 f 是满射. 因此 f 是双射.

(1) 显然有 $H_1 \subseteq H_2 \Rightarrow f(H_1) \subseteq f(H_2)$. 反之, 若有 $f(H_1) \subseteq f(H_2)$, 则 $\varphi(H_1) \subseteq \varphi(H_2)$, 从而 $\varphi^{-1}(\varphi(H_1)) \subseteq \varphi^{-1}(\varphi(H_2))$. 再由引理 2.8.1, $H_1 \subseteq H_2$.

(2) 由于 φ 是同态满射, 故由定理 2.8.3, 当 $H \trianglelefteq G$ 时, $f(H) = \varphi(H) \trianglelefteq \bar{G}$. 反之, 若 $f(H) = \varphi(H) \trianglelefteq \bar{G}$, 则由定理 2.8.3, $H = \varphi^{-1}(\varphi(H)) \trianglelefteq G$. □

定理 2.8.5 设 H 是群 G 的子群, 则 H 是 G 的正规子群的充分必要条件是: H 与 G 的任意非空子集相乘时可换.

证 充分性显然成立, 因为单元素集是非空子集. 下证必要性.

设 H 是群 G 的正规子群, 则对任意的 $a \in G$,

$$aH = Ha, \quad 即 \quad \{a\}H = H\{a\},$$

于是对于 G 的任意非空子集 A, 有

$$AH = \left(\bigcup_{a\in A}\{a\}\right)H = \bigcup_{a\in A}(\{a\}H) = \bigcup_{a\in A}(H\{a\}) = H\left(\bigcup_{a\in A}\{a\}\right) = HA,$$

即 H 与 G 的任意非空子集相乘时可换. □

定理 2.8.6 设 H 是群 G 的子群, N 是 G 的正规子群, 则

(1) HN 是 G 的子群;

(2) 当 $H \trianglelefteq G$ 时, HN 是 G 的正规子群.

证 (1) 由定理 2.8.5, $HN = NH$, 再由定理 2.3.7, HN 是 G 的子群.

(2) 由(1), $HN \leqslant G$. 对任意的 $a \in G$, 有

$$a(HN) = (aH)N = (Ha)N = H(aN) = H(Na) = (HN)a,$$

因此, HN 是 G 的正规子群. □

设 N 是群 G 的正规子群, 任取陪集 aN 与 bN, 根据 G 中非空子集的乘法,

$$(aN)(bN) = a(Nb)N = a(bN)N = (ab)NN = (ab)N, \quad \forall a,b \in G.$$

这说明, G 中非空子集的乘法限制在 G 关于 N 的全体陪集上, 也是全体陪集的一个乘法运算, 称为陪集的乘法.

不仅如此, 而且进一步还有如下定理.

定理 2.8.7 设 N 是群 G 的正规子群, 则 G 关于 N 的全体陪集关于陪集的乘法作成一个群. 并称这个群为 G 关于 N 的**商群**(quotient group), 记为 G/N.

证 由于 G 的非空子集的乘法满足结合律, 因而陪集的乘法也满足结合律. 又对任意的 $a \in G$, 有

$$N \cdot aN = aN, \quad a^{-1}N \cdot aN = (a^{-1}a)N = eN = N,$$

即 N 为左单位元, aN 的左逆元为 $a^{-1}N$. 因此 G/N 作成一个群. □

由于商群 G/N 是以陪集为元素的群，因此 $|G/N|=(G:N)$. 进一步地，当 G 为有限群时，

$$|G|=|N|(G:N)=|N||G/N|,\quad 即\quad |G/N|=|G|/|N|;$$

当 G 为加群时，子群 N 的陪集应为 $a+N$ ，商群 G/N 的运算应为

$$(a+N)+(b+N)=(a+b)+N,\quad \forall a,b\in G .$$

习题 2.8

1. 设 H_1,H_2 为 G 的子群， N_1 与 N_2 分别是 H_1 与 H_2 的正规子群. 证明： $N_1\cap N_2$ 是 $H_1\cap H_2$ 的正规子群.
2. 证明：指数为 2 的子群为正规子群.
3. 证明：若群 G 的 n 阶子群有且只有一个，则此子群为 G 的正规子群.
4. 设 H,K 是群 G 的正规子群，且 $H\cap K=\{e\}$. 证明：对任意的 $h\in H,k\in K,hk=kh$.
5. 设 N 为群 G 的正规子群，且 $|N|=2$，证明： $N\subseteq C(G)$.
6. 设 G 是 pn 阶有限交换群，其中 p 是一个素数. 证明：G 有 p 阶元素，从而有 p 阶子群.

拓展阅读 8　哈密顿小传

哈密顿(W.R.Hamilton, 1805～1865)，爱尔兰数学家、物理学家，1805 年 8 月 4 日出生于爱尔兰的都柏林，他自幼喜欢算术，计算很快. 1818 年遇到美国“计算神童”科耳本后对数学产生了更深厚的兴趣. 1820 年再相逢时，哈密顿已阅读了牛顿的《自然哲学的数学原理》，并对天文学有强烈爱好，常用自己的望远镜观测天体；还开始读拉普拉斯的著作《天体力学》，1822 年指出了此书中的一个错误. 同年开始进行科学研究工作，对曲线和曲面的性质进行了系列研究，并用于几何光学.

1823 年 7 月 7 日，哈密顿进入著名的三一学院，得到正规的大学训练，后因成绩优异而多次获得学院的古典文学和科学的最高荣誉奖. 他在 1823～1824 年完成了多篇有关几何学和光学的论文，其中在 1824 年 12 月送交爱尔兰皇家科学院会议的有关焦散曲线的论文，引起了科学界的重视.

1827 年 6 月 10 日，年仅 22 岁的哈密顿被任命为敦辛克天文台的皇家天文研究员和三一学院的天文学教授.

1832 年，哈密顿成为爱尔兰皇家科学院院士后非常活跃，与学术界人士广泛交流讨论，包括一些诗人和哲学家. 他从科勒里奇的作品中了解到康德的哲学，

热情地读完康德主要著作《纯粹理性批判》. 康德的哲学观点对哈密顿后期的工作有很大影响.

在对复数长期研究的基础上, 哈密顿在 1843 年正式提出了四元数, 这是代数学中一项重要成果.

由于哈密顿的学术成就和声望, 1835 年在都柏林召开的不列颠科学进步协会上被选为主席, 同年被授予爵士头衔. 1836 年, 皇家学会因他在光学上的成就而授予皇家奖章. 1837 年, 哈密顿被任命为爱尔兰皇家科学院院长, 直到 1845 年. 1863 年, 新成立的美国科学院任命哈密顿为 14 个国外院士之一.

哈密顿工作勤奋, 思想活跃, 发表的论文一般都很简洁, 不易读懂, 但手稿却很详细, 因而很多成果都由后人整理而得. 仅在三一学院图书馆中的哈密顿手稿, 就有 250 本笔记及大量学术通信和未发表论文.

他的研究工作涉及不少领域, 成果最大的是光学、力学和四元数. 他研究的光学是几何光学, 具有数学性质; 力学则是列出动力学方程及求解; 因此哈密顿主要是数学家. 但在科学史中影响最大的却是他对力学的贡献.

哈密顿发展了分析力学, 于 1834 年建立了著名的哈密顿原理, 使各种动力学定律都可以从一个变分式推出. 根据这一原理, 力学与几何光学有相似之处. 后来发现, 这一原理又可推广到物理学的许多领域, 如电磁学等. 他把广义坐标和广义动量都作为独立变量来处理动力学方程获得成功, 这种方程现称哈密顿正则方程. 他还建立了一个与能量有密切联系的哈密顿函数. 他解释了锥形折射现象, 对现代矢量分析方法的建立做出了贡献.

哈密顿在数学上的成就, 以微分方程和泛函分析两个领域最为突出, 如哈密顿算符、哈密顿-雅可比方程等. 此外, 对波形曲面的研究、对伽罗瓦理论的补充以及在数学中引入结合律等也都是他的功绩.

1865 年 9 月 2 日, 哈密顿卒于都柏林.

2.9 群的同态基本定理与同构定理

在群与商群, 以及商群与商群之间, 存在着一些极为重要的同态与同构关系. 通过这些关系, 我们将会看到正规子群和商群在群论研究中所起的重要作用.

定理 2.9.1 设 N 是群 G 的正规子群, 则 G 与商群 G/N 同态.

证 令

$$\pi: G \to G/N,$$
$$a \mapsto aN, \quad \forall a \in G,$$

则显然 π 是满射.

又对任意的 $a,b\in G$,

$$\pi(ab)=(ab)N=aN\cdot bN=\pi(a)\cdot\pi(b),$$

因此 π 为满同态. 于是 $G\sim G/N$. □

上述定理中的同态映射 π，称为群 G 到 G/N 的**自然同态**(natural homomorphism).

对于自然同态 $\pi:G\to G/N$，由于 G/N 的单位元为 N，故同态核为

$$\begin{aligned}\mathrm{Ker}\pi&=\{a\in G\mid \pi(a)=N\}\\&=\{a\in G\mid aN=N\}\\&=\{a\in G\mid a\in N\}\\&=N.\end{aligned}$$

定理 2.9.2 (群的同态基本定理)　设 φ 是群 G 到群 $\overline{G}$ 的同态满射，$N=\mathrm{Ker}\varphi$，则

$$G/N\cong\overline{G}.$$

证　由定理 2.8.3 知，$N=\mathrm{Ker}\varphi$ 是 G 的正规子群. 令

$$f:G/N\to\overline{G},$$
$$aN\mapsto\varphi(a),\quad\forall a\in G,$$

则对任意的 $a,b\in G$，有

$$aN=bN\Leftrightarrow a^{-1}b\in N\Leftrightarrow\varphi(a^{-1}b)=\overline{e}\Leftrightarrow\varphi(a)^{-1}\varphi(b)=\overline{e}\Leftrightarrow\varphi(a)=\varphi(b),$$

因此，f 是映射且是单射.

对任意的 $\overline{a}\in\overline{G}$，由于 φ 是满射，所以存在 $a\in G$，使 $\varphi(a)=\overline{a}$. 于是 $aN\in G/N$，且 $f(aN)=\varphi(a)=\overline{a}$，即 f 为满射，从而 f 为双射.

又对任意的 $a,b\in G$,

$$f(aN\cdot bN)=f((ab)N)=\varphi(ab)=\varphi(a)\varphi(b)=f(aN)\cdot f(bN),$$

因此 f 为同构映射，即 $G/N\cong\overline{G}$. □

当 φ 是群 G 到群 $\overline{G}$ 的同态映射而未必是满同态时，相应的结论应为

$$G/\mathrm{Ker}\varphi\cong\varphi(G).$$

群的同态基本定理可以用下面的交换图(图 2.9.1)表示.

以上两个定理表明：在同构意义下，一个群能且只能与其商群同态.

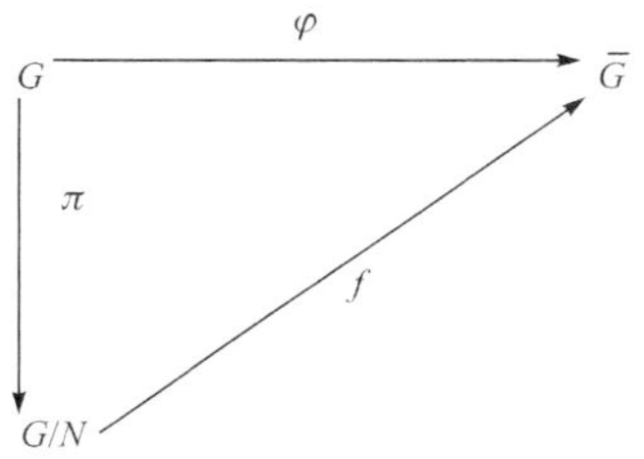

图 2.9.1　交换图

例 2.9.1　设 G 是一个群，证明：$G/C(G)\cong\mathrm{Inn}G$.

证　令

$$f:G\to\mathrm{Inn}G,$$
$$a\mapsto\sigma_a,\quad\forall a\in G,$$

则易知 f 是 G 到 $\mathrm{Inn}G$ 的满射.

又对任意的 $a,b\in G$,

$$f(ab)=\sigma_{ab}=\sigma_a\sigma_b=f(a)f(b),$$

所以 f 为同态满射. 记 ε 为 G 的恒等变换, 则 f 的同态核为

$$\begin{aligned}\mathrm{Ker}f&=\{a\in G\mid f(a)=\varepsilon\}\\&=\{a\in G\mid \sigma_a=\varepsilon\}\\&=\{a\in G\mid \sigma_a(x)=\varepsilon(x),\forall x\in G\}\\&=\{a\in G\mid axa^{-1}=x,\forall x\in G\}\\&=\{a\in G\mid ax=xa,\forall x\in G\}\\&=C(G).\end{aligned}$$

于是由同态基本定理, $G/C(G)\cong \mathrm{Inn}G$.

定理 2.9.3 (第一同构定理) 设 φ 是群 G 到群 $\bar{G}$ 的同态满射, N 是 G 的正规子群, 且 $N\supseteq \mathrm{Ker}\varphi$, 则

$$G/N\cong \bar{G}/\bar{N},$$

其中 $\bar{N}=\varphi(N)$.

证 由定理 2.8.3 知, $\bar{N}\trianglelefteq\bar{G}$. 令

$$f:G\to \bar{G}/\bar{N},$$

$$a\mapsto \varphi(a)\bar{N},\quad \forall a\in G,$$

则 f 是 G 到 $\bar{G}/\bar{N}$ 的映射, 且由 φ 为满射知, f 为满射.

对任意的 $a,b\in G$,

$$f(ab)=\varphi(ab)\bar{N}=\varphi(a)\varphi(b)\bar{N}=\varphi(a)\bar{N}\cdot\varphi(b)\bar{N}=f(a)f(b),$$

即 φ 为同态满射.

由于 $N\supseteq \mathrm{Ker}\varphi$, 于是由引理 2.8.1, $\varphi^{-1}(\varphi(N))=N$, 所以

$$\begin{aligned}\mathrm{Ker}f&=\{a\in G\mid f(a)=\bar{N}\}\\&=\{a\in G\mid \varphi(a)\bar{N}=\bar{N}\}\\&=\{a\in G\mid \varphi(a)\in\varphi(N)\}\\&=\{a\in G\mid a\in\varphi^{-1}(\varphi(N))\}\\&=\{a\in G\mid a\in N\}\\&=N,\end{aligned}$$

根据同态基本定理, $G/N\cong \bar{G}/\bar{N}$. □

由于 φ 为满射, 故 $\bar{G}=\varphi(G)$, 因而定理 2.9.3 的结论可表示为

$$G/N\cong\varphi(G)/\varphi(N).$$

而且, 即使 φ 为同态映射(未必为同态满射), 但只要 $\mathrm{Ker}\varphi\subseteq N\trianglelefteq G$, 就有 $G/N\cong$

$\varphi(G)/\varphi(N)$.

推论 2.9.1 设 φ 是群 G 到群 $\bar{G}$ 的同态满射，$\bar{N} \lhd \bar{G}$，$N = \varphi^{-1}(\bar{N})$，则 $G/N \cong \bar{G}/\bar{N}$.

证 由于 $\bar{N} \lhd \bar{G}$，所以 $N = \varphi^{-1}(\bar{N})$ 是 G 的正规子群，且 $N \supseteq \mathrm{Ker}\varphi$. 又因为 φ 为满射，故 $\varphi(N) = \varphi(\varphi^{-1}(\bar{N})) = \bar{N}$，从而由定理 2.9.3，$G/N \cong \bar{G}/\bar{N}$. □

推论 2.9.2 设 H,N 是群 G 的正规子群，且 $N \subseteq H$，则 H/N 是 G/N 的正规子群，且 $G/H \cong G/N/H/N$.

证 自然同态 $\pi: G \to G/N$ 的核为 $\mathrm{Ker}\pi = N$，且 $N \subseteq H$. 而

$$\varphi(H) = \{\varphi(h) \mid h \in H\} = \{hN \mid h \in H\} = H/N.$$

于是由定理 2.9.3，$G/H \cong (G/N)/(H/N)$. □

例 2.9.2 设 H,K 是群 G 的正规子群，则 $G/HK \cong (G/H)/(HK/H)$.

事实上，由于 $H \lhd G, K \lhd G$，故 $HK \lhd G$. 又显然 $H \subseteq HK$，故由推论 2.9.2，结论成立.

定理 2.9.4 (第二同构定理) 设 H 与 N 分别是群 G 的子群与正规子群，则 $H \cap N$ 是 H 的正规子群，且有

$$H/(H \cap N) \cong HN/N.$$

证 因为 $H \leqslant G$，$N \lhd G$，所以 $HN \leqslant G$，且 $N \lhd HN$. 令

$$\varphi: H \to HN/N,$$
$$h \mapsto hN, \quad \forall h \in H,$$

则 φ 为映射.

对任意的 $h \in H, n \in N$，$hnN = hN$. 于是，$\varphi(h) = hN = hnN$，即 φ 为满射.

又对任意的 $h_1, h_2 \in H$，

$$\varphi(h_1h_2) = (h_1h_2)N = (h_1N)(h_2N) = \varphi(h_1)\varphi(h_2),$$

所以 φ 为同态满射，其同态核为

$$\begin{aligned}\mathrm{Ker}\varphi &= \{h \in H \mid \varphi(h) = N\} = \{h \in H \mid hN = N\} \\ &= \{h \in H \mid h \in N\} = H \cap N,\end{aligned}$$

所以，$H \cap N$ 是 H 的正规子群，且由同态基本定理，$H/(H \cap N) \cong HN/N$. □

定理 2.9.5 (第三同构定理) 设 N 是群 G 的正规子群，$\bar{H}$ 是 G/N 的子群，则

(1) 存在 G 的唯一子群 H，满足 $H \supseteq N$，且 $\bar{H} = H/N$；

(2) 当 $\bar{H}$ 是 G/N 的正规子群时，存在 G 的唯一正规子群 H，满足 $\bar{H} = H/N$，且 $G/H \cong (G/N)/(H/N)$.

证 (1) 在自然同态 $\pi: G \to G/N$ 下，记 $H = \pi^{-1}(\bar{H})$，则 H 是 G 的子群，且 $H \supseteq N$. 因为 π 是满同态，所以 $\pi(H) = \pi(\pi^{-1}(\bar{H})) = \bar{H}$. 而

$$\pi(H) = \{\pi(h) \mid h \in H\} = \{hN \mid h \in H\} = H/N,$$

故 $\bar{H} = H/N$.

若 H_1 与 H_2 是 G 的含 N 的子群，且 $H_1/N = H_2/N$，则对任意的 $h_1 \in H_1$，

$$h_1 N \in H_1/N = H_2/N.$$

因此，存在 $h_2 \in H_2$，使 $h_1 N = h_2 N$. 于是 $h_2^{-1}h_1 \in N \subseteq H_2$. 从而 $h_1 = h_2(h_2^{-1}h_1) \in H_2$，即 $H_1 \subseteq H_2$.

同理 $H_2 \subseteq H_1$. 故 $H_1 = H_2$，即满足条件的子群 H 是唯一的.

(2) 当 $\bar{H}$ 是 G/N 的正规子群时，由(1)知，存在 G 的唯一子群 H，满足 $\bar{H} = H/N$. 由于 $\bar{H} \trianglelefteq G/N$，所以 $H = \pi^{-1}(\bar{H}) \trianglelefteq G$. 于是由第一同构定理，$G/H \cong G/N/\pi(H)$，即

$$G/H \cong (G/N)/(H/N). \qquad \square$$

第三同构定理表明，商群 G/N 的子群仍为商群，并且具有形式 H/N，其中 H 为 G 的含 N 的子群，即商群的子群必为某一子群的商群. 而且 H/N 是 G/N 的正规子群，当且仅当 H 是 G 的正规子群.

习题 2.9

1. 设 S_3 与 S_4 分别为三元对称群与四元对称群，K_4 为 Klein 四元群. 证明：$S_4/K_4 \cong S_3$.

2. 设 G 是一个群，又 $H_1 \leqslant G, H_2 \trianglelefteq G, N \trianglelefteq G$. 证明：如果 $|H_1|, |H_2|$ 与 $(G:N)$ 都有限，且

$$(|H_i|, (G:N)) = 1, \quad i = 1, 2,$$

则 $H_1 H_2 \leqslant G$.

3. 证明：

(1) 无限循环群与任何循环群同态；

(2) 两个有限循环群 G 与 $\bar{G}$ 同态，当且仅当 $|\bar{G}|$ 整除 $|G|$.

4. 设 φ 是群 G 到交换群 $\bar{G}$ 的同态映射，N 是 G 的子群，且 $N \supseteq \mathrm{Ker}\varphi$. 证明：$N \trianglelefteq G$.

5. 证明：对于整数加群 $(\mathbb{Z}, +)$ 的两个循环子群 $\langle 6 \rangle$ 与 $\langle 30 \rangle$，满足 $\langle 6 \rangle / \langle 30 \rangle \cong \mathbb{Z}_5$.

6. 设 G 是一个群，$a, b \in G$，称 $[a,b] = a^{-1}b^{-1}ab$ 为 a 与 b 的换位元. 由 G 的所有换位元生成的子群 G' 称为 G 的换位子群. 证明：

(1) $G' \trianglelefteq G$;

(2) G/G' 是交换群;

(3) 设 $N \trianglelefteq G$，且 G/N 是交换群，则 $G' \subseteq N$.

拓展阅读 9　柯西小传

柯西(C. A. Cauchy, 1789～1857)，法国数学家、物理学家、天文学家，1789 年 8 月 21 日出生于巴黎. 父亲是一位精通古典文学的律师，与当时法国的大数学家拉格朗日与拉普拉斯交往密切. 柯西少年时代的数学才华颇受这两位数学家的赞赏，并预言柯西日后必成大器.

19 世纪初期，微积分已发展成一个庞大的分支，内容丰富，应用非常广泛. 与此同时，它的薄弱之处也越来越明显地暴露出来，微积分的理论基础并不严格. 为解决新问题并澄清微积分概念，数学家们展开了数学分析严谨化的工作. 在分析基础的奠基工作中，做出卓越贡献的要首推伟大的数学家柯西.

1807 年至 1810 年柯西在工学院学习，曾当过交通道路工程师. 由于身体欠佳，接受了拉格朗日和拉普拉斯的劝告，放弃做工程师而致力于纯数学的研究. 柯西在数学上的最大贡献是在微积分中引进了极限概念，并以极限为基础建立了逻辑清晰的分析体系. 这是微积分发展史上的精华，也是柯西对人类科学发展所做的巨大贡献.

数学分析严谨化的工作一开始就产生了很大的影响. 在一次学术会议上柯西提出了级数收敛性理论. 柯西在其他方面的研究成果也很丰富. 他是复变函数的奠基人，是置换群和行列式研究的先驱.

柯西在纯粹数学和应用数学的功力是相当深厚的. 在数学写作上，他是被认为在数量上仅次于欧拉的人. 他一生著述甚丰，其中不乏经典之作.

作为一位学者，他思路敏捷，功绩卓著. 他的光辉名字与许多定理、准则一起出现在当今许多教材中.

1857 年 5 月 23 日，柯西在巴黎病逝.

2.10　共轭关系与正规化子

共轭关系既可以是群中元素间的一种关系，也可以是群的所有非空子集间的关系，甚至是所有子群间的关系，而正规化子是与共轭关系密切相关的一个概念.

定义 2.10.1　设 a,b 为群 G 的两个元素. 如果存在 $c\in G$，使

$$a=cbc^{-1},$$

则称 a 与 b **共轭**，也称 a 是 b 的**共轭元素**(conjugate element).

根据这个定义不难验证，群 G 中元素间的共轭关系是 G 的一个等价关系. 群 G 中的元素 a 关于共轭关系的等价类为

$$\{cac^{-1} \mid c \in G\},$$

也称为 a 的**共轭元素类**或**共轭类**(conjugate class). 易知，a 为 G 的中心元当且仅当 a 只与自身共轭.

利用群中元素间的共轭关系，可以将 G 进行分类. 当 G 为有限群时，设非中心元所在的共轭类分别为 $C_1, C_2, \cdots, C_m$，则

$$|G| = |C(G)| + |C_1| + \cdots + |C_m|.$$

这个等式称为群 G 的**类等式**或**类方程**(class equation).

例如，三元对称群 S_3 有三个共轭类:

$$\{(1)\}, \quad \{(1\,2), (1\,3), (2\,3)\}, \quad \{(1\,2\,3), (1\,3\,2)\},$$

其类等式为 $6 = 1 + 3 + 2$.

为了得到每个共轭类所含的元素个数，下面引入正规化子的概念.

定义 2.10.2 设 S 是群 G 的一个非空子集，称 G 的子集

$$N(S) = \{x \in G \mid xS = Sx\} = \{x \in G \mid xSx^{-1} = S\}$$

为 S 在 G 中的**正规化子**(normalizer)，简称为 S 的正规化子.

当 $S = \{a\}$ 时，S 的正规化子也称为 a 的正规化子，记为 $N(a)$.

定理 2.10.1 设 S 是群 G 的一个非空子集，则

(1) $N(S)$ 是 G 的子群;

(2) 当 S 为 G 的子群时，S 是 $N(S)$ 的正规子群，而且 $N(S)$ 是 G 中以 S 为其正规子群的最大子群.

证 (1) 因为 $eS = S = Se$，故 $e \in N(S)$，从而 $N(S) \neq \varnothing$. 在 $N(S)$ 中任取 x, y，则

$$xS = Sx, \quad yS = Sy,$$

于是

$$x^{-1}S = x^{-1} \cdot Sx \cdot x^{-1} = x^{-1} \cdot xS \cdot x^{-1} = Sx^{-1},$$

$$(xy)S = x(yS) = x(Sy) = (xS)y = (Sx)y = S(xy),$$

即 $x^{-1}, xy \in N(S)$.

因此，$N(S)$ 是 G 的子群.

(2) 若 S 为 G 的子群，则对任意的 $a \in S$，有

$$aS = S = Sa,$$

即 $a \in N(S)$，于是 $S \subseteq N(S)$. 故 S 是 $N(S)$ 的子群.

任取 $b \in N(S)$，则 $bS = Sb$，因此 $S \trianglelefteq N(S)$.

若 G 的子群 K 满足 $S \trianglelefteq K$，则对任意的 $k \in K$，有 $kS = Sk$，从而 $k \in N(S)$，即 $K \subseteq N(S)$. 这说明子群 S 的正规化子是 G 中以 S 为其正规子群的最大子群. □

同元素的共轭关系一样，群的非空子集间也可以定义共轭关系.

定义 2.10.3　设 S_1 与 S_2 为群 G 的非空子集. 若存在 $c \in G$，使

$$S_1 = cS_2c^{-1},$$

则称 S_1 与 S_2 **共轭**，也称 S_1 是 S_2 的**共轭子集**(conjugate subset).

当 S 为 G 的子群时，由于 cSc^{-1} 也是 G 的子群. 因此，称 cSc^{-1} 为 S 的**共轭子群**(conjugate subgroup).

易知，群 G 的非空子集间的共轭关系，是 G 的所有非空子集的集合的等价关系. 因此，可按共轭关系对 G 的全体非空子集进行等价分类. 每一个类称为一个共轭子集类.

特别地，群 G 的所有子群可以按共轭关系进行分类，每个这样的类称为一个共轭子群类. 而且，G 的子群 H 是正规子群当且仅当 H 只与自身共轭.

定理 2.10.2　设 S 为群 G 的一个非空子集，则 S 的共轭子集类与 G 关于 $N(S)$ 的所有左陪集间存在双射.

证　记 $A = \{xSx^{-1} \mid x \in G\}, B = \{xN(S) \mid x \in G\}$. 令

$$\varphi : A \to B,$$

$$xSx^{-1} \mapsto xN(S), \quad \forall x \in G,$$

则对任意的 $x, y \in G$，

$$xSx^{-1} = ySy^{-1} \Leftrightarrow (x^{-1}y)S = S(x^{-1}y) \Leftrightarrow x^{-1}y \in N(S) \Leftrightarrow xN(S) = yN(S).$$

这说明 φ 不仅是映射，而且是单射. 又显然 φ 是满射，所以 φ 为双射. □

上述定理表明，群 G 中与非空子集 S 共轭的子集个数为 $(G:N(S))$.

当 S 为单元素集或子群时，有下列相应的结论.

推论 2.10.1　群 G 中与元素 a 共轭的元素个数为 $(G:N(a))$.

根据推论 2.10.1，当 G 为有限群时，G 的类等式可以写为

$$|G| = |C(G)| + \sum_{i=1}^{m} |C_i| = |C(G)| + \sum_{i=1}^{m} (G:N(a_i)),$$

其中 C_i 为 G 的共轭元素类，且 $|C_i| > 1, a_i \in C_i, i = 1, 2, \cdots, m$.

推论 2.10.2　群 G 中与子群 H 共轭的子群个数为 $(G:N(H))$.

定理 2.10.3　设 S 为群 G 的一个非空子集，则对任意的 $a \in G$，$N(aSa^{-1}) = aN(S)a^{-1}$.

证　由于

$$x \in N(aSa^{-1}) \Leftrightarrow x(aSa^{-1}) = (aSa^{-1})x \Leftrightarrow (a^{-1}xa)S = S(a^{-1}xa)$$
$$\Leftrightarrow a^{-1}xa \in N(S) \Leftrightarrow x \in aN(S)a^{-1},$$

所以，$N(aSa^{-1}) = aN(S)a^{-1}$. □

上述定理说明，共轭子集类中每个子集的正规化子恰好构成一个共轭子群类.

定理 2.10.4 设C是群G的一个共轭元素类，则$\{N(x) \mid x \in C\}$是G的一个共轭子群类.

证 任取$a,b \in C$，则存在$c \in G$，使$a = cbc^{-1}$，所以

$$N(a) = N(cbc^{-1}) = cN(b)c^{-1},$$

即$N(a)$与$N(b)$共轭.

若G的子群H与$N(a)$共轭，其中$a \in C$，则存在$d \in G$，使

$$H = dN(a)d^{-1}.$$

由定理 2.10.3，$H = N(dad^{-1})$. 由于$dad^{-1} \in C$，所以H是C中某元素的正规化子. 从而$\{N(x) \mid x \in C\}$是G的共轭子群类. □

比正规化子更特别的是中心化子.

定义 2.10.4 设S是群G的一个非空子集，称G的子集

$$C(S) = \{a \in G \mid ax = xa, \forall x \in S\}$$

为S在G中的**中心化子**(centralizer).

显然，群G在G中的中心化子就是G的中心$C(G)$. 而且，G是交换群当且仅当$C(G) = G$.

定理 2.10.5 设S是群G的一个非空子集，则

(1) $C(S)$是G的子群;

(2) $C(S)$是$N(S)$的正规子群.

证 (1) 对任意的$x \in S$，由$ex = xe$知，$e \in C(S)$，即$C(S) \neq \varnothing$.

任取$a,b \in C(S)$，则对任意的$x \in S$，有$ax = xa, bx = xb$. 于是

$$a^{-1}x = a^{-1}(xa)a^{-1} = a^{-1}(ax)a^{-1} = xa^{-1},$$
$$(ab)x = a(bx) = a(xb) = (ax)b = (xa)b = x(ab),$$

即$a^{-1}, ab \in C(S)$. 因此$C(S)$是G的子群.

(2) 显然$C(S) \subseteq N(S)$. 任取$a \in C(S), b \in N(S), x \in S$，由$Sb = bS$知，存在$y \in S$，使$xb = by$，即$yb^{-1} = b^{-1}x$. 于是

$$x(bab^{-1}) = (xb)(ab^{-1}) = (by)(ab^{-1}) = b(ya)b^{-1} = b(ay)b^{-1}$$
$$= (ba)(yb^{-1}) = (ba)(b^{-1}x) = (bab^{-1})x,$$

从而$bab^{-1} \in C(S)$. 这说明$C(S)$是$N(S)$的正规子群. □

习题 2.10

1. 写出四元对称群 S_4 的类等式.

2. 求 $S=\{(1\,2),(1\,3)\}$ 在三元对称群 S_3 中的正规化子与中心化子.

3. 设 C 是群 G 的共轭元素类. 证明：对任意整数 m, $C^m=\{x^m \mid x\in C\}$ 也是 G 的共轭元素类.

4. 证明：共轭子群在群中有相同的指数.

5. 证明：n 元对称群 S_n 的所有对换构成一个共轭元素类.

6. 设 G 是 pn 阶有限群, p 是素数. 证明: G 有 p 阶子群.

拓展阅读 10　若尔当小传

若尔当(M. E. C. Jordan, 1838～1922), 法国数学家, 1838 年 1 月 5 日出生于里昂. 1855 年, 若尔当以第一名的成绩考入巴黎综合工科学校, 毕业后进入矿业学校, 1861 年获得博士学位, 任工程师直至 1885 年. 从 1873 年起, 若尔当同时在巴黎综合工科学校和法兰西学院执教, 1881 年被选为法国科学院院士, 1895 年当选为彼得堡科学院通讯院士.

若尔当在代数、几何、分析、拓扑学以及数学基础方面均有重要贡献. 以他的名字命名的数学概念有: 矩阵中的若尔当标准形、拓扑学中的若尔当定理、群论中的若尔当-赫尔德定理和若尔当代数等. 若尔当的主要工作是在分析和群论方面.

他的《分析教程》是 19 世纪后期分析学的标准读本. 这本书给出了曲线的“若尔当定义”, 提出了著名的“若尔当定理”.

若尔当在 1870 年出版的《置换与代数方程论》是此后 30 年间群论的权威著作. 其中首次将伽罗瓦理论进行了清晰和完整的描述, 并特别研究了线性变换群、可解群及其在代数和几何上的应用, 是使伽罗瓦理论显著增色的第一人. 他最深入的代数工作是群论中的一系列有限性定理.

1922 年 1 月 20 日, 若尔当在巴黎逝世.

2.11* 群的直积

群的直积是群论的重要概念, 也是研究群的主要手段之一. 利用群的直积,可以将若干个小群组合成一个大群. 我们首先介绍群的外直积的概念.

定理 2.11.1 设 $G_1, G_2, \cdots, G_n$ 为 n 个群, 则卡氏积

$$G_1 \times G_2 \times \cdots \times G_n = \{(a_1, a_2, \cdots, a_n) \mid a_i \in G_i, 1 \leqslant i \leqslant n\}$$

关于运算

$$(a_1, a_2, \cdots, a_n)(b_1, b_2, \cdots, b_n) = (a_1b_1, a_2b_2, \cdots, a_nb_n)$$

作成一个群.

证 容易验证, 所给的运算满足结合律. 而且, 当 G_i 的单位元是 $e_i (i = 1, 2, \cdots, n)$ 时, $(e_1, e_2, \cdots, e_n)$ 是左单位元, 元素 $(a_1, a_2, \cdots, a_n)$ 的左逆元为

$$(a_1^{-1}, a_2^{-1}, \cdots, a_n^{-1}).$$

因此, $G_1 \times G_2 \times \cdots \times G_n$ 作成群. □

定义 2.11.1 定理 2.11.1 中的群 $G_1 \times G_2 \times \cdots \times G_n$ 称为群 $G_1, G_2, \cdots, G_n$ 的**外直积** (external direct product), 而每个 G_i 称为外直积 $G_1 \times G_2 \times \cdots \times G_n$ 的一个**直积因子**.

显然, 外直积 $G_1 \times G_2 \times \cdots \times G_n$ 为交换群, 当且仅当每个直积因子为交换群; 外直积 $G_1 \times G_2 \times \cdots \times G_n$ 为有限群, 当且仅当每个直积因子为有限群. 而且, 当每个直积因子为有限群时,

$$|G_1 \times G_2 \times \cdots \times G_n| = |G_1||G_2| \cdots |G_n|.$$

例 2.11.1 $\mathbb{Z}_2 \times \mathbb{Z}_2 \cong K_4$ (Klein 四元群).

事实上 $\mathbb{Z}_2 \times \mathbb{Z}_2$ 为 4 阶群, 且其中任意元素 (a, b) 都满足

$$(a, b) + (a, b) = (0, 0),$$

即 $\mathbb{Z}_2 \times \mathbb{Z}_2$ 中没有 4 阶元素, 因而不是循环群. 而根据 2.7 节的习题 6 知, $\mathbb{Z}_2 \times \mathbb{Z}_2$ 与 Klein 四元群同构.

在外直积 $G_1 \times G_2 \times \cdots \times G_n$ 中, 若令

$$H_i = \{(e_1, \cdots, e_{i-1}, a_i, e_{i+1}, \cdots, e_n) \mid a_i \in G_i\},$$

则易知

$$\varphi_i : G_i \to H_i,$$

$$a_i \mapsto (e_1, \cdots, e_{i-1}, a_i, e_{i+1}, \cdots, e_n)$$

是 G_i 到 H_i 的同构映射. 从而 H_i 是外直积的子群.

更进一步, 有如下定理.

定理 2.11.2 设 $G_1, G_2, \cdots, G_n$ 是 n 个群, $G = G_1 \times G_2 \times \cdots \times G_n$, 则

(1) $H_1, H_2, \cdots, H_n$ 是 G 的正规子群;

(2) $G = H_1H_2 \cdots H_n$;

(3) $H_1H_2 \cdots H_{i-1} \cap H_i = \{e\}, i = 2, 3, \cdots, n$.

证 (1) 任取

$$(a_1,e_2,\cdots,e_n)\in H_1,\quad (x_1,x_2,\cdots,x_n)\in G,$$

其中 e_i 为 $G_i(1\leqslant i\leqslant n)$ 的单位元，$a_1\in G_1$，则

$$(x_1,x_2,\cdots,x_n)(a_1,e_2,\cdots,e_n)(x_1,x_2,\cdots,x_n)^{-1}=(x_1a_1x_1^{-1},e_2,\cdots,e_n)\in H_1,$$

故 $H_1\trianglelefteq G$.

同理，$H_i\trianglelefteq G, i=2,3,\cdots,n$.

(2) 任取 $(a_1,a_2,\cdots,a_n)\in G$，则有

$$(a_1,a_2,\cdots,a_n)=(a_1,e_2,\cdots,e_n)(e_1,a_2,\cdots,e_n)\cdots(e_1,e_2,\cdots,a_n)\in H_1H_2\cdots H_n,$$

即 $G\subseteq H_1H_2\cdots H_n$. 于是 $G=H_1H_2\cdots H_n$.

(3) 任取 $(a_1,a_2,\cdots,a_n)\in H_1H_2\cdots H_{i-1}\cap H_i$，则 $(a_1,a_2,\cdots,a_n)\in H_i$，所以

$$a_j=e_j,\quad j\neq i.$$

而 $(a_1,a_2,\cdots,a_n)\in H_1H_2\cdots H_{i-1}$，因此 $a_i=e_i$. 于是

$$(a_1,a_2,\cdots,a_n)=(e_1,e_2,\cdots,e_n)=e.$$ □

定义 2.11.2 设 $G_1,G_2,\cdots,G_n$ 是群 G 的子群. 如果

(1) $G_1,G_2,\cdots,G_n$ 是 G 的正规子群;

(2) $G=G_1G_2\cdots G_n$;

(3) $G_1G_2\cdots G_{i-1}\cap G_i=\{e\}, i=2,3,\cdots,n$,

则称群 G 是子群 $G_1,G_2,\cdots,G_n$ 的**内直积**(inner direct product).

根据这个定义，定理 2.11.2 中群 $G_1,G_2,\cdots,G_n$ 的外直积 $G_1\times G_2\times\cdots\times G_n$，是其子群 $H_1,H_2,\cdots,H_n$ 的内直积.

定理 2.11.3 设 $G_1,G_2,\cdots,G_n$ 是群 G 的 n 个子群，则 G 是这 n 个子群的内直积的充分必要条件是:

(1) $G=G_1G_2\cdots G_n$，且 G 中元素的表示法唯一;

(2) G_i 中元素与 $G_j(j\neq i)$ 中元素相乘时可换.

证 必要性. 设 G 是 $G_1,G_2,\cdots,G_n$ 的内直积. 假若 G 中有元素 g，其表示法不唯一，则存在 $a_i,b_i\in G_i(1\leqslant i\leqslant n)$，满足 $g=a_1\cdots a_{i-1}a_i\cdots a_n=b_1\cdots b_{i-1}b_i\cdots b_n$，但 $a_i\neq b_i, a_{i+1}=b_{i+1},\cdots,a_n=b_n$. 故 $(b_1\cdots b_{i-1})^{-1}(a_1\cdots a_{i-1})=b_ia_i^{-1}\in G_i$.

由于 $G_j\trianglelefteq G(j=1,2,\cdots,i-1)$，所以 $G_1G_2\cdots G_{i-1}$ 是 G 的子群. 于是

$$(b_1\cdots b_{i-1})^{-1}(a_1\cdots a_{i-1})\in G_1G_2\cdots G_{i-1},$$

即

$$b_ia_i^{-1}=(b_1\cdots b_{i-1})^{-1}(a_1\cdots a_{i-1})\in G_1G_2\cdots G_{i-1}\cap G_i,$$

因此 $b_ia_i^{-1}=e$. 这与 $a_i\neq b_i$ 矛盾.

因此条件(1)成立.

当 $i \neq j$ 时，不妨设 $i < j$. 任取 $a_i \in G_i, a_j \in G_j$，由于 G_i, G_j 都是 G 的正规子群，故

$$a_i a_j a_i^{-1} a_j^{-1} \in G_i \cap G_j \subseteq G_1 G_2 \cdots G_{j-1} \cap G_j,$$

于是由内直积的定义，

$$a_i a_j a_i^{-1} a_j^{-1} = e,$$

即 $a_i a_j = a_j a_i$.

因此条件(2)成立.

充分性. 设 G 的子群 $G_1, G_2, \cdots, G_n$ 满足条件(1)与(2)，则首先有 $G = G_1 G_2 \cdots G_n$.

下证 $G_i \trianglelefteq G (i = 1, 2, \cdots, n)$.

任取 $g_i \in G_i, a \in G$，且令

$$a = a_1 a_2 \cdots a_i \cdots a_n \quad (a_i \in G_i, i = 1, 2, \cdots, n)$$

则由条件(2)，

$$a g_i a^{-1} = a_i g_i a_i^{-1} \in G_i,$$

故 $G_i \trianglelefteq G$.

任取 $x \in G_1 G_2 \cdots G_{i-1} \cap G_i$，则存在 $a_1 \in G_1, a_2 \in G_2, \cdots, a_{i-1} \in G_{i-1}, a_i \in G_i$，使

$$x = a_1 a_2 \cdots a_{i-1} = a_i,$$

于是

$$a_1 a_2 \cdots a_{i-1} a_i^{-1} = e,$$

即

$$a_1 a_2 \cdots a_{i-1} a_i^{-1} e \cdots e = e.$$

由条件(1)，$a_1 = a_2 = \cdots = a_i = e$. 从而 $x = e$，即 $G_1 G_2 \cdots G_{i-1} \cap G_i = \{e\}$.

因此，G 是 $G_1, G_2, \cdots, G_n$ 的内直积. □

容易验证，定理 2.11.3 的条件(1)中“G 的每个元素的表示法唯一”可以换成“G 的单位元的表示法唯一”.

另外，定义 2.11.2 中的条件(3)也可换成条件:

(3)′ $G_1 G_2 \cdots G_{i-1} G_{i+1} \cdots G_n \cap G_i = \{e\}, i = 1, 2, \cdots, n$.

根据定理 2.11.2，由群 $G_1, G_2, \cdots, G_n$ 的外直积可以得到 $G_1 \times G_2 \times \cdots \times G_n$ 的正规子群 $H_1, H_2, \cdots, H_n$，使 $G_1 \times G_2 \times \cdots \times G_n$ 是 $H_1, H_2, \cdots, H_n$ 的内直积. 反过来，由群的内直积也可引出一个外直积.

设群 G 是其子群 $G_1, G_2, \cdots, G_n$ 的内直积，$\bar{G} = G_1 \times G_2 \times \cdots \times G_n$，则容易验证

$$\varphi: G \to \bar{G},$$

$$a_1 a_2 \cdots a_n \mapsto (a_1, a_2, \cdots, a_n), \quad \forall a_i \in G_i \, (i = 1, 2, \cdots, n)$$

是一个同构映射, 因此

$$G \cong \bar{G}.$$

这就是说, 在同构意义下, 外直积与内直积是一致的. 因此, 当群 G 是其子群 $G_1, G_2, \cdots, G_n$ 的内直积时, 也表示为

$$G = G_1 \times G_2 \times \cdots \times G_n,$$

并且称内直积与外直积为直积.

习题 2.11

1. 设 G_1 与 G_2 是两个群. 证明: $G_1 \times G_2 \cong G_2 \times G_1$.

2. 设 a 与 b 分别是群 G_1 与群 G_2 的有限阶元素. 证明: $G_1 \times G_2$ 中元素 (a,b) 的阶为 $[|a|,|b|]$.

3. 证明: $\mathbb{C} \cong \mathbb{R} \times \mathbb{R}$. 其中 $(\mathbb{C},+)$ 为复数加群, $(\mathbb{R},+)$ 为实数加群.

4. 设群 G 是其子群 G_1 与 G_2 的内直积. 证明:

(1) $G / G_1 \cong G_2$;

(2) 若 $N \trianglelefteq G_1$, 则 $N \trianglelefteq G$.

5. 设群 G 为群 $G_1, G_2, \cdots, G_n$ 的外直积. 证明: $C(G) = C(G_1) \times C(G_2) \times \cdots \times C(G_n)$.

拓展阅读 11　伯恩赛德小传

伯恩赛德(W. Burnside, 1852～1927), 英国数学家, 1852 年 7 月 2 日出生于伦敦. 1871 年进入剑桥圣约翰学院学习, 1873 年转入彭布罗克学院. 1875～1886 年任研究员, 1885 年起任格林尼治皇家海军学院数学教授, 直至去世.

1893 年伯恩赛德选为英国皇家学会会员, 1906～1908 年任伦敦数学会会长. 前期主要研究应用数学, 还研究椭圆函数以及微分几何等.

1892 年起伯恩赛德研究群论, 是群表示论的主要创始人之一, 并应用群表示论证明 $p^a q^b$ 阶群是可解群(p, q 为素数). 1899 年获伦敦数学会德 · 摩根奖. 他所著的《群论》是有限群论的第一部系统著作, 深刻影响其后的群论体系. 1900 年左右, 伯恩赛德提出了一个著名的猜想: 一个奇数阶群 G 必存在一个正规子群列: $\{e\} \triangleleft G_1 \triangleleft G_2 \triangleleft \cdots \triangleleft G_n = G$, 使得每个商群 G_{i+1}/G_i 是交换群. 这一猜想对有限单群

分类问题的研究起了重大作用. 50 多年后, 猜想最终被费特和汤普森证明. 他的另一重要猜想是关于群 $B_{m,n}$ 的. 1994 年, 柴尔曼诺夫由于在这一猜想方面的工作而获得菲尔兹奖.

1927 年 8 月 21 日, 伯恩赛德卒于西威克姆.

2.12* 西 罗 定 理

由拉格朗日定理知道, 一个 n 阶群 G 的子群的阶, 都是 n 的因子. 但对 n 的任一正因子, 并不一定存在以这个因子为阶的子群. 那么, 当群 G 的阶的因子 d 满足什么条件时, 群 G 一定有 d 阶子群? 对此, 挪威数学家西罗(L. Sylow)建立的三个西罗定理给出了回答. 本节我们主要介绍这三个西罗定理.

定义 2.12.1 设 G 是一个有限群, 且 $|G|=p^s m$, 其中 p 为素数, $p\nmid m$, 则称 G 的 p^s 阶子群为 G 的一个 **Sylow p-子群**(Sylow p-subgroup), 简称 **Sylow 子群**.

为了介绍西罗定理, 我们先做下面的准备.

定义 2.12.2 设 H,K 是群 G 的两个子群, $x\in G$. 称 G 的子集

$$HxK=\{hxk \mid h\in H, k\in K\}$$

为群 G 关于子群 H,K 的一个**重陪集**(double coset).

显然, 按照群中非空子集的乘法, 重陪集 HxK 就是 $H\{x\}K$.

引理 2.12.1 设 H,K 是群 G 的两个子群, $x,y\in G$. 如果 $HxK\cap HyK\neq\varnothing$, 则必有

$$HxK=HyK.$$

证 由于 $HxK\cap HyK\neq\varnothing$, 故存在 $a\in HxK\cap HyK$. 不妨令 $a=h_1xk_1=h_2yk_2$, 其中 $h_1,h_2\in H$, $k_1,k_2\in K$. 故 $x=h_1^{-1}h_2yk_2k_1^{-1}\in HyK$, 于是 $HxK\subseteq H(HyK)K=HyK$. 同理, $HyK\subseteq HxK$. 因此, $HxK=HyK$. □

根据引理 2.12.1, 群 G 可以分解成若干个互不相交的重陪集的并, 称为 G 关于子群 H, K 的重陪集分解. 而且, 由于 $HxK=\bigcup\limits_{k\in K}Hxk=\bigcup\limits_{h\in H}hxK$, 因此, 群 G 的重陪集分解实际上就是普通左陪集或右陪集分解按某种方式合并.

引理 2.12.2 设 H,K 是群 G 的两个子群, 则在群 G 的重陪集 HxK 分解中, 含 H 的右陪集个数为 $(K:K\cap x^{-1}Hx)$; 含 K 的左陪集个数为 $(H:H\cap xKx^{-1})$.

证 设 $S=\{Hxk \mid k\in K\}, T=\{(K\cap x^{-1}Hx)k \mid k\in K\}$, 并令

$$\varphi: S\to T,$$

$$Hxk\mapsto (K\cap x^{-1}Hx)k,\quad \forall k\in K,$$

则由 $Hxk_1 = Hxk_2 \Leftrightarrow xk_1k_2^{-1}x^{-1} \in H \Leftrightarrow k_1k_2^{-1} \in x^{-1}Hx \Leftrightarrow k_1k_2^{-1} \in K \cap x^{-1}Hx$ 知，φ 不仅是从 S 到 T 的映射，而且是单射. 又显然 φ 是满射，从而 φ 是双射，即含 H 的右陪集个数为 $(K : K \cap x^{-1}Hx)$.

同理可证另一结论. □

引理 2.12.3 设 H 是有限群 G 的子群，$G = Hx_1H \cup Hx_2H \cup \cdots \cup Hx_rH$ 是 G 关于 H 的重陪集分解，则对任意的 $Ha \subseteq N(H)$，存在某个 $j \in \{1, 2, \cdots, r\}$，使得 $Ha = Hx_j$.

证 由于 $Ha \subseteq G$，故存在某个 x_j, $j \in \{1, 2, \cdots, r\}$，使 $Ha \subseteq Hx_jH$. 于是 $a \in Hx_jH$. 令 $a = h_1x_jh_2$ $(h_1, h_2 \in H)$，则 $x_j = h_1^{-1}ah_2^{-1}$. 考虑到 $a \in N(H)$，即 $aH = Ha$，我们有

$$Hx_j = H(h_1^{-1}ah_2^{-1}) = Hah_2^{-1} = aHh_2^{-1} = aH = Ha.$$ □

利用上面的引理，我们来证明三个西罗定理.

定理 2.12.1 (西罗第一定理) 设 G 是有限群，且 $|G| = p^sm$，其中 p 为素数，s 为正整数，$p \nmid m$. 则对 G 的每个 p^i $(i = 0, 1, \cdots, s-1)$ 阶子群 H，总存在 G 的 p^{i+1} 阶子群 K，使 $H \trianglelefteq K$.

证 设 G 关于 H 的重陪集分解为 $G = Hx_1H \cup Hx_2H \cup \cdots \cup Hx_rH$，且 Hx_jH 由 t_j 个 H 的右陪集组成. 由引理 2.12.2，$t_j = (H : H \cap x_j^{-1}Hx_j)$，$j = 1, 2, \cdots, r$. 于是 $(G : H) = t_1 + t_2 + \cdots + t_r$.

又因为 $|H| = p^i$ $(0 \leqslant i \leqslant s-1)$，所以 $|G| = p^sm = |H|(G : H) = p^i(G : H)$ $(i = 1, 2, \cdots, s-1)$，从而 $p \mid (G : H)$. 因此，$p \mid t_1 + t_2 + \cdots + t_r, t_j \mid p^i$，$j = 1, 2, \cdots, r$.

下证：$t_j = 1 \Leftrightarrow Hx_j \subseteq N(H)$.

若 $t_j = 1$，则 $H \cap x_j^{-1}Hx_j = H$，即 $H \subseteq x_j^{-1}Hx_j$，而 $|H| = |x_j^{-1}Hx_j| = p^i$，故 $H = x_j^{-1}Hx_j$，即 $x_j \in N(H)$. 从而 $Hx_j \subseteq N(H)$.

反之，若 $Hx_j \subseteq N(H)$，则 $x_j \in N(H)$，故 $x_jH = Hx_j$, $x_j^{-1}Hx_j = H$. 于是 $t_j = (H : H \cap x_j^{-1}Hx_j) = 1$.

由引理 2.12.3，正规化子 $N(H)$ 的右陪集均呈 Hx_j 形，综上所述，在 $t_1, t_2, \cdots, t_r$ 中等于 1 的个数就是 $N(H)$ 关于 H 的右陪集的个数，也就是指数 $(N(H) : H)$，从而 $p \mid (N(H) : H)$，即 $p \mid |N(H)/H|$. 于是，由习题 2.10 的第 6 题知，$N(H)/H$ 有 p 阶子群 K/H，其中 $H \trianglelefteq K$ 且

$$|K| = |H|\,|K/H| = p^i \cdot p = p^{i+1}.$$

由于当 $i=0$ 时，$p^0=1$ 阶子群总存在，从而 $p,p^2,\cdots,p^s$ 阶子群总存在，且其中 p^i 阶子群是 p^{i+1} 阶子群的正规子群. □

定理 2.12.2 (西罗第二定理)　设 G 是有限群，且 $|G|=p^s m$，其中 p 为素数，$p\nmid m$. 则 G 的所有 Sylow p-子群恰好是 G 的一个共轭子群类.

证　显然，与 Sylow p-子群共轭的子群也是 Sylow p-子群. 下面证明 G 的任意两个 Sylow p-子群共轭.

设 H,K 是群 G 的两个 Sylow p-子群，则 $|H|=|K|=p^s$. 设 G 关于 H,K 的重陪集分解为

$$G=Hx_1K\cup Hx_2K\cup\cdots\cup Hx_rK,$$

则 Hx_jK 中含 H 的右陪集个数为 $t_j=(K:H\cap x_j^{-1}Hx_j),\ j=1,2,\cdots,r$. 由此得

$$(G:H)=t_1+t_2+\cdots+t_r.$$

由于 $|G|=|H|(G:H)$，$|H|=p^s$，故 $p\nmid(G:H)$；又因为每个 t_j 都是 p 的非负整数幂，因此至少有一个 $t_j=1$，不妨设 $t_1=1$，即 $(K:H\cap x_1^{-1}Hx_1)=1$，从而 $K\subseteq x_1^{-1}Hx_1$. 但 $|K|=|x_1^{-1}Hx_1|=p^s$，故 $K=x_1^{-1}Hx_1$，即 K 与 H 共轭.

因此，G 的所有 Sylow p-子群恰好是 G 的一个共轭子群类. □

例 2.12.1　三次置换群 S_3 的阶为 6，S_3 的 Sylow 2-子群为

$$H_1=\{(1),(1\,2)\},\quad H_2=\{(1),(1\,3)\},\quad H_3=\{(1),(2\,3)\},$$

显然构成一个共轭子群类. 而 S_3 的 Sylow 3-子群只有 $H_4=\{(1),(1\,2\,3),(1\,3\,2)\}$，也构成一个共轭子群类.

定理 2.12.3 (西罗第三定理)　设 G 是有限群，且 $|G|=p^s m$，其中 p 为素数，$p\nmid m$. 若 G 的 Sylow p-子群的个数为 k，则 $k\,\|\,G|$，且 $k\equiv 1(\text{mod }p)$.

证　设 H 是 G 的一个 Sylow p-子群，则 $k=(G:N(H))$，从而 $k\,\|\,G|$. 再设

$$G=Hx_1H\cup Hx_2H\cup\cdots\cup Hx_rH$$

是 G 关于 H 的重陪集分解，并设

$$(H:H\cap x_j^{-1}Hx_j)=t_j\quad (j=1,2,\cdots,r)$$

是 Hx_jH 中含 H 的右陪集的个数，则 $(G:H)=t_1+t_2+\cdots+t_r$，且 $t_1,t_2,\cdots,t_r$ 中等于 1 的个数为 $(N(H):H)$，而其余的 t_j 都是 p 的正整数幂. 于是

$$p\,|\,(G:H)-(N(H):H).$$

而 $(G:H)=(G:N(H))(N(H):H)=k(N(H):H)$，因此，$p\,|\,(k-1)(N(H):H)$. 由于 H 是 G 的一个 Sylow p-子群，故 $p\nmid(G:H)$，从而 $p\,|\,(k-1)$，即 $k\equiv 1(\text{mod }p)$. □

利用西罗第三定理, 我们可以证明下面的结论.

定理 2.12.4　设 G 是 pq 阶有限群，其中 p,q 为互异素数，且 $p\nmid q-1,\ q\nmid p-1$, 则 G 是循环群.

证　设 G 的 Sylow p-子群的个数为 k, 则由定理 2.12.3, $k\mid pq$, 且 $p\mid k-1$, 从而 $p\nmid k$, $(k,p)=1$, 故 $k\mid q$. 但 q 为素数, 故 $k=1$ 或 $k=q$.

又由假设 $p\nmid q-1$, 故 $k\neq q$, 从而只有 $k=1$. 即 G 只有一个 Sylow p-子群 P, 当然也是 G 的正规子群.

同理, G 也只有一个 Sylow q-子群 Q, 且也是 G 的正规子群.

由于 $p\neq q$, 故 $|P|=p, |Q|=q$, 从而 P,Q 都是素数阶循环群. 不妨设 $P=\langle a\rangle, Q=\langle b\rangle$, 由拉格朗日定理知, $|P\cap Q|=1$, 且由于 $P\trianglelefteq G, Q\trianglelefteq G$, 故 $aba^{-1}b^{-1}\in P\cap Q$, $ab=ba$. 于是 $|ab|=pq=|G|$. 因此, G 是循环群, 且 $G=\langle ab\rangle$.

□

例如, 15 阶群 G 是循环群, 这是因为 $|G|=15=3\times 5$, 且 $3\nmid 5-1$, $5\nmid 3-1$, 故由定理 2.12.4 知, G 是循环群.

下面给出有限群是其 Sylow 子群直积的条件.

定理 2.12.5　设 G 是有限群, 且 $|G|=p_1^{k_1}p_2^{k_2}\cdots p_m^{k_m}$ 为标准分解式, 则 G 是其 Sylow p_i-子群 $P_i\ (i=1,2,\cdots,m)$ 的直积的充分必要条件是: 每个 P_i 都是 G 的正规子群.

证　必要性显然, 下证充分性.

设每个 P_i 都是 G 的正规子群, 则由于 $|P_i|=p_i^{k_i}$, $i=1,2,\cdots,m$, 故 $|P_1P_2\cdots P_m|=p_1^{k_1}p_2^{k_2}\cdots p_m^{k_m}=|G|$. 因此 $G=P_1P_2\cdots P_m$.

又易知 $P_1P_2\cdots P_{i-1}\cap P_i=\{e\}$, $i=2,3,\cdots,m$, 故 $G=P_1\times P_2\times\cdots\times P_m$.

由上述定理, 易知下列结论成立.

推论 2.12.1　任何有限交换群都是其 Sylow 子群的直积.

推论 2.12.2　设 G 是有限交换群, 则对 $|G|$ 的每个正因数 d, G 有 d 阶子群.

证　设 $|G|=p_1^{k_1}p_2^{k_2}\cdots p_m^{k_m}$ 为标准分解式. 由于 d 是 $|G|$ 的正因数, 故可设

$$d=p_1^{r_1}p_2^{r_2}\cdots p_m^{r_m},$$

其中 $0\leqslant r_i\leqslant k_i$, $i=1,2,\cdots,m$. 由西罗第一定理知, G 有 $p_i^{r_i}$ 阶子群 $H_i\ (i=1,2,\cdots,m)$, 从而 G 有 d 阶子群 $G=H_1\times H_2\times\cdots\times H_m$. □

习题 2.12

1. 找出 S_4 的所有 Sylow 2-子群和 Sylow 3-子群.

2. 证明: 有限群 G 有唯一的 Sylow p-子群 P 的充分必要条件是, P 是 G 的正规子群.

3. 设 P 是有限群 G 的 Sylow p-子群. 证明: P 是 $N(P)$ 中唯一的 Sylow p-子群, 且 $N(P)=N(N(P))$.

4. 证明: 33 阶群和 35 阶群都是循环群.

5. 证明: 200 阶群不是单群.

拓展阅读 12 西罗小传

西罗(P. L. Sylow, 1832～1918), 挪威数学家. 1832 年 12 月 12 日生于挪威克里斯蒂安尼亚(现称奥斯陆). 1850 年在克里斯蒂安尼亚教会学校毕业后进入克里斯蒂安尼亚大学学习, 曾获得数学竞赛金牌. 1855 年, 他成为一名中学教师. 尽管教书的职业花费了他大量的时间, 但西罗还是挤出时间来研究阿贝尔的论文. 在 1862～1863 学年中西罗得到了克里斯蒂安尼亚大学的临时职位, 为学生讲授伽罗瓦理论和置换群. 在他当年的学生中, 有一位后来成为著名数学家, 他就是李代数和李群的创始人——李(S. Lie). 1873～1881 年, 西罗同李合作, 编辑出版了阿贝尔著作的新版本. 1902 年, 他又与别人合作出版了阿贝尔的通信集.

西罗最重要的成就——西罗定理是他在 1872 年获得的. 在得知西罗的结果后, 若尔当称它是 "置换群中最基本的结论之一". 这些定理以后成为研究群论特别是有限群论的重要工具. 西罗对于椭圆函数论也有贡献. 1898 年他从中学退休后, 任克里斯蒂安尼亚大学教授, 直至 1918 年 9 月 7 日去世.

第 3 章　环　　论

前面我们介绍的群是一类具有一种代数运算的代数系统. 然而, 在数学或其他学科中常常遇到具有不只一种代数运算的代数系统, 如数、多项式、矩阵等. 而环就是一类重要的具有两种代数运算的代数系统, 它也是近世代数中的一个重要内容.

在本章中, 我们将主要介绍环的定义与基本性质、环的同态与同构, 以及一些重要的环类.

3.1　环的定义与基本性质

我们知道, 整数集有加法与乘法运算, 并且关于加法作成一个交换群, 关于乘法作成一个半群, 乘法对加法满足分配律. 而对于有理数集、实数集、复数集, 以及数域 F 上的全体 n 阶方阵的集合, 都有类似的性质. 这些性质正是环所要求的.

定义 3.1.1　设 R 是一个非空集合, 加法 $+$ 和乘法 $\cdot$ 是 R 的两个代数运算. 如果满足:

(1) R 关于加法作成一个加群;

(2) R 的乘法满足结合律, 即

$$(a \cdot b) \cdot c = a \cdot (b \cdot c), \quad \forall a,b,c \in R;$$

(3) 乘法对加法满足分配律, 即

$$a \cdot (b+c) = a \cdot b + a \cdot c, \quad (b+c) \cdot a = b \cdot a + c \cdot a, \quad \forall a,b,c \in R,$$

则称 R 关于这两个代数运算作成一个**结合环**(associative ring), 简称为**环**(ring), 记为 $(R,+,\cdot)$ 或 R.

因为环 R 关于加法作成一个加群, 所以 R 有零元 0, R 中元素 a 有负元 $-a$.

在不会引起混淆时, 环的乘法运算符号 $\cdot$ 可以省略, 即 $a \cdot b$ 简记为 ab. 而且在环中作运算时, 如果没有括号, 则总是指先作乘法运算, 后作加法运算.

根据环的定义, 数环关于加法与乘法作成环, 从而相应地有整数环、有理数环、实数环和复数环. 另外, 数域 F 上的 n 阶方阵集合 $F^{n\times n}$ 、数域 F 上的多项式集合关于各自的加法与乘法运算也都作成环, 分别称为数域 F 上的 n 阶方阵环和

数域 F 上的多项式环.

定义 3.1.2 如果环 R 的乘法满足交换律, 即

$$ab = ba, \quad \forall a,b \in R,$$

则称 R 为**交换环**或**可换环**(commutative ring); 否则称 R 为**非交换环**或**非可换环**(noncommutative ring).

若环 R 只有有限个元素, 则称 R 为**有限环**(finite ring); 否则称 R 为**无限环**(infinite ring). 有限环 R 的元素个数称为 R 的**阶**(order), 无限环的阶称为无限. 环 R 的阶记为 $|R|$.

例 3.1.1 设 R 是一个加群, 若对 R 的元素规定

$$a \cdot b = 0, \quad \forall a,b \in R,$$

则 $(R,+,\cdot)$ 作成一个环. 这个环称为**零乘环**(zero multiplication ring).

特别地, 零乘环 $\{0\}$ 称为**零环**(zero ring).

例 3.1.2 设 $\mathbb{Z}[\mathrm{i}]$ 是由实部、虚部均为整数的复数构成的集合, 即

$$\mathbb{Z}[\mathrm{i}] = \{m + n\mathrm{i} \mid m,n \in \mathbb{Z}\},$$

则 $\mathbb{Z}[\mathrm{i}]$ 关于复数的加法与乘法作成环. 这个环称为**高斯整环**(Gauss integral domain).

事实上, 由于 $0 \in \mathbb{Z}[\mathrm{i}]$, 故 $\mathbb{Z}[\mathrm{i}] \neq \varnothing$.

对任意的 $m_1, m_2, n_1, n_2 \in \mathbb{Z}$, 有

$$(m_1 + n_1\mathrm{i}) + (m_2 + n_2\mathrm{i}) = (m_1 + m_2) + (n_1 + n_2)\mathrm{i},$$

$$(m_1 + n_1\mathrm{i})(m_2 + n_2\mathrm{i}) = (m_1m_2 - n_1n_2) + (m_1n_2 + m_2n_1)\mathrm{i},$$

于是复数的加法与乘法运算是 $\mathbb{Z}[\mathrm{i}]$ 的代数运算, 而且 0 是 $\mathbb{Z}[\mathrm{i}]$ 的零元, 元素 $m + n\mathrm{i}$ 的负元是 $(-m) + (-n)\mathrm{i}$, 且显然加法、乘法满足结合律与交换律, 乘法对加法满足分配律. 因此, $\mathbb{Z}[\mathrm{i}]$ 关于复数的加法与乘法作成一个交换环.

定义 3.1.3 如果环 R 中有元素 e, 满足

$$ea = a, \quad \forall a \in R,$$

则称 e 为环 R 的一个**左单位元**(left identity); 如果环 R 中有元素 e', 满足

$$ae' = a, \quad \forall a \in R,$$

则称 e' 为环 R 的一个**右单位元**(right identity).

环 R 中既是左单位元又是右单位元的元素称为 R 的**单位元**(identity).

实际上, 环 R 关于乘法作成半群. 其左、右单位元或单位元就是半群的左、右单位元或单位元. 因此, 同半群一样, 一个环 R 可能既无左单位元又无右单位元, 也可能只有左单位元而无右单位元, 或只有右单位元而无左单位元. 但如果环 R 既有左单位元又有右单位元, 则它们一定相等, 就是 R 的唯一的单位元.

当环 R 有单位元 e 时，对于 $a\in R$，若存在 $b\in R$，使

$$ab=ba=e,$$

则称 a 为 R 的**可逆元**(invertible element)，并称 b 为 a 的**逆元**(inverse element).

易知，若元素 a 有逆元，则 a 的逆元唯一，并记为 a^{-1}.

在一个环 R 中，可以定义减法运算：

$$a-b=a+(-b),\quad \forall a,b\in R,$$

而且满足：$a+b=c\Leftrightarrow b=c-a$.

由于一个环首先是一个加群，因而环具有加群的一切性质. 环除了具有加群的性质外，还有下列性质.

性质 3.1.1 设 R 是一个环, 0 为 R 的零元，则

(1) $0a=a0=0, \forall a\in R$;

(2) $(-a)b=a(-b)=-ab, (-a)(-b)=ab, \forall a,b\in R$;

(3) $a(b-c)=ab-ac, (b-c)a=ba-ca, \forall a,b,c\in R$;

(4) $\left(\sum\limits_{i=1}^{m}a_i\right)\left(\sum\limits_{j=1}^{n}b_j\right)=\sum\limits_{i=1}^{m}\sum\limits_{j=1}^{n}a_ib_j, \forall a_i,b_j\in R, 1\leqslant i\leqslant m, 1\leqslant j\leqslant n$.

证 (1) 因为 $0a+0a=(0+0)a=0a$，所以 $0a=0$. 同理 $a0=0$.

(2) 因为 $(-a)b+ab=(-a+a)b=0b=0$，所以 $(-a)b=-ab$. 同理 $a(-b)=-ab$. 而 $(-a)(-b)=-(-a)b=-[-(ab)]=ab$.

(3) $a(b-c)=a(b+(-c))=ab+a(-c)=ab-ac$. 同理，$(b-c)a=ba-ca$.

(4) 由定理 1.4.3 即可得证. □

利用环 R 的加法与乘法，可以定义 R 中元素的倍数与方幂. 这些定义与加群中元素的倍数及半群中元素的方幂一致，且有下列性质.

性质 3.1.2 设 R 是一个环，$a,b\in R$, $m,n\in\mathbb{Z}$，则

(1) $ma+na=(m+n)a$;

(2) $m(a+b)=ma+mb$;

(3) $m(na)=(mn)a$;

(4) $(ma)b=a(mb)=m(ab)$.

当 m,n 为正整数时，有

(5) $(a^m)^n=a^{mn}$;

(6) $a^ma^n=a^{m+n}$.

下面讨论子环的概念.

定义 3.1.4 设 R 是一个环，S 是 R 的一个非空子集. 如果 S 关于 R 的运算也作成环，则称 S 是 R 的一个**子环**(subring)，记为 $S\leqslant R$.

显然, 若 S 是环 R 的一个子环, 则 $(S,+)$ 是 $(R,+)$ 的加法子群. 从而, S 的零元就是 R 的零元, S 中元素 a 的负元就是 a 在 R 中的负元 $-a$.

例如, 设 $\mathbb{Z}$ 为整数环, $2\mathbb{Z}$ 为全体偶数构成的集合, 则 $2\mathbb{Z}$ 是整数环 $\mathbb{Z}$ 的子环, 因为一个偶数的负元仍为偶数; 两个偶数的和与积仍为偶数. 但整数环 $\mathbb{Z}$ 有单位元 1, 而其子环偶数环却没有单位元.

对于任意一个环 R, R 必有子环 $\{0\}$ 与 R. 这两个子环称为 R 的**平凡子环** (trivial subring).

定理 3.1.1 设 S 是环 R 的一个非空子集, 则 S 是 R 的子环的充分必要条件是:

(1) S 关于加法作成 $(R,+)$ 的子加群;

(2) S 关于 R 的乘法封闭, 即对任意的 $a,b\in S$, 有 $ab\in S$.

证 必要性. 由于 S 是环, 故由环的定义知, 条件(1)与(2)满足.

充分性. 设非空子集 S 满足条件(1)与(2), 则加法与乘法是 S 的代数运算, 且 S 关于加法作成加群. 又因为 $S\subseteq R$, 且 S 的运算与 R 的运算一致. 因此, S 的乘法满足结合律, 且乘法对加法满足分配律. 从而 S 作成一个环, 即 R 的子环. □

由这个定理及非空子集作成子群的充分必要条件, 立刻得到下面的结论.

定理 3.1.2 设 S 是环 R 的一个非空子集, 则 S 是 R 的子环的充分必要条件是:

(1) $a,b\in S\Rightarrow a-b\in S$;

(2) $a,b\in S\Rightarrow ab\in S$.

例 3.1.3 设 R 是一个环. 证明:

$$C(R)=\{r\in R\mid rx=xr,\forall x\in R\}$$

是 R 的子环. 这个子环称为 R 的**中心**(center).

证 由于对任意的 $x\in R$, $0x=x0=0$, 所以 $0\in C(R)$, 即 $C(R)\neq\varnothing$.

对任意的 $a,b\in C(R)$ 及任意的 $x\in R$, 有

$$(a-b)x=ax-bx=xa-xb=x(a-b),$$

$$(ab)x=a(bx)=a(xb)=(ax)b=(xa)b=x(ab),$$

所以 $a-b\in C(R), ab\in C(R)$. 于是由定理 3.1.2 知, $C(R)$ 是 R 的子环. □

习题 3.1

1. 证明:

$$R=\left\{\begin{pmatrix}0&0\\x&y\end{pmatrix}\middle|\, x,y\in\mathbb{R}\right\}$$

关于矩阵的普通加法与乘法作成无单位元的环.

2. 证明:

$$\mathbb{Z}[\sqrt{2}]=\{a+b\sqrt{2}\mid a,b\in\mathbb{Z}\}$$

是实数环的子环.

3. 证明: 环 R 的任意个子环的交仍是 R 的子环.

4. 证明: 加群 G 的全体自同态映射关于下列运算

$$(\sigma+\tau)(x)=\sigma(x)+\tau(x),\quad (\sigma\tau)(x)=\sigma(\tau(x)),\quad \forall x\in G$$

作成一个有单位元的环, 称为加群 G 的自同态环, 其中 σ, τ 为 G 的任意自同态.

5. 设 M 是一个非空集合, $P(M)$ 是 M 的幂集. 定义

$$A+B=(A-B)\cup(B-A),\quad AB=A\cap B,\quad \forall A,B\in P(M).$$

证明: $P(M)$ 关于给定的运算作成一个有单位元的交换环. 这个环称为非空集合 M 的幂集环.

6. 设 e_l 是环 R 中的唯一的左单位元. 证明: e_l 是环 R 的单位元.

7. 设 R 是有单位元 e 的环, $a,b\in R$. 证明: 若 $e+ab$ 可逆, 则 $e+ba$ 也可逆.

拓展阅读 13　环的来源

环的概念原始雏型是整数集合, 它与域的不同之处在于对于乘法不一定有逆元. 抽象环的概念的来源一方面是数论, 整数的推广——代数整数具有整数的许多性质, 也有许多不足之处, 比如唯一素因子分解定理不一定成立, 这导致理想数概念的产生. 戴德金在 1871 年将理想数抽象化成“理想”概念, 它是代数整数环中的一些特殊的子环, 开始了理想理论的研究. 在诺特把环公理化之后, 理想理论被纳入环论中去.

环的概念的另一来源是 19 世纪对数系的各种推广. 这最初可追溯到 1843 年哈密顿关于四元数的发现, 他的目的是为了扩张用处很大的复数. 它是第一个“超复数系”, 也是第一个乘法不交换的线性结合代数, 它可以看成是实数域上的四元代数. 不久之后凯莱得到八元数. 它的乘法不仅不交换, 而且连结合律也不满足, 它可以看成是第一个线性非结合代数. 其后各种“超复数”相继出现.

3.2　环的零因子和特征

在数的乘法中, 非零数与非零数的乘积必为非零数, 但在一般的环中, 非零元与非零元的乘积未必是非零元.

定义 3.2.1　设 a 是环 R 的一个非零元素. 如果存在 R 的非零元素 b，使

$$ab = 0,$$

则称 a 为 R 的一个**左零因子**(left zero divisor).

同样可定义**右零因子**(right zero divisor). 左零因子与右零因子统称为**零因子**(zero divisor).

显然, 一个环 R 有左零因子, 当且仅当 R 有右零因子.

若环 R 的元素 a 既不是左零因子, 也不是右零因子, 则称 a 为 R 的**正则元**(regular element).

例 3.2.1　在数域 F 上的 2 阶方阵环中, 元素

$$\begin{pmatrix} 1 & 0 \\ 2 & 0 \end{pmatrix}$$

既是左零因子, 又是右零因子. 因为有

$$\begin{pmatrix} 1 & 0 \\ 2 & 0 \end{pmatrix}\begin{pmatrix} 0 & 0 \\ 1 & 3 \end{pmatrix} = \begin{pmatrix} 2 & -1 \\ 0 & 0 \end{pmatrix}\begin{pmatrix} 1 & 0 \\ 2 & 0 \end{pmatrix} = \begin{pmatrix} 0 & 0 \\ 0 & 0 \end{pmatrix}.$$

没有零因子的环, 也叫无零因子环. 如数环、数域上的多项式环都是无零因子环. 在无零因子环中, 有下面的结论.

定理 3.2.1　设 R 是一个无零因子环, 则对任意的 $a,b,c \in R, a \neq 0$，有

(1) $ab = ac \Rightarrow b = c$；

(2) $ba = ca \Rightarrow b = c$.

证　(1) 设 $ab = ac$，则 $a(b-c) = 0$，由于 R 无零因子，且 $a \neq 0$，所以 $b - c = 0$，即 $b = c$.

同理可证(2).　□

对于环 R 的任意元素 a,b,c，

(1) 如果满足条件 $ab = ac, a \neq 0 \Rightarrow b = c$, 则称 R 满足左消去律;

(2) 如果满足条件 $ba = ca, a \neq 0 \Rightarrow b = c$, 则称 R 满足右消去律. 若 R 既满足左消去律又满足右消去律, 则称 R 满足消去律.

上述定理表明, 在一个无零因子环中, 消去律成立.

推论 3.2.1　当环 R 无左(或右)零因子时, 消去律成立; 反之, 若 R 满足左(或右) 消去律, 则 R 无零因子.

证　当 R 无左零因子时, R 也无右零因子, 从而由定理 3.2.1, R 满足消去律.

反之, 设 R 满足左消去律, 且有 $a \neq 0$，$ab = 0$，即 $ab = a0$，则 $b = 0$. 所以 R 无左零因子, 从而 R 也无右零因子.　□

在所有的无零因子环中, 整环是一类重要的环.

定义 3.2.2　一个阶大于 1、有单位元、无零因子的可换环, 称为一个**整环**

(integral domain).

例如，整数环 $\mathbb{Z}$ 与数域 F 上的多项式环 $F[x]$ 都是整环.

又如高斯整环 $\mathbb{Z}[\mathrm{i}]$ 也是整环. 更一般地，对任意一个除 1 之外无其他的平方因子的整数 c，数集 $\mathbb{Z}[\sqrt{c}]=\{a+b\sqrt{c}\mid a,b\in\mathbb{Z}\}$ 都是整环. 当 $c=1$ 时，$\mathbb{Z}[\sqrt{c}]$ 就是整数环 $\mathbb{Z}$. 当 $c<0$ 时，$a+b\sqrt{c}$ 表示 $a+b\sqrt{-c}\mathrm{i}$.

整环是一类与整数环性质最接近的环. 我们将在下一章中作进一步讨论.

一个环 R 首先是一个加群 $(R,+)$. 对于 R 中的元素 a，我们定义 a 的阶为 a 在群 $(R,+)$ 中的阶.

定义 3.2.3　若环 R 的元素有最大阶 n，则称 n 为环 R 的**特征**(characteristic). 若环 R 的元素无最大阶，则称 R 的特征为无限.

环 R 的特征记为 $\operatorname{char}R$.

根据群中的结论，有限环的特征必有限.

定理 3.2.2　设 R 是一个环. 令

$$M=\{n\mid n\text{ 为正整数，且 }na=0,\forall a\in R\},$$

则当 M 为空集时，R 的特征为无限；当 M 为非空时，M 中最小的正整数就是环 R 的特征.

证　若 M 为空集，则 R 中元素的阶没有最大的. 因若不然，假设 R 中元素有最大阶 n，且 a 是其中一个 n 阶元. 由于 R 的加群是交换群，因此 R 中元素的阶都是 n 的因数. 从而对 R 中任何元素 x，都有

$$nx=0.$$

于是 $n\in M$. 这与 M 是空集矛盾.

若 M 非空，且 m 是 M 中的最小正整数，则 R 中每个元素的阶都是 m 的因数，故 R 中元素必有最大阶 k，且 $\operatorname{char}R=k\leqslant m$. 由上面的证明过程知，对于 R 中的任何元素 x，都有 $kx=0$，从而 $k\in M$，故 $m\leqslant k$. 因此，$\operatorname{char}R=m$. □

定理 3.2.3　设 R 是一个无零因子环，且 $|R|>1$，则

(1) R 中非零元素的阶相同；

(2) 若 R 的特征有限，则必为素数.

证　(1) 假若 R 中非零元素的阶都无限，则结论已对. 假若 R 中非零元素 a 的阶为 n，则任取 $b\in R, b\neq 0$，有

$$a(nb)=(na)b=0b=0,$$

但 $a\neq 0$ 且 R 无零因子，故 $nb=0$. 从而 $|b|\leqslant n$.

设 $|b|=m$，则 $(ma)b=a(mb)=0$, 于是 $ma=0$. 故 $n\leqslant m=|b|$. 所以 $|b|=n$，即 R 中非零元的阶都是 n.

(2) 因$|R|>1$，故可设$\text{char}\, R=n>1$．假若n不是素数，则存在$n_1,n_2\in\mathbb{Z}$，使

$$n=n_1n_2,\quad 1<n_1,n_2<n.$$

在R中任取$a\neq 0$，由于R中非零元的阶都是n，故$n_1a\neq 0, n_2a\neq 0$．但是

$$(n_1a)(n_2a)=(n_1n_2)a^2=na^2=0,$$

这与R无零因子矛盾. 故n必为素数. □

定理 3.2.4 如果环R有单位元, 则单位元的阶就是R的特征.

证 若单位元e的阶为无限, 则R的特征当然是无限.

若单位元的阶为正整数n，则在R中任取元素a，有

$$na=n(ea)=(ne)a=0a=0,$$

即n是R中元素的最大阶. 故$\text{char}R=n$. □

定理 3.2.5 设R为交换环, 特征为素数p，则对R中任意元素a,b，

$$(a+b)^p=a^p+b^p.$$

证 由二项式展开,

$$(a+b)^p=a^p+\sum_{k=1}^{p-1}\mathrm{C}_p^k a^{p-k}b^k+b^p.$$

展开式中除去项a^p,b^p外, 其余各项的系数为

$$\mathrm{C}_p^k=\frac{p(p-1)\cdots(p-k+1)}{k(k-1)\cdots 3\cdot 2\cdot 1},\quad k=1,2,\cdots,p-1.$$

由于p为素数, 故p与$k,(k-1),\cdots,3,2,1$中的每个数都互素. 而C_p^k是正整数, 因此$k(k-1)\cdots 3\cdot 2\cdot 1$能整除$(p-1)\cdots(p-k+1)$．于是$\mathrm{C}_p^k$ $(1\leqslant k\leqslant p-1)$必为$p$的倍数. 而$p$为$R$的特征, 因此这些项均为零. 故

$$(a+b)^p=a^p+b^p.$$ □

应用数学归纳法, 容易得到关于m个元素的结论.

推论 3.2.2 设R为交换环, 特征为素数p，则对R中任意元素$a_1,a_2,\cdots,a_m$，

$$(a_1+a_2+\cdots+a_m)^p=a_1^p+a_2^p+\cdots+a_m^p.$$

习题 3.2

1. 设R是一个环. 证明:

(1) 环R的全体正则元对乘法作成一个半群;

(2) 环R的非零元素a是正则元, 当且仅当由$axa=0$能推出$x=0$.

2. 设R是阶大于 1 的环且有左单位元e. 证明: 若R没有零因子, 则e是R的单位元.

3. 求非空集合 M 的幂集环(见习题 3.1 的第 5 题)的零因子与特征.

4. 设 a 是环 R 的元素. 如果存在正整数 n, 使 $a^n=0$, 则称 a 是环 R 的一个幂零元. 证明: 交换环 R 的全体幂零元作成 R 的一个子环.

拓展阅读 14　雅各布森小传

雅各布森(N. Jacobson, 1910～1999), 美国数学家, 1910 年 10 月 5 日出生于波兰华沙, 1917 年随父母移居美国.

1930 年在亚拉巴马大学获学士学位, 1934 年在普林斯顿大学获博士学位. 大学毕业后曾陆续任教于布林莫尔学院、芝加哥大学、加利福尼亚大学、北卡罗来纳大学和约翰·霍普金斯大学. 1947 年起到耶鲁大学任教, 两年后任教授,直到 1981 年退休. 1954 年被选为美国科学院院士, 1971～1973 年任美国数学会主席. 1972～1974 年任国际数学联盟副主席.

雅各布森在代数领域的贡献主要在环、李代数和若尔当代数等方面. 他发展了环的一般结构理论, 推广了诺特环和阿廷环的根理论. 他还是素特征李代数的早期研究者之一. 他一生著作甚丰, 出版了 9 部著作, 其中有《环论》《李代数》和《基础代数学》等.

1999 年 12 月 5 日, 雅各布森在康涅狄格州的哈姆顿去世.

3.3　除 环 和 域

数域关于数的普通加法与乘法作成一个有单位元 1 的环, 而且每个非零数都有逆元. 这种环就是本节要研究的除环.

定义 3.3.1　设 R 是一个环. 如果

(1) R 至少含有两个元素;

(2) R 有单位元;

(3) R 的每个非零元都有逆元,

则称 R 是一个**除环**(division ring)或**体**.

一个交换的除环称为**域**(field).

根据这个定义, 每个数域都是域; 整数环不是除环, 因为虽然整数环有单位元且可换, 但除 1 与 -1 外, 其余非零元都没有逆元.

定理 3.3.1 设 R 是一个除环，则

(1) R 没有零因子;

(2) R 的特征或为无限，或为素数.

证 (1) 任取 R 的非零元素 a，若有 $b\in R$，使

$$ab=0,$$

则 $b=a^{-1}(ab)=0$. 因此，R 无左零因子，从而 R 无零因子.

(2) 由于 R 无零因子，且 $|R|>1$，于是根据定理 3.2.3，R 的特征或为无限，或为素数. □

例 3.3.1 令

$$D=\{a\cdot 1+bi+cj+dk \mid a,b,c,d \text{ 为实数}\},$$

并称 D 中的元素为**四元数**(quaternion). 另外规定系数为零的项可以略去不写，且

$$a1=a,\quad 1i=i,\quad 1j=j,\quad 1k=k.$$

于是四元数群

$$G=\{1,i,j,k,-1,-i,-j,-k\}$$

是 D 的一个子集. 根据 G 的乘法，我们现在再规定:

(1) $a_1+b_1i+c_1j+d_1k=a_2+b_2i+c_2j+d_2k \Leftrightarrow a_1=a_2,b_1=b_2,c_1=c_2,d_1=d_2$;

(2) $(a_1+b_1i+c_1j+d_1k)+(a_2+b_2i+c_2j+d_2k)$
$=(a_1+a_2)+(b_1+b_2)i+(c_1+c_2)j+(d_1+d_2)k$;

(3) $(a_1+b_1i+c_1j+d_1k)(a_2+b_2i+c_2j+d_2k)$
$=(a_1a_2-b_1b_2-c_1c_2-d_1d_2)+(a_1b_2+a_2b_1+c_1d_2-c_2d_1)i$
$+(a_1c_2+a_2c_1+b_2d_1-b_1d_2)j+(a_1d_2+a_2d_1+b_1c_2-b_2c_1)k.$

因此，两个四元数的和与积仍是一个四元数.

可以进一步验证，对以上运算 D 作成一个环，且 1 是它的单位元. 又因为
$(a+bi+cj+dk)(a-bi-cj-dk)=(a-bi-cj-dk)(a+bi+cj+dk)=a^2+b^2+c^2+d^2$，
故当 $a+bi+cj+dk\neq 0$ 时有逆元，且

$$(a+bi+cj+dk)^{-1}=\frac{a-bi-cj-dk}{a^2+b^2+c^2+d^2}.$$

因此，D 是一个除环，且显然是非交换环. 这个环称为**四元数除环**(quaternion division ring).

上述例子表明非交换除环的存在性. 然而，如果除环 R 有限，则 R 必可换，从而为域. 这个结论就是著名的魏得邦(J. H. M. Wedderburn)定理，对此我们不再详述.

定理 3.3.2 设 R 是一个有限环. 若存在 $a \in R$, 使 $a \neq 0$, 且 a 不是零因子, 则

(1) R 有单位元;

(2) a 为可逆元.

证 (1) 由于 R 有限, 所以 $a, a^2, a^3, \cdots$ 中必有相等的. 不妨设

$$a^m = a^n, \quad 1 \leqslant m < n,$$

则当 $m=1$ 时, $a = a^n = a^{n-m+1}$; 当 $m>1$ 时, $a^{m-1}(a - a^{n-m+1}) = 0$, 但 $a \neq 0$, 且 a 不是零因子, 故 $a = a^{n-m+1}$. 因此无论 $m=1$ 还是 $m>1$, 都有 $a = a^{n-m+1}$.

于是对任意的 $x \in R$,

$$ax = a^{n-m+1}x, \quad a(x - a^{n-m}x) = 0 .$$

因此, $x = a^{n-m}x$.

同理, $x = xa^{n-m}$.

这说明 a^{n-m} 是 R 的单位元.

(2) 若 $n = m+1$, 则 $a = a^{n-m}$, 即 a 是单位元, 从而 a 为可逆元.

若 $n > m+1$, 则有

$$a \cdot a^{n-m-1} = a^{n-m-1} \cdot a = a^{n-m},$$

而 a^{n-m} 为单位元, 故 a 为可逆元. □

由这个定理, 立刻得到下面的推论.

推论 3.3.1 设 R 是一个有限环且 $|R|>1$. 若 R 无零因子, 则 R 是除环.

定理 3.3.3 设 R 是至少含有两个元素的环, 则 R 是除环的充分必要条件是: 对任意的 $a, b \in R, a \neq 0$, 方程

$$ax = b \quad (\text{或 } ya = b)$$

在 R 中有解.

证 必要性显然成立. 下证充分性.

(1) R 无零因子.

在 R 中任取 $a \neq 0, b \neq 0$, 则由条件知, 存在 $c, d \in R$, 使

$$ac = b, \quad bd = c .$$

于是, $abd = ac = b \neq 0$. 从而 $ab \neq 0$, 即 R 无零因子.

(2) R 有单位元.

在 R 中取定一个非零元 b, 设方程 $bx = b$ 在 R 中的解为 e, 则 $e \neq 0$, 且

$$be = b, \quad b(e^2 - e) = 0.$$

由于 R 无零因子, 且 $b \neq 0$, 故 $e^2 - e = 0, e^2 = e$. 于是对任意 $x \in R$,

$$(xe - x)e = xe^2 - xe = 0, \quad e(ex - x) = e^2x - ex = 0 .$$

但 R 无零因子, 且 $e \neq 0$, 故 $xe - x = ex - x = 0$. 即 $xe = ex = x$. 所以, e 是 R 的单

位元.

(3) R 的非零元有逆元.

在 R 中任取非零元 a, 由于 $ax=e$ 在 R 中有解, 记为 a', 则 $a'\neq 0$, 且满足 $aa'=e$.

下证 $a'a=e$. 事实上, 由于 $(a'a-e)a'=a'(aa')-ea'=a'e-a'=a'-a'=0$, 而 R 无零因子, 且 $a'\neq 0$, 故 $a'a-e=0$, 即 $a'a=e$. 从而 a' 是 a 的逆元.

因此, R 是除环. □

根据定理 3.3.3 及群的结论, 可以得到下面的推论.

推论 3.3.2 设 R 是至少含两个元素的环, 则 R 是除环当且仅当 R 的全体非零元的集合关于乘法作成群.

对于一个有单位元的环 R, 其可逆元也叫**单位**(unit). 容易验证, R 的全体可逆元关于环的乘法作成一个群, 这个群称为 R 的**乘群**或**单位群**(unit group), 记为 R^* 或 $U(R)$.

例如, 整数环 $(\mathbb{Z},+,\cdot)$ 的单位群是 $\mathbb{Z}^*=\{1,-1\}$, 而数域 F 上 n 阶矩阵环的单位群是 F 上的一般线性群 $GL_n(F)$.

对于域 F 中的元素 a,b, 若 $a\neq 0$, 则

$$a^{-1}b=ba^{-1},$$

我们用分式 $\dfrac{b}{a}$ 表示这个共同的元素, 即

$$\frac{b}{a}=a^{-1}b=ba^{-1}.$$

由此不难验证, 在域中下列运算法则成立:

(1) $\dfrac{b}{a}=\dfrac{d}{c}\Leftrightarrow ad=bc\ (a\neq 0, c\neq 0)$;

(2) $\dfrac{b}{a}+\dfrac{d}{c}=\dfrac{bc+ad}{ac}\ (a\neq 0, c\neq 0)$;

(3) $\dfrac{b}{a}\cdot\dfrac{d}{c}=\dfrac{bd}{ac}\ (a\neq 0, c\neq 0)$;

(4) $\dfrac{\frac{b}{a}}{\frac{d}{c}}=\dfrac{bc}{ad}\ (a\neq 0, c\neq 0, d\neq 0)$.

最后, 我们讨论除环的子环.

定义 3.3.2 设 R_1 是除环 R 的子集, 且 $|R_1|>1$. 如果 R_1 关于 R 的运算也作成一个除环, 则称 R_1 是 R 的一个**子除环**(division subring).

由子群的判别方法，我们得到如下定理.

定理 3.3.4　设 R_1 是除环 R 的子集，且 $|R_1|>1$，则 R_1 是 R 的一个子除环的充分必要条件是:

(1) $a,b\in R_1 \Rightarrow a-b\in R_1$；

(2) $a,b\in R_1, a\neq 0 \Rightarrow a^{-1}b\in R_1$.

同样也有域的子域概念，以及子集作成子域的充分必要条件，在此不再赘述.

习题 3.3

1. 求高斯整环

$$\mathbb{Z}[\mathrm{i}]=\{a+b\mathrm{i}\mid a,b\in\mathbb{Z}\}$$

的单位群.

2. 设 R 是有单位元 e 的环，且 $e\neq 0$. 证明: R 的零因子不是可逆元.

3. 设 R 是有单位元的环，$a\in R$. 证明: 若 a 可逆，则 $-a$ 也可逆，且 $(-a)^{-1}=-a^{-1}$.

4. 设 F 是一个域，且 $|F|=4$. 证明:

(1) $\mathrm{char}\,F=2$;

(2) F 中不等于 0 及 1 的元素都满足方程

$$x^2=x+1;$$

(3) 写出 F 的加法表与乘法表.

拓展阅读 15　克罗内克小传

克罗内克(L. Kronecker, 1823～1891)，德国数学家与逻辑学家, 1823 年 12 月 7 日出生于德国布雷斯劳附近的利格尼茨.

在上中学时，克罗内克受到代数学家库默尔的影响，喜欢上了数学. 1841 年进入柏林大学学习, 1845 年获博士学位. 克罗内克是库默尔的学生和终身挚友.

1845～1853 年，克罗内克在家乡经营银行和农业，之后重返学术界. 1861 年经库默尔推荐，成为柏林科学院正式成员，并以此身份在柏林大学授课. 1868 年当选为巴黎科学院通讯院士, 1880 年任著名的《克雷尔杂志》的主编. 1883 年，克罗内克接替库默尔成为柏林大学教授, 1884 年成为伦敦皇家学会国外成员.

克罗内克最主要的功绩在于努力统一数论、代数学和分析学的研究. 对代数和代数数论，特别是椭圆函数理论有突出贡献. 克罗内克将环论和域论应用于他的代数数论中，建立了有限生成阿贝尔群的结构定理，是最早精通伽罗瓦理论的数学家之一.

在克罗内克的早期研究中，他反对魏尔斯特拉斯的分析，尤其是反对康托尔的集合论，反映了他对当时的分析学持批判态度. 他主张分析学应奠基于算术，而算术的基础是整数. 他的名言是："上帝创造了整数，其余都是人为的"，这使他成为直觉主义和构造主义的先驱者之一.

克罗内克于 1891 年 12 月 29 日卒于柏林.

3.4 环的同态与同构

由于环是具有两个代数运算的代数系统，因而环与环之间也有同态与同构的概念.

定义 3.4.1 设 R 与 $\overline{R}$ 是两个环. 如果有一个 R 到 $\overline{R}$ 的映射 φ，满足

$$\varphi(a+b)=\varphi(a)+\varphi(b), \quad \varphi(ab)=\varphi(a)\varphi(b), \quad \forall a,b\in R,$$

则称 φ 是环 R 到环 $\overline{R}$ 的**同态映射**(homomorphism).

当同态映射还是一个满射时，称这个同态映射为同态满射；当同态映射是双射时，称这个同态映射为**同构映射**(isomorphism).

如果存在一个环 R 到环 $\overline{R}$ 的同态满射，则称 R 与 $\overline{R}$ 同态，记为 $R\sim\overline{R}$；如果存在一个环 R 到环 $\overline{R}$ 的同构映射，则称 R 与 $\overline{R}$ 同构，记为 $R\cong\overline{R}$.

特别地，环 R 到自身的同构映射，称为 R 的一个**自同构**(automorphism).

与群的同态相对应，环的同态也有类似的结论.

定理 3.4.1 设 R 与 $\overline{R}$ 是各有两个代数运算的代数系统，且 $R\sim\overline{R}$，则当 R 是环时，$\overline{R}$ 也是环. 特别地，当 R 是交换环时，$\overline{R}$ 也是交换环；当环 R 有单位元 e 时，$\overline{R}$ 也是有单位元的环，且 e 的像是 $\overline{R}$ 的单位元.

证 由于代数系统 $(R,+)$ 与 $(\overline{R},+)$ 同态，$(R,+)$ 是一个加群，所以 $(\overline{R},+)$ 也是一个加群.

再根据定理 1.6.1 与定理 1.6.2，$\overline{R}$ 的乘法满足结合律，且乘法对加法满足分配律. 因此，$\overline{R}$ 也是一个环.

当 R 为交换环时，由定理 1.6.1，$\overline{R}$ 的乘法也满足交换律，因此 $\overline{R}$ 是交换环.

当环 R 有单位元 e 时，记 φ 为 R 到 $\overline{R}$ 的同态满射，则对任意的 $y\in\overline{R}$，存在 $x\in R$，使 $\varphi(x)=y$，于是

$$\varphi(e)y=\varphi(e)\varphi(x)=\varphi(ex)=\varphi(x)=y.$$

同理, $y\varphi(e)=y$, 即 $\varphi(e)$ 是环 $\overline{R}$ 的单位元. □

定理 3.4.2 设 φ 是环 R 到环 $\overline{R}$ 的同态映射, 则

(1) R 中零元的像是 $\overline{R}$ 的零元;

(2) R 中元素 a 的负元的像是 $-\varphi(a)$;

(3) 当 S 是 R 的子环时, $\varphi(S)$ 是 $\overline{R}$ 的子环;

(4) 当 $\overline{S}$ 是 $\overline{R}$ 的子环时, $\varphi^{-1}(\overline{S})$ 是 R 的子环.

证 (1)与(2)可直接由群的结论得到.

(3) 根据定理 2.6.2, $\varphi(S)$ 关于加法作成一个加群. 又任取 $\overline{a},\overline{b}\in\varphi(S)$, 存在 $a,b\in S$, 使

$$\varphi(a)=\overline{a},\quad \varphi(b)=\overline{b}.$$

由于 S 是 R 的子环, 所以 $ab\in S$. 从而 $\overline{a}\overline{b}=\varphi(a)\varphi(b)=\varphi(ab)\in\varphi(S)$. 因此 $\varphi(S)$ 是 $\overline{R}$ 的子环.

(4) 根据定理 2.6.2, $\varphi^{-1}(\overline{S})$ 关于加法作成一个加群. 又任取 $a,b\in\varphi^{-1}(\overline{S})$, 则 $\varphi(a),\varphi(b)\in\overline{S}$. 由于 $\overline{S}$ 是 $\overline{R}$ 的子环, 所以

$$\varphi(ab)=\varphi(a)\varphi(b)\in\overline{S},$$

即 $ab\in\varphi^{-1}(\overline{S})$. 因此, $\varphi^{-1}(\overline{S})$ 是 R 的子环. □

需要注意的是, 当环 R 与环 $\overline{R}$ 同态时, 即使环 $\overline{R}$ 是有单位元的交换环, 环 R 也未必可换, 未必有单位元.

例如, 设 R 为任意一个环, $\overline{R}$ 是只含零元素 $\overline{0}$ 的环, 则 $\varphi(x)=\overline{0},\forall x\in R$ 是一个同态满射. 虽然 $\overline{R}$ 是有单位元的交换环, 但 R 却可以是任意一个环.

类似地, 一个环有没有零因子, 在同态满射下未必能保持.

例 3.4.1 设 R 是由有理数域 $\mathbb{Q}$ 上全体 2 阶对角阵关于矩阵的普通加法与乘法作成的环, $\overline{R}$ 为有理数环, 则

$$\varphi:\begin{pmatrix}a&0\\0&b\end{pmatrix}\to a,\quad \forall a,b\in\mathbb{Q}$$

是环 R 到环 $\overline{R}$ 的同态满射. 但 R 有零因子 $\begin{pmatrix}1&0\\0&0\end{pmatrix}$, 而 $\overline{R}$ 没有零因子.

当两个环同构时, 其代数性质完全一致, 从而有下面的结论.

定理 3.4.3 设环 R 与环 $\overline{R}$ 同构, 则 R 是整环(除环、域), 当且仅当 $\overline{R}$ 是整环(除环、域).

关于环的同态映射的合成, 我们有如下定理.

定理 3.4.4 设 R_1, R_2, R_3 是三个环,

$$f: R_1 \to R_2, \quad g: R_2 \to R_3$$

为环的同态映射, 则 $gf: R_1 \to R_3$ 也是同态映射.

证 首先 gf 是 R_1 到 R_3 的映射. 又对任意的 $x, y \in R_1$,

$$(gf)(x+y) = g(f(x+y)) = g(f(x)+f(y)) = g(f(x)) + g(f(y))$$
$$= (gf)(x) + (gf)(y).$$

同理, $(gf)(xy) = (gf)(x) \cdot (gf)(y)$.

所以 gf 为 R_1 到 R_3 的同态映射. □

习题 3.4

1. 证明: 环 R 的中心 $C(R) = \{a \in R \mid ax = xa, \forall x \in R\}$ 是 R 的可换子环. 特别地, 一个除环的中心是域.

2. 证明: 整数环与偶数环不同构.

3. 证明:

(1) 有理数域和实数域都只有恒等自同构;

(2) 复数域有且只有两个自同构.

4. 设 $F^{n\times n}$ 是数域 F 上的 n 阶方阵环. 任取 $\boldsymbol{N} \in F^{n\times n}$, 如果矩阵的加法保持不变, 而乘法改为

$$\boldsymbol{A} \circ \boldsymbol{B} = \boldsymbol{ANB},$$

证明:

(1) F 上的全体 n 阶方阵对以上规定的两种运算作成环;

(2) 若记(1)中的环为 $F_{\boldsymbol{N}}$, 则

$$F_{\boldsymbol{N}} \cong F^{n\times n} \text{ 当且仅当 } \boldsymbol{N} \text{ 为满秩方阵.}$$

拓展阅读 16　诺特小传

诺特(A.E.Noether, 1882～1935), 德国女数学家, 1882 年 3 月 23 日生于德国大学城埃尔朗根的一个犹太人家庭, 父亲马克斯·诺特是埃尔朗根大学的一位颇有名气的数学教授.

1900 年冬天, 18 岁的诺特考进了埃尔朗根大学. 当时, 大学里不允许女生注册. 后来, 她勤奋好学的精神感动了主讲教授, 主讲教授破例允许她与男生一样

参加考试, 1903 年 7 月, 诺特顺利通过了毕业考试, 男生们都取得了文凭, 而她却成了没有文凭的大学毕业生.

毕业这年的冬天, 她来到著名的哥廷根大学, 旁听了希尔伯特、克莱因、闵可夫斯基等数学大师的讲课, 感到大开眼界, 大受鼓舞, 益发坚定了献身数学研究的决心.

不久, 诺特听到了埃尔朗根大学允许女生注册学习的消息, 立即赶回母校去专攻数学. 1907 年 12 月, 她以优异的成绩通过了博士考试, 成为第一位女数学博士. 她的博士论文将导师戈丹有关代数不变量的研究工作提高到一个新的水平. 然而, 当时社会对妇女的歧视及严格的晋级制度使她无权授课, 但诺特凭着对数学的热爱, 仍在科研道路上奋进.

1916 年, 诺特应邀来到哥廷根大学, 以希尔伯特的名义讲授不变式论课程. 不到两年时间, 她就在希尔伯特等的思想影响下, 发表了两篇重要论文. 在一篇论文里, 诺特为爱因斯坦的广义相对论给出了一种纯数学的严格方法; 而另一篇论文有关"诺特定理"的观点, 已成为现代物理学中的基本问题. 就这样, 诺特以她出色的科学成就, 迫使那些歧视妇女的人也不得不于 1919 年准许她升任讲师.

此后, 诺特走上了完全独立的数学道路. 1922 年诺特升任副教授后, 她的数学研究进入了一个全盛时期. 她用公理化方法发展了理想理论和非交换代数理论. 1930 年, 她的学生范德瓦尔登系统总结了整个诺特学派的成就, 出版了《近世代数学》一书, 顿时风靡了国际数学界. 1932 年, 诺特的科学声誉达到了顶点. 在这一年举行的第 9 届国际数学家大会上, 诺特做了长达 1 小时的大会发言, 受到广泛的赞扬. 然而, 巨大的声誉并未改善诺特的艰难处境. 在不合理的制度下, 灾难和歧视的影子一样缠住了她. 1933 年希特勒推行排犹政策, 连最优秀的科学家也未能幸免. 诺特在那年秋天被迫远涉重洋来到美国, 受聘宾夕法尼亚州布林莫尔学院任数学教授, 并同时兼职普林斯顿高等研究所. 不幸的是, 没过多久诺特就患上癌症. 在做完手术几小时之后, 诺特于 1935 年 4 月 14 日在布林莫尔去世.

3.5　循环环与剩余类环

我们知道, 一个环 R 关于加法作成一个加群 $(R,+)$, 而这个加群也有可能是循环群, 因而有下面的定义.

定义 3.5.1　如果环 R 的加群 $(R,+)$ 是一个循环群, 则称 R 是一个**循环环** (cyclic ring).

这样，如果 $(R,+)=\langle a\rangle$，则循环环 R 可表示为

$$R=\{\cdots,-2a,-a,0,a,2a,\cdots\},\quad a^2=ka，k\text{ 为某个整数}.$$

特别地，若 a 在加群 $(R,+)$ 中的阶为 n，则 R 可进一步表示为

$$R=\{0,a,2a,\cdots,(n-1)a\},\quad a^2=ka,0\leqslant k\leqslant n-1.$$

例如，整数环是一个无限循环环.

不难验证，一个循环环必为交换环，且循环环的子环仍是循环环.

例 3.5.1 设 n 是一个正整数，则模 n 的剩余类集

$$\mathbb{Z}_n=\{\overline{0},\overline{1},\cdots,\overline{n-1}\}$$

关于加法运算与乘法运算

$$\overline{a}+\overline{b}=\overline{a+b},\quad \overline{a}\cdot\overline{b}=\overline{ab},\quad \forall a,b\in\mathbb{Z}$$

作成一个循环环. 称为模 n 的**剩余类环**(residue class ring).

事实上，由例 2.1.7，$(\mathbb{Z}_n,+)$ 作成一个加群.

若有 $\overline{a}=\overline{a_1},\overline{b}=\overline{b_1}$，则 $n\mid(a-a_1)$，$n\mid(b-b_1)$. 由于

$$ab-a_1b_1=a(b-b_1)+(a-a_1)b_1,$$

所以 $n\mid(ab-a_1b_1)$，即 $\overline{ab}=\overline{a_1b_1}$.

这说明所定义的乘法运算是 $\mathbb{Z}_n$ 的代数运算. 而且容易验证乘法满足结合律、乘法对加法满足分配律. 从而 $\mathbb{Z}_n$ 关于给定的运算作成一个环，且 $\overline{1}$ 是它的单位元.

又因为 $(\mathbb{Z}_n,+)$ 关于加法作成循环群，$\overline{1}$ 就是它的一个生成元，而且满足

$$n\cdot\overline{1}=\overline{n}=\overline{0},\quad k\cdot\overline{1}=\overline{k}\neq\overline{0}\quad(1\leqslant k<n),$$

因此，模 n 的剩余类环 $(\mathbb{Z}_n,+,\cdot)$ 是一个特征为 n 的 n 阶循环环.

定理 3.5.1 设 R 为一个循环环，

$$R=\{\cdots,-2a,-a,0,a,2a,\cdots\},\quad a^2=ka,k\in\mathbb{Z},$$

则 R 的任意一个子加群也是 R 的子环.

证 设 $H=\langle ta\rangle=\{\cdots,-2ta,-ta,0,ta,2ta,\cdots\}$ 是 R 的任意一个子加群. 任取 $m_1ta,m_2ta\in H$，其中 m_1,m_2 为整数，则

$$m_1ta\cdot m_2ta=m_1m_2tta^2=m_1m_2ttka=m_1m_2tk\cdot ta\in H.$$

因此，H 是 R 的子环. □

上述定理表明，循环环的子环与子加群是一回事. 由于 n 阶循环群有且只有 $T(n)$ 个子群，因而 n 阶循环环有且只有 $T(n)$ 个子环.

例 3.5.2　$\mathbb{Z}_{12}$ 有 6 个子环，分别为

$$\{\overline{0}\},\quad \{\overline{0},\overline{6}\},\quad \{\overline{0},\overline{4},\overline{8}\},\quad \{\overline{0},\overline{3},\overline{6},\overline{9}\},\quad \{\overline{0},\overline{2},\overline{4},\overline{6},\overline{8},\overline{10}\},\quad \mathbb{Z}_{12}.$$

下面进一步讨论模 n 的剩余类环 $(\mathbb{Z}_n,+,\cdot)$ 的性质.

对于任意整数 i，显然

$$(i,n)=(i+nq,n),$$

其中 q 为任意整数.

这样，当类 $\overline{i}$ 中有一个整数与 n 互素时，则这个类中的所有整数都与 n 互素. 因此我们说 $\overline{i}$ 与 n 互素. 于是在类

$$\overline{0},\overline{1},\overline{2},\cdots,\overline{n-1}$$

中，有且只有 $\varphi(n)$ 个类与 n 互素.

定理 3.5.2　设 $\overline{m}$ 为 $\mathbb{Z}_n$ 的非零元，则当 $\overline{m}$ 与 n 互素时，$\overline{m}$ 为可逆元；当 $\overline{m}$ 与 n 不互素时，$\overline{m}$ 是零因子.

证　设 $\overline{m}\neq 0$，且 $(m,n)=1$，则存在整数 s,t，使

$$ms+nt=1.$$

于是，$\overline{m}\,\overline{s}=\overline{ms}+\overline{nt}=\overline{ms+nt}=\overline{1}$. 因此 $\overline{m}$ 是可逆元.

若 $(m,n)=d>1$，且 $m=dm_1, n=dn_1$，则 $1\leqslant n_1<n$，即 $\overline{n_1}\neq\overline{0}$. 但 $\overline{m}\cdot\overline{n_1}=\overline{mn_1}=\overline{nm_1}=\overline{0}$. 因此，$\overline{m}$ 是 $\mathbb{Z}_n$ 的一个零因子. □

上述定理表明，剩余类环 $(\mathbb{Z}_n,+,\cdot)$ 有 $\varphi(n)$ 个可逆元. 因而 $(\mathbb{Z}_n,+,\cdot)$ 的单位群是一个 $\varphi(n)$ 阶的交换群.

推论 3.5.1　若 p 为素数，则环 $(\mathbb{Z}_p,+,\cdot)$ 是一个域；若 n 为合数，则环 $(\mathbb{Z}_n,+,\cdot)$ 有零因子，从而不是域.

证　因为 $\mathbb{Z}_p$ 的所有非零元都与 p 互素，从而由定理 3.5.2，$\mathbb{Z}_p$ 的每个非零元都可逆. 因此，$\mathbb{Z}_p$ 是一个域.

当 n 为合数时，设

$$n=n_1n_2,\quad 1<n_1<n,$$

则 $\overline{n_1}\neq\overline{0}$，但 $\overline{n_1}$ 与 n 不互素，故 $\overline{n_1}$ 是零因子，从而 $\mathbb{Z}_n$ 不是域. □

例如，5 为素数，故 $\mathbb{Z}_5$ 是域，且 $\overline{2}$ 与 $\overline{3}$ 互为逆元，而 $\overline{1}$ 与 $\overline{4}$ 的逆元均为自身.

又如，6 为合数，故 $\mathbb{Z}_6$ 不是域，且 $\overline{2},\overline{3},\overline{4}$ 为零因子，$\overline{1}$ 与 $\overline{5}$ 为可逆元. 其单位群为

$$\mathbb{Z}_6^*=\{\overline{1},\overline{5}\}.$$

关于循环环，我们有下面的结论.

定理 3.5.3　除去零乘环外，在同构意义下，循环环只有整数环的子环与剩余

类环的子环.

证　显然，整数环的子环与剩余类环的子环都是循环环. 下面证明：在同构意义下，只有这些循环环.

设

$$R=\{\cdots,-2a,-a,0,a,2a,\cdots\},\quad a^2=ka,k\neq 0$$

是任意一个循环环，且不为零乘环.

如果 a 的阶为无限，则容易验证

$$\varphi: R\to\langle k\rangle=\{\cdots,-2k,-k,0,k,2k,\cdots\},$$

$$ta\mapsto tk\quad (t\text{ 为任意整数})$$

为同构映射，其中，$\langle k\rangle$ 为整数环的子环. 因此

$$R\cong\langle k\rangle.$$

如果 a 的阶为 n，则

$$R=\{0,a,2a,\cdots,(n-1)a\},\quad a^2=ka,1\leqslant k\leqslant n-1.$$

取 $\mathbb{Z}_{nk}$ 的子环 $\overline{R}=\{\overline{0},\overline{k},\overline{2k},\cdots,\overline{(n-1)k}\}$，则

$$\varphi: R\to\overline{R},$$

$$ta\mapsto\overline{tk}\quad (t\text{ 为任意整数})$$

是一个同构映射.

事实上，由于

$$t_1a=t_2a\Leftrightarrow(t_1-t_2)a=0\Leftrightarrow n\mid(t_1-t_2)\Leftrightarrow nk\mid(t_1k-t_2k)\Leftrightarrow\overline{t_1k}=\overline{t_2k},$$

故 φ 为单射，而且 φ 显然是满射. 又

$$\varphi(t_1a+t_2a)=\varphi((t_1+t_2)a)=\overline{(t_1+t_2)k}=\overline{t_1k+t_2k}=\overline{t_1k}+\overline{t_2k}=\varphi(t_1a)+\varphi(t_2a),$$

$$\varphi(t_1a\cdot t_2a)=\varphi(t_1t_2a^2)=\varphi(t_1t_2ka)=\overline{t_1t_2kk}=\overline{t_1k}\cdot\overline{t_2k}=\varphi(t_1a)\varphi(t_2a),$$

从而 φ 为同构映射.

因此，循环环 R 或者与整数环的子环同构，或者与剩余类环的子环同构.　□

应当注意，整数环及其所有非零子环作为加法群是彼此同构的，因为它们都是无限循环群. 然而作为环来说，它们并不同构.

例 3.5.3　$\mathbb{Z}_6$ 的子环 $R=\{\overline{0},\overline{2},\overline{4}\}$ 与 $\mathbb{Z}_9$ 的子环 $\overline{R}=\{\overline{\overline{0}},\overline{\overline{3}},\overline{\overline{6}}\}$ 都是 3 阶循环环，但它们并不同构. 因为在环 R 中，$\overline{2}$ 与 $\overline{4}$ 均为可逆元，其中 $\overline{4}$ 还是单位元，即 $R=\{\overline{0},\overline{2},\overline{4}\}$ 是有单位元的环. 而在环 $\overline{R}$ 中，由 $\overline{\overline{3}}\cdot\overline{\overline{6}}=\overline{\overline{0}}$ 知，非零元 $\overline{\overline{3}}$ 与 $\overline{\overline{6}}$ 都是零因子，且 $\overline{\overline{3}}\cdot\overline{\overline{3}}=\overline{\overline{6}}\cdot\overline{\overline{6}}=\overline{\overline{0}}$，从而 $\overline{R}=\{\overline{\overline{0}},\overline{\overline{3}},\overline{\overline{6}}\}$ 是零乘环. 因此，R 与 $\overline{R}$ 不可能同构.

例 3.5.4　$\mathbb{Z}_2=\{\overline{0},\overline{1}\}$ 上的所有 2 阶上三角矩阵构成的集合

$$R_8=\left\{\begin{pmatrix} x & y \\ \overline{0} & z \end{pmatrix}\middle| x,y,z\in\mathbb{Z}_2\right\}$$

关于矩阵的普通加法与乘法作成一个有单位元的 8 阶非交换环.

顺便指出，在有单位元的环中，R_8 是阶数最小的非交换环.

习题 3.5

1. 写出 $\mathbb{Z}_{10}$ 的可逆元和零因子，并写出 $\mathbb{Z}_{10}$ 的所有子环.
2. 设 m,n 是两个正整数. 证明:

$$\mathbb{Z}_m\sim\mathbb{Z}_n\Leftrightarrow n\mid m\ .$$

3. 证明欧拉定理：设为 n 正整数，整数 a 满足 $(a,n)=1$，则 $a^{\varphi(n)}\equiv 1\,(\bmod n)$.
4. 证明：整数环的不同子环不同构.
5. 证明两个 n 阶循环环 R 与 $\overline{R}$ 同构的充分必要条件是：存在整数 $k(0\leqslant k<n)$，并且在 R 与 $\overline{R}$ 中分别有生成元 a 与 $\overline{a}$，满足

$$a^2=ka,\quad \overline{a}^2=k\overline{a}\ .$$

拓展阅读 17　欧拉小传

欧拉(L. Euler, 1707～1783)，瑞士数学家、物理学家、天文学家，1707 年 4 月 15 日出生于瑞士巴塞尔，15 岁在巴塞尔大学获学士学位，翌年获得硕士学位.

1727 年，欧拉应圣彼得堡科学院的邀请到俄国，1731 年成为物理教授. 他以旺盛的精力投入研究，在俄国的 14 年中，他在分析学、数论和力学方面做了大量出色的工作. 1741 年受普鲁士腓特烈大帝的邀请到柏林科学院工作，达 25 年之久. 在柏林期间他的研究内容更加广泛，涉及行星运动、刚体运动、热力学、弹道学、人口学，这些工作和他的数学研究相互推动. 这个时期欧拉在微分方程、曲面微分几何以及其他数学领域的研究都是开创性的. 1766 年他又回到了圣彼得堡.

欧拉是 18 世纪数学界最杰出的人物之一，他不但在数学上做出伟大贡献，而且把数学用到了几乎整个物理领域. 他又是一个多产作者，写了大量的力学、分析学、几何学、变分法的教科书. 《无穷小分析引论》《微分学原理》和《积分学原理》都成为数学中的经典著作. 除了教科书外，他的全集就有 74 卷. 他的研究几乎涉及数学的每个分支. 数学中的许多公式和定理都是以欧拉的名字命名的，如

关于多面体的欧拉定理、数论中的欧拉函数、复变函数中的欧拉公式、微分方程中的欧拉方程等. 他最突出的数学贡献是拓展了微积分的领域, 为分析学的一些重要分支与几何学的产生和发展奠定了基础.

1783 年 9 月 18 日, 欧拉在圣彼得堡逝世.

3.6 理 想

正如正规子群在群中的地位一样, 理想在环的讨论中也起着重要作用.

定义 3.6.1 设 N 是环 R 的一个子加群. 如果

$$a \in N, r \in R \Rightarrow ra \in N,$$

则称 N 是环 R 的一个**左理想**(left ideal). 如果

$$a \in N, r \in R \Rightarrow ar \in N,$$

则称 N 是环 R 的一个**右理想**(right ideal).

如果 N 既是 R 的左理想又是 R 的右理想, 则称 N 是 R 的**理想**(ideal), 记为 $N \trianglelefteq R$.

根据这个定义, 一个左理想或右理想必为一个子环, 从而理想必为子环. 但反之不成立. 例如, 整数环是有理数环的子环, 但不是理想.

一个阶大于 1 的环 R 至少有两个理想: 零理想 $\{0\}$ 与单位理想 R. 这两个理想称为环 R 的**平凡理想**(trivial ideal). 环 R 的其他理想称为**非平凡理想**(non-trivial ideal).

阶大于 1 且只有平凡理想的环称为**单环**(simple ring).

当 N 是环 R 的理想时, 若 S 是 R 的子环且包含 N, 则显然 N 是 S 的理想. 但如果 N 是环 R 的理想, 而 I 是 N 的理想, 则 I 未必是环 R 的理想.

例如, 若 F 为一个数域,

$$I = \left\{ \begin{pmatrix} 0 & 0 & 0 \\ 0 & 0 & a \\ 0 & 0 & 0 \end{pmatrix} \middle| a \in F \right\}, \quad N = \left\{ \begin{pmatrix} 0 & 0 & x \\ 0 & 0 & y \\ 0 & 0 & 0 \end{pmatrix} \middle| x, y \in F \right\},$$

$$R = \left\{ \begin{pmatrix} a_1 & a_2 & a_3 \\ 0 & a_4 & a_5 \\ 0 & 0 & a_6 \end{pmatrix} \middle| a_i \in F, 1 \leqslant i \leqslant 6 \right\},$$

则容易验证: R 关于矩阵的普通加法与乘法作成环, 且 $I \trianglelefteq N, N \trianglelefteq R$. 但 I 不是 R 的理想. 这说明, 环 R 的理想的理想, 不一定是 R 的理想.

定理 3.6.1 设 N 是循环环

$$R=\{\cdots,-2a,-a,0,a,2a,\cdots\},\quad a^2=ka$$

的一个子加群，则 N 是 R 的理想.

证 设 $N=\langle ma\rangle$ 是 R 的由 ma 生成的子加群，则对任意的 $ta\in R$，任意的 $s(ma)\in N$，有

$$ta\cdot s(ma)=tsma^2=tsmka=tsk\cdot ma\in N.$$

又因为 R 为交换环，故 N 是 R 的理想. □

这个定理说明，循环环的子加群、子环及理想是一回事. 因此，n 阶循环环有 $T(n)$ 个理想.

定理 3.6.2 除环只有平凡理想.

证 设 N 是除环 R 的任意一个理想. 如果 $N\neq\{0\}$，则 N 中必有非零元 a，从而 a^{-1} 存在. 于是

$$e=a^{-1}a\in N.$$

故对任意的 $r\in R$，

$$r=re\in N.$$

这说明 $N=R$，即 R 只有平凡理想. □

定理 3.6.3 设 R 是至少含有两个元素的环，且除平凡理想外无其他左理想或右理想，则当 R 有单位元时，R 为除环；当 R 无单位元时，R 为素数阶零乘环.

证 设 R 除平凡理想外无其他左理想. 在 R 中任取元素 $a\neq 0$，则易知

$$Ra=\{ra\mid r\in R\}$$

是 R 的一个左理想.

当 R 有单位元 e 时，$a=ea\in Ra$，从而 $Ra\neq\{0\}$. 于是 $Ra=R$. 这表明，对任意的 $b\in R$，方程 $ya=b$ 在 R 中有解. 因此 R 是除环.

当 R 无单位元时，必存在 $a\neq 0$，使 $Ra\neq R$. 因若不然，则对 R 的任意非零元素 a，都有 $Ra=R$. 从而对任意的 $b\in R$，方程 $ya=b$ 在 R 中有解. 从而 R 是除环. 这与 R 无单位元矛盾.

由于 R 只有平凡左理想，因此 $Ra=\{0\}$，$a^2=0$. 于是

$$N=\{\cdots,-2a,-a,0,a,2a,\cdots\}$$

是环 R 的一个左理想，且是一个零乘环. 故 $N=R$. 下证 R 的阶为素数.

首先，a 不是无限阶元. 否则 $\langle 2a\rangle$ 是 N 的非平凡子环，也是 R 的非平凡子环. 从而是 R 的非平凡理想. 这与 R 只有平凡左理想矛盾.

当然 a 也不是 1 阶元，因为 $a\neq 0$. 故 $|a|$ 为大于 1 的整数.

若 $|a|=n$ 为合数，则有

$$n = n_1 n_2, \quad 1 < n_1, n_2 < n,$$

于是$\langle n_1 a\rangle$是N的非平凡子环，从而是R的非平凡理想. 这与R只有非平凡左理想矛盾.

因此，a的阶为素数，即$R = N$是素数阶零乘环.

当R无非平凡右理想时，可类似证明. □

定理 3.6.4 设R是一个至少含有两个元素的交换环. 如果R没有零因子，且只有有限个理想，则R为域.

证 在R中任取元素a,b，且$a \neq 0$. 下证方程$ax = b$在R中有解.

容易验证

$$N_i = \{ya^i \mid y \in R\} \trianglelefteq R, \quad i = 1,2,\cdots,$$

但由于R只有有限个理想，故必有正整数s,t，满足

$$ba^s \in N_s = N_t, \quad s < t.$$

于是存在$c \in R$，使

$$ba^s = ca^t.$$

又因为R无零因子，故当$t = s+1$时，$ac = b$；当$t > s+1$时，$a(a^{t-s-1}c) = b$. 因此，方程$ax = b$在R中有解. 根据定理 3.3.3，R是域. □

下面讨论由环R的一个子集生成的理想. 为此，先证明下面的定理.

定理 3.6.5 设I是一个指标集. 如果对每个$i \in I$，N_i都是环R的理想，则$\bigcap_{i\in I} N_i$也是R的理想.

证 任取$a,b \in \bigcap_{i\in I} N_i$，任取$r \in R$，则对任意的$i \in I$，$a,b \in N_i$. 从而有

$$a - b \in N_i, \quad ra \in N_i, \quad ar \in N_i.$$

于是$a - b \in \bigcap_{i\in I} N_i, ra \in \bigcap_{i\in I} N_i, ar \in \bigcap_{i\in I} N_i$.

因此，$\bigcap_{i\in I} N_i$是R的理想. □

设M是环R的一个子集，则R的包含M的理想是存在的，因为R本身就是一个这样的理想. 根据定理 3.6.5，包含M的所有理想的交也是R的理想. 称这个理想是**由M生成的理想**，记为$\langle M\rangle$.

显然，由子集M生成的理想是包含M的最小理想. 而由空集$\varnothing$生成的理想为零理想$\{0\}$.

若环R的子集$S = \{a_1, a_2, \cdots, a_n\}$，则由$S$生成的理想记为$\langle a_1, a_2, \cdots, a_n\rangle$. 特别地，由$S = \{a\}$生成的理想$\langle a\rangle$，称为由$a$生成的**主理想**(principal ideal).

定理 3.6.6　设 a 是环 R 的一个元素，则

$$\langle a\rangle=\left\{na+xa+ay+\sum_{i=1}^{m}x_iay_i\,\middle|\,x,y,x_i,y_i\in R,1\leqslant i\leqslant m,n\in\mathbb{Z},m\in\mathbb{Z}^+\right\}.$$

证　将等式右端的部分记为 N，下证 $N\lhd R$.

因为 $a\in N$，所以 $N\neq\varnothing$. 对任意的 $u,v\in N,r\in R$，设

$$u=na+xa+ay+\sum_{i=1}^{m}x_iay_i,\quad v=n'a+x'a+ay'+\sum_{i=1}^{m'}x_i'ay_i',$$

则

$$u-v=(n-n')a+(x-x')a+a(y-y')+\sum_{i=1}^{m}x_iay_i+\sum_{i=1}^{m'}(-x_i')ay_i',$$

$$ru=(nr)a+(rx)a+ray+\sum_{i=1}^{m}(rx_i)ay_i=(rx+nr)a+\left(ray+\sum_{i=1}^{m}(rx_i)ay_i\right),$$

于是 $u-v,\ ru\in N$. 同理 $ur\in N$. 因此 $N\lhd R$. 而 $\langle a\rangle$ 是包含 a 的最小理想，故 $\langle a\rangle\subseteq N$.

反之，由于 $a\in\langle a\rangle\lhd R$，故对任意的 $x_i,y_i(1\leqslant i\leqslant m),x,y\in R$，及任意整数 n，

$$na+xa+ay+\sum_{i=1}^{m}x_iay_i\in\langle a\rangle.$$

所以 $N\subseteq\langle a\rangle$. 因此 $\langle a\rangle=N$. □

当环 R 满足某些特殊条件时，由上述定理立即得到下面的结论.

推论 3.6.1　设 a 是环 R 的一个元素.

(1) 若 R 有单位元，则

$$\langle a\rangle=\left\{\sum_{i=1}^{m}x_iay_i\,\middle|\,x_i,y_i\in R,1\leqslant i\leqslant m,m\in\mathbb{Z}^+\right\};$$

(2) 若 R 是交换环，则

$$\langle a\rangle=\{na+ra\mid r\in R,n\in\mathbb{Z}\};$$

(3) 若 R 是有单位元的交换环，则

$$\langle a\rangle=\{ra\mid r\in R\}.$$

下面讨论环中非空子集的和.

按照群中非空子集的乘法运算，可以定义环中非空子集的和:

$$S_1+S_2=\{x_1+x_2\mid x_1\in S_1,x_2\in S_2\}$$

称为 S_1 与 S_2 的和，其中 S_1,S_2 是环 R 的非空子集.

显然，环中非空子集的加法满足结合律与交换律.

定理 3.6.7 设 S_1,S_2 是环 R 的非空子集, 则

(1) 当 $S_1 \leqslant R, S_2 \trianglelefteq R$ 时, $S_1+S_2 \leqslant R$;

(2) 当 $S_1 \trianglelefteq R, S_2 \trianglelefteq R$ 时, $S_1+S_2 \trianglelefteq R$.

证 (1) 显然 S_1+S_2 是 R 的加法子群. 任取 $x,y\in S_1+S_2$, 则存在 $x_1,y_1\in S_1$, $x_2,y_2\in S_2$, 使

$$x=x_1+x_2,\quad y=y_1+y_2.$$

于是 $xy=(x_1+x_2)(y_1+y_2)=x_1y_1+(x_1y_2+x_2y_1+x_2y_2)$.

由于 $S_2\trianglelefteq R$, 所以 $x_1y_2+x_2y_1+x_2y_2\in S_2$. 而由 $x_1,y_1\in S_1$, 知 $x_1y_1\in S_1$. 故 $xy\in S_1+S_2$. 即 S_1+S_2 是 R 的子环.

(2) 当 $S_1,S_2\trianglelefteq R$ 时, 对任意的 $r\in R$,

$$rx=r(x_1+x_2)=rx_1+rx_2\in S_1+S_2,$$
$$xr=(x_1+x_2)r=x_1r+x_2r\in S_1+S_2,$$

因此, $S_1+S_2\trianglelefteq R$. □

根据这个定理并应用数学归纳法, 可得下面的结论.

推论 3.6.2 设 $S_1,S_2,\cdots,S_m$ 是环 R 的非空子集, 则

(1) 当 $S_1\leqslant R, S_2\trianglelefteq R, S_3\trianglelefteq R,\cdots,S_m\trianglelefteq R$ 时, $S_1+S_2+\cdots+S_m\leqslant R$;

(2) 当 $S_1\trianglelefteq R, S_2\trianglelefteq R,\cdots,S_m\trianglelefteq R$ 时, $S_1+S_2+\cdots+S_m\trianglelefteq R$.

推论 3.6.3 设 $a_1,a_2,\cdots,a_m$ 是环 R 的元素, 则

$$\langle a_1,a_2,\cdots,a_m\rangle=\langle a_1\rangle+\langle a_2\rangle+\cdots+\langle a_m\rangle.$$

证 根据推论 3.6.2, $\langle a_1\rangle+\langle a_2\rangle+\cdots+\langle a_m\rangle$ 是包含 $a_1,a_2,\cdots,a_m$ 的理想. 又若 N 是包含 $a_1,a_2,\cdots,a_m$ 的理想, 则 N 必包含 $\langle a_1\rangle,\langle a_2\rangle,\cdots,\langle a_m\rangle$. 从而

$$N\supseteq\langle a_1\rangle+\langle a_2\rangle+\cdots+\langle a_m\rangle.$$

这说明 $\langle a_1\rangle+\langle a_2\rangle+\cdots+\langle a_m\rangle$ 是包含 $a_1,a_2,\cdots,a_m$ 的最小理想. 因此

$$\langle a_1,a_2,\cdots,a_m\rangle=\langle a_1\rangle+\langle a_2\rangle+\cdots+\langle a_m\rangle.$$ □

例 3.6.1 设 $a_1,a_2,\cdots,a_m$ 是整数环 $(\mathbb{Z},+,\cdot)$ 的 m 个元素, 且 $(a_1,a_2,\cdots,a_m)=d$. 证明:

$$\langle a_1,a_2,\cdots,a_n\rangle=\langle d\rangle.$$

证 因为整数环是有单位元的交换环, 且

$$\langle a_1,a_2,\cdots,a_m\rangle=\langle a_1\rangle+\langle a_2\rangle+\cdots+\langle a_m\rangle.$$

所以对任意的 $a\in\langle a_1,a_2,\cdots,a_m\rangle$, 存在整数 $k_i\in\mathbb{Z}$ $(i=1,2,\cdots,m)$, 使

$$a=k_1a_1+k_2a_2+\cdots+k_ma_m.$$

由于 $d\mid a_i$, 故 $d\mid a$. 从而 $a\in\langle d\rangle$. 即 $\langle a_1,a_2,\cdots,a_m\rangle\subseteq\langle d\rangle$.

反之, 因为 $(a_1,a_2,\cdots,a_n)=d$, 所以存在 $t_i\in\mathbb{Z}$ $(i=1,2,\cdots,m)$, 使

$$d = t_1 a_1 + t_2 a_2 + \cdots + t_m a_m \in \langle a_1 \rangle + \langle a_2 \rangle + \cdots + \langle a_m \rangle = \langle a_1, a_2, \cdots, a_m \rangle.$$

即 $\langle d \rangle \subseteq \langle a_1, a_2, \cdots, a_m \rangle$. 因此,

$$\langle a_1, a_2, \cdots, a_m \rangle = \langle d \rangle.$$

最后, 我们讨论在环的同态映射下, 理想的对应关系.

定理 3.6.8 设 φ 是环 R 到环 $\bar{R}$ 的同态映射, 则

(1) 当 $\bar{N}$ 是 $\bar{R}$ 的理想时, $\varphi^{-1}(\bar{N})$ 是 R 的理想;

(2) 当 N 是 R 的理想且 φ 为同态满射时, $\varphi(N)$ 是 $\bar{R}$ 的理想.

证 (1) 根据定理 3.4.2, $\varphi^{-1}(\bar{N})$ 是 R 的子加群.

任取 $a \in \varphi^{-1}(\bar{N}), r \in R$, 则有 $\varphi(a) \in \bar{N}$, 于是

$$\varphi(ar) = \varphi(a)\varphi(r) \in \bar{N}.$$

从而 $ar \in \varphi^{-1}(\bar{N})$. 同理 $ra \in \varphi^{-1}(\bar{N})$. 所以 $\varphi^{-1}(\bar{N})$ 是 R 的理想.

(2) 由定理 3.4.2, $\varphi(N)$ 是 $\bar{R}$ 的子环. 当 φ 是同态满射时, 对任意的 $\bar{b} \in \varphi(N), \bar{r} \in \bar{R}$, 存在 $b \in N, r \in R$, 使

$$\varphi(b) = \bar{b}, \quad \varphi(r) = \bar{r}.$$

因为 N 是 R 的理想, 故 $br \in N$. 于是

$$\bar{b}\bar{r} = \varphi(b)\varphi(r) = \varphi(br) \in \varphi(N).$$

同理, $\bar{r}\bar{b} \in \varphi(N)$. 所以 $\varphi(N)$ 是 $\bar{R}$ 的理想. □

习题 3.6

1. 写出模 8 的剩余类环 $\mathbb{Z}_8$ 的所有理想.

2. 设 N 是整数环 $\mathbb{Z}$ 的非零理想, a 是 N 中最小正整数. 证明 $N = \langle a \rangle$.

3. 设 a,b 是环 R 的两个元素. 证明:

(1) $aR = \{ar \mid r \in R\}$ 与 $Rb = \{rb \mid r \in R\}$ 分别是环 R 的右理想与左理想;

(2) $aRb = \{arb \mid r \in R\}$ 是环 R 的子环.

4. 设 R 为偶数环. 证明: $N = \{4r \mid r \in R\} \lhd R$. 又问: N 是 R 的主理想吗? 是由哪个元素生成的?

5. 设 a 环 R 的一个元素. 证明: $La = \{x \in R \mid xa = 0\}$ 与 $Ra = \{x \in R \mid ax = 0\}$ 分别是 R 的左理想与右理想.

拓展阅读 18 克鲁尔小传

克鲁尔(W. Krull, 1899～1971), 德国数学家, 1899 年 8 月 26 日出生于巴登-巴

登, 1921 年获弗莱堡大学博士学位. 1922 年留校任教, 1926 年任教授. 自 1928 起任埃尔朗根大学数学教授, 直至退休, 是诺特、阿廷所创建的德国代数学派的代表人物.

1926 年, 克鲁尔建立了带算子阿贝尔群和群的线性表示两个概念间的关系, 后被诺特进一步发展. 随着拓扑代数系概念的形成, 克鲁尔推广了戴德金的思想, 建立了无限代数扩张的伽罗瓦理论. 克鲁尔还发表了许多交换环方面的论文, 对诺特环和交换环的发展做出了重要贡献. 1932 年, 克鲁尔开始研究一般赋值论及局部环理论. 加法赋值论的研究就是从他开始的. 现在近世代数中有许多以他名字命名的概念、定理等, 如克鲁尔维数、克鲁尔环、克鲁尔拓扑及克鲁尔交定理等. 他的主要专著有《理想理论》.

1971 年 4 月 12 日, 克鲁尔在波恩逝世.

3.7 商环与环的同构定理

设 N 是环 R 的一个理想, 则 N 首先是 R 的一个子加群. 因而关于加法, N 是 R 的正规子群. 于是, R 关于 N 的一切陪集的集合

$$R/N=\{r+N\mid r\in R\}$$

关于陪集的加法

$$(a+N)+(b+N)=(a+b)+N,\quad \forall a,b\in R$$

作成一个加群.

我们在 R/N 中再规定"乘法":

$$(a+N)(b+N)=ab+N,\quad \forall a,b\in R.$$

现在来验证, 上面给出的"乘法"确实是 R/N 的一个代数运算.

事实上, 若有 $a+N=x+N$, $b+N=y+N$, 则 $a-x, b-y\in N$. 由于 $N\trianglelefteq R$, 故

$$(a-x)b\in N,\quad x(b-y)\in N,$$

从而 $ab-xy=(a-x)b+x(b-y)\in N$.

因此, $ab+N=xy+N$.

这说明, R/N 中规定的乘法确实是一个代数运算, 并称这个运算为**陪集的乘法**(multiplication of cosets).

定理 3.7.1 设 N 是环 R 的一个理想, 则 R/N 关于陪集的加法与乘法作成一个环, 且

$$R\sim R/N.$$

证 首先 R/N 关于加法作成一个加群. 又对任意的 $a,b,c\in R$,

$$\begin{aligned}[(a+N)(b+N)](c+N) &= (ab+N)(c+N)=(ab)c+N \\ &= a(bc)+N=(a+N)(bc+N)=(a+N)[(b+N)(c+N)],\end{aligned}$$

$$\begin{aligned}(a+N)[(b+N)+(c+N)] &= (a+N)[(b+c)+N] \\ &= a(b+c)+N=(ab+ac)+N=(ab+N)+(ac+N) \\ &= (a+N)(b+N)+(a+N)(c+N).\end{aligned}$$

这说明 R/N 的乘法满足结合律，而且乘法对加法满足左分配律.

同理，乘法对加法也满足右分配律. 因此 R/N 关于陪集的加法与乘法作成一个环.

令

$$\pi: R \to R/N,$$
$$r \mapsto r+N, \quad \forall r \in R.$$

则易证 π 为 R 到 R/N 的同态满射. 故

$$R \sim R/N. \qquad \square$$

上述定理中的环 R/N，称为 R 关于 N 的**商环**(quotient ring). 而同态满射 π 称为 R 到 R/N 的**自然同态**(natural homomorphism).

需要注意的是，R/N 的加法与 R 中非空子集的加法是一致的，而陪集的乘法仅是规定的一种代数运算. 环 R 的非空子集间还可以定义如下的运算：

$$A \cdot B \triangleq \{ab \mid a \in A, b \in B\},$$

$$A \circ B \triangleq \left\{\text{有限和} \sum a_i b_i \,\middle|\, a_i \in A, b_i \in B\right\},$$

其中 A, B 为 R 的任意非空子集. 但是，陪集的乘法与上述的运算都不一致!

定理 3.7.2 (环的同态基本定理) 设 φ 是环 R 到环 $\bar{R}$ 的同态满射，则

(1) $N = \mathrm{Ker}\varphi$ 是 R 的理想;

(2) $R/N \cong \bar{R}$.

证 (1) 由于 N 是 $\bar{R}$ 的理想 $\{\bar{0}\}$ 在 φ 下的逆像. 因此，由定理 3.6.8，N 是 R 的理想.

(2) 令

$$f: R/N \to \bar{R},$$
$$r+N \mapsto \varphi(r), \quad \forall r \in R,$$

则由群同态基本定理知，作为加法群，f 是群的同构映射.

又对任意的 $a, b \in R$，

$$f((a+N)(b+N)) = f(ab+N) = \varphi(ab) = \varphi(a)\varphi(b) = f(a+N)f(b+N),$$

所以 f 是环 R/N 到环 $\bar{R}$ 的同构映射. 因而

$$R/N \cong \overline{R}. \qquad \square$$

以上两个定理表明, 在同构意义下, 一个环能且只能与它的商环同态. 而且, 当 φ 仅是同态映射时, 相应的结论应为: $R/N \cong \varphi(R)$.

环的同态基本定理也称为环的**第一同构定理**.

例 3.7.1 设 $(\mathbb{Z},+,\cdot)$ 为整数环, n 为任意正整数. 证明:

$$\mathbb{Z}/\langle n\rangle \cong \mathbb{Z}_n.$$

证 令

$$\varphi:\mathbb{Z}\to\mathbb{Z}_n,$$
$$m\mapsto \overline{m},\quad \forall m\leftarrow\mathbb{Z},$$

则易证 φ 是环 $\mathbb{Z}$ 到 $\mathbb{Z}_n$ 的同态满射. 而

$$\begin{aligned}\mathrm{Ker}\varphi &= \{m\in\mathbb{Z}\mid \varphi(m)=\overline{0}\}=\{m\in\mathbb{Z}\mid \overline{m}=\overline{0}\}\\ &=\{m\in\mathbb{Z}\mid n\mid m\}=\langle n\rangle.\end{aligned}$$

于是, 由环的同态基本定理,

$$\mathbb{Z}/\langle n\rangle \cong \mathbb{Z}_n.$$

实际上, $\mathbb{Z}/\langle n\rangle$ 与 $\mathbb{Z}_n$ 完全一样, 因为对于任意整数 m, 有 $m+\langle n\rangle=\{m+nk\mid k\in\mathbb{Z}\}=\overline{m}$.

例 3.7.2 设 $\mathbb{R}[x]$ 是实数域 $\mathbb{R}$ 上的多项式环. 证明:

$$\mathbb{R}[x]/\langle x\rangle \cong \mathbb{R}.$$

证 令

$$\varphi:\mathbb{R}[x]\to\mathbb{R},$$
$$f(x)\mapsto f(0),\quad \forall f(x)\in\mathbb{R}[x],$$

则易证 φ 是环 $\mathbb{R}[x]$ 到环 $\mathbb{R}$ 的同态满射. 又

$$\begin{aligned}\mathrm{Ker}\varphi &= \{f(x)\in\mathbb{R}[x]\mid \varphi(f(x))=0\}\\ &=\{f(x)\in\mathbb{R}[x]\mid f(0)=0\}\\ &=\{xh(x)\mid h(x)\in\mathbb{R}[x]\}\\ &=\langle x\rangle,\end{aligned}$$

于是, 由环的同态基本定理,

$$\mathbb{R}[x]/\langle x\rangle \cong \mathbb{R}.$$

定理 3.7.3 (第二同构定理) 设 H 与 N 分别是环 R 的子环与理想, 则

(1) $H\cap N \trianglelefteq H$;

(2) $H/(H\cap N)\cong (H+N)/N$.

证 显然 $H+N$ 是 R 的子环且包含 N, 因此 N 是 $H+N$ 的理想.

令

$$\varphi: H \to (H+N)/N,$$
$$h \mapsto h+N, \quad \forall h \in H,$$

则易知 φ 为同态满射. 又

$$\begin{aligned}\operatorname{Ker}\varphi &= \{h \in H \mid \varphi(h) = N\} = \{h \in H \mid h+N = N\} \\ &= \{h \in H \mid h \in N\} = H \cap N,\end{aligned}$$

于是, 由环的同态基本定理, $H \cap N \trianglelefteq H$, 且

$$H/(H \cap N) \cong (H+N)/N. \qquad \square$$

定理 3.7.4 (第三同构定理)　设 N, H 是环 R 的理想, 且 $N \subseteq H$, 则 H/N 是 R/N 的理想, 且

$$(R/N)/(H/N) \cong R/H.$$

证　令

$$\varphi: R/N \to R/H, \quad r+N \mapsto r+H, \quad \forall r \in R,$$

则对任意的 $r_1, r_2 \in R$,

$$r_1+N = r_2+N \Rightarrow r_1 - r_2 \in N \Rightarrow r_1 - r_2 \in H \Rightarrow r_1+H = r_2+H,$$

即 φ 是 R/N 到 R/H 的映射, 且显然也是满射. 又

$$\begin{aligned}\varphi((r_1+N)+(r_2+N)) &= \varphi(r_1+r_2+N) = r_1+r_2+H = (r_1+H)+(r_2+H) \\ &= \varphi(r_1+N)+\varphi(r_2+N), \\ \varphi((r_1+N)(r_2+N)) &= \varphi(r_1r_2+N) = r_1r_2+H = (r_1+H)(r_2+H) \\ &= \varphi(r_1+N)\varphi(r_2+N),\end{aligned}$$

所以 φ 为同态满射. 而

$$\begin{aligned}\operatorname{Ker}\varphi &= \{r+N \mid r \in R, \varphi(r) = H\} \\ &= \{r+N \mid r \in R, r+H = H\} \\ &= \{r+N \mid r \in H\} \\ &= H/N.\end{aligned}$$

于是, 由环的同态基本定理, H/N 是 R/N 的理想, 且

$$(R/N)/(H/N) \cong R/H. \qquad \square$$

习题 3.7

1. 设 R 是整环. 证明:

(1) 若 $\operatorname{char}R = \infty$, 则 R 有子环与整数环 $\mathbb{Z}$ 同构;

(2) 若 char$R=p$, 则 R 有子环与域 $\mathbb{Z}_p$ 同构, 其中 p 为素数.

2. 设 $\mathbb{Z}[\mathrm{i}]$ 是高斯整环, $\mathbb{Z}[x]$ 是由全体整系数多项式作成的环. 证明

$$\mathbb{Z}[x]/\langle x^2+1\rangle \cong \mathbb{Z}[\mathrm{i}].$$

3. 设 φ 是环 R 到环 $\bar{R}$ 的同态映射, N 是 R 的理想且包含 $\mathrm{Ker}\varphi$. 证明:

(1) $\varphi^{-1}(\varphi(N))=N$;

(2) $R/N\cong\varphi(R)/\varphi(N)$.

4. 设 φ 是环 R 到环 $\bar{R}$ 的同态满射, A 是由 R 的包含核 $\mathrm{Ker}\varphi$ 的所有子环构成的集合, B 是由 $\bar{R}$ 的所有子环构成的集合. 证明: 存在 A 到 B 的双射 f, 满足:

(1) $S_1,S_2\in A,\ S_1\subseteq S_2\Leftrightarrow f(S_1)\subseteq f(S_2)$;

(2) $S\in A,\ S\trianglelefteq R\Leftrightarrow f(A)\trianglelefteq\bar{R}$.

5. 设 N 是环 R 的理想. 证明:

(1) 对于 R/N 的任一子环 $\bar{S}$, 存在 R 的包含 N 的唯一子环 S, 满足 $S/N=\bar{S}$;

(2) 对于 R/N 的任一理想 $\bar{S}$, 存在 R 的包含 N 的唯一理想 S, 满足 $S/N=\bar{S}$.

3.8 素理想和极大理想

本节介绍两种特殊的理想——素理想和极大理想.

定义 3.8.1 设 R 是一个交换环, P 是环 R 的一个理想. 若对任意的 $a,b\in R$,

$$ab\in P\Rightarrow a\in P \text{ 或 } b\in P,$$

则称 P 是 R 的一个**素理想**(prime ideal).

显然, 交换环 R 本身是 R 的一个素理想; 而当 R 是无零因子的交换环时, 零理想是 R 的素理想.

例 3.8.1 设 p 为素数, 则 $\langle p\rangle$ 是整数环 $\mathbb{Z}$ 的素理想.

证 首先, $\langle p\rangle$ 是整数环的理想. 对任意的 $a,b\in R$, 若有 $ab\in\langle p\rangle$, 则 $p\mid ab$. 由于 p 为素数, 所以 $p\mid a$ 或 $p\mid b$. 即 $a\in\langle p\rangle$ 或 $b\in\langle p\rangle$. 因此, $\langle p\rangle$ 是整数环 $\mathbb{Z}$ 的素理想.

定理 3.8.1 设 P 是交换环 R 的一个理想, 则 P 是 R 的素理想, 当且仅当 R/P 无零因子.

证 设 P 为 R 的素理想. 在商环 R/P 中任取两个元素 $a+P$ 与 $b+P$, 且满足

$$(a+P)(b+P)=P,$$

则 $ab+P=P$, 即 $ab\in P$. 由于 P 为 R 的素理想, 所以 $a\in P$ 或 $b\in P$. 即 $a+P=P$ 或 $b+P=P$. 因此, 商环 R/P 无零因子.

反之, 设商环 R/P 无零因子, 且有 $ab\in P$, 则 $ab+P=P$, 即

$$(a+P)(b+P)=P\ .$$

又因为R/P无零因子, 故$a+P=P$或$b+P=P$, 即

$$a\in P\quad 或\quad b\in P\ .$$

因此, P为R的素理想. □

例 3.8.2　设$\mathbb{Z}[x]$是由全体整系数多项式作成的环. 证明: $\langle x\rangle$是环$\mathbb{Z}[x]$的素理想.

证　仿照例 3.7.2 的方法, 容易证明:

$$\mathbb{Z}[x]/\langle x\rangle\cong\mathbb{Z}\ .$$

而$\mathbb{Z}$无零因子, 故$\mathbb{Z}[x]/\langle x\rangle$无零因子. 于是根据定理 3.8.1, $\langle x\rangle$是环$\mathbb{Z}[x]$的素理想.

定义 3.8.2　设M是环R的一个理想, 且$M\neq R$. 如果对于R的任意理想N, 有

$$M\subseteq N\Rightarrow N=M\ 或\ N=R\ ,$$

则称M是环R的一个**极大理想**(maximal ideal).

根据这个定义, 环R本身不是R的极大理想.

例 3.8.3　设p为素数, 则$\langle p\rangle$是整数环$\mathbb{Z}$的极大理想.

证　显然$\langle p\rangle\neq\mathbb{Z}$, 因为$1\notin\langle p\rangle$.

设整数环$\mathbb{Z}$有理想N, 满足$\langle p\rangle\subseteq N$. 则由习题 3.6 的第 2 题, 存在整数$m\in\mathbb{Z}$, 使

$$p\in\langle p\rangle\subseteq N=\langle m\rangle.$$

于是$m\mid p$. 从而$m=1$或$m=p$.

当$m=1$时, $N=\langle 1\rangle=\mathbb{Z}$.

当$m=p$时, $N=\langle p\rangle$.

因此, $\langle p\rangle$是整数环$\mathbb{Z}$的极大理想.

实际上, 整数环$\mathbb{Z}$的极大理想也只能是由素数生成的. 这是因为, 若N是$\mathbb{Z}$的极大理想, 则

$$N\neq\{0\},\quad N\neq\langle 1\rangle.$$

于是必有正整数$m>1$, 使$N=\langle m\rangle$.

若m为合数, 则有

$$m=m_1m_2,\quad 1<m_1,m_2<m\ .$$

从而$\mathbb{Z}$的理想$\langle m_1\rangle$满足$N\subseteq\langle m_1\rangle$. 但$\langle m_1\rangle\neq\mathbb{Z},\langle m_1\rangle\neq N$. 这与$N$是极大理想矛盾. 故$m$必为素数.

定理 3.8.2 设 M 是环 R 的一个理想，则 M 是 R 的极大理想，当且仅当 R/M 是单环.

证 令 $\pi: R \to R/M$ 为 R 到 R/M 的自然同态.

若 M 为 R 的极大理想，而 $\bar{K}$ 是 R/M 的任一非零理想，则 $\pi^{-1}(\bar{K})$ 是 R 的理想，且

$$\pi^{-1}(\bar{K}) \supseteq M.$$

又因为 $\bar{K} \neq \{M\}$，所以 $\pi^{-1}(\bar{K}) \neq M$. 但 M 是 R 的极大理想，故 $\pi^{-1}(\bar{K}) = R$. 于是

$$\bar{K} = \pi(\pi^{-1}(\bar{K})) = \pi(R) = R/M.$$

即 R/M 只有平凡理想. 因而 R/M 是单环.

反之，设 R/M 是单环，且 R 有理想 K，满足

$$M \subseteq K, \quad K \neq M,$$

则 $K/M \trianglelefteq R/M$. 由 $K \neq M$ 知，$K/M \neq \{M\}$. 又因为 R/M 是单环，故 $K/M = R/M$. 于是对任意的 $r \in R, r+M \in K/M$. 从而存在 $k \in K$，使 $r+M = k+M$. 即 $r-k \in M \subseteq K, r \in k+K = K$. 因此，$R \subseteq K$. 这说明 M 是 R 的极大理想. □

定理 3.8.3 设 R 是一个单环，则当 R 有单位元 e 且可换时，R 是一个域.

证 在 R 中任取 $a \neq 0$，则 $\langle a \rangle$ 是 R 的非零理想. 由于 R 为单环，所以 $\langle a \rangle = R$. 于是

$$e \in \langle a \rangle = \{ra \mid r \in R\}.$$

因此，存在 $b \in R$，使 $ab = e$，即 b 为 a 的逆元. 这说明 R 中非零元都有逆元，从而 R 是一个域. □

由上述两个定理立即得到下面的推论.

推论 3.8.1 设 R 是有单位元的交换环，M 是环 R 的一个理想，则 R/M 是域的充分必要条件是：M 是环 R 的极大理想.

证 若 R/M 是域，则 R/M 是单环. 从而由定理 3.8.2，M 是 R 的极大理想.

反之，若 M 是环 R 的极大理想，则 R/N 是单环. 又因环 R 有单位元且可换，故 R/M 也有单位元且可换. 从而由定理 3.8.3，R/M 是一个域. □

例如，当 p 为素数时，$\langle p \rangle$ 为整数环 $\mathbb{Z}$ 的极大理想. 而整数环是有单位元的可换环，于是由定理 3.8.3，$\mathbb{Z}/\langle p \rangle$ 是域，即 $\mathbb{Z}_p$ 是域.

习题 3.8

1. 找出整数环 $\mathbb{Z}$ 及模 12 的剩余类环 $\mathbb{Z}_{12}$ 的所有素理想与极大理想.
2. 设 R 为偶数环. 证明：$\langle 2p \rangle$ 是 R 的素理想，其中 p 为奇素数.
3. 证明：在有单位元的交换环中，极大理想必为素理想.
4. 证明：在整系数多项式环 $\mathbb{Z}[x]$ 中，$\langle 2, x \rangle$ 是极大理想，而 $\langle x \rangle$ 不是极大理想.

5. 设 M 是交换环 R 的理想. 证明: R/M 是域当且仅当 M 是 R 的极大理想, 且由 $a^2 \in M$ 能推出 $a \in M$.

拓展阅读 19 戴德金小传

戴德金(R. Dedekind, 1831～1916), 德国数学家, 1931 年 10 月 6 日出生于德国一个知识分子家庭. 父亲为法学教授. 1848 年入卡罗莱纳学院攻读力学、微积分、代数分析、解析几何等. 1850 年转入哥廷根大学新办的数学和物理学研习班, 跟数学家高斯研究最小二乘法和高等测量学, 跟斯特恩攻读数论基础, 跟韦伯攻读物理, 并选修过天文学.

1852 年以题为《关于欧拉积分的理论》的论文获得哲学博士学位. 毕业后于 1854 年留校任代课讲师. 1855 年高斯去世后, 戴德金在哥廷根大学又先后听过狄利克雷教授的数论、位势理论、定积分和偏微分方程, 以及黎曼教授的阿贝尔函数和椭圆函数等课程, 进而萌生了借助于算术性质来重新定义无理数的想法.

1855 年起, 他开始讲授伽罗瓦理论, 成为教坛上最早涉足这一领域的学者. 1858～1862 年在苏黎世综合工业学院任教授. 此间主要进行实数理论基础的研究. 1862～1912 年任不伦瑞克工业大学教授, 在那里发展了有理数和无理数可以构成一个实数的连续系统, 前提是实数和直线上的点有着一一对应的关系. 并先后当选为法国科学院、柏林科学院和罗马科学院院士.

1888 年, 戴德金提出了算术公理的完整系统, 其中包括完全数学归纳法原理的准确表达方式, 把映象的许多概念用最普通的形式引入数学中. 此外, 他还研究了结构理论的基础, 使之成为现代代数的中心分支之一. 现今数学上的许多命题和术语, 如环、场、结构、截面、函数、定理、互换原理等, 都是与他的名字联系在一起的. 尽管他的关于数学基本理论的许多重要思想在他生前并未被人们充分认识, 但仍然影响着现代数学的发展.

戴德金的主要成就是在代数理论方面. 他研究过任意域、环、群、结构及模等问题, 并在授课时率先引入了环的概念. 在研究理想子环理论过程中, 他将置换群的概念用抽象群的概念来替代, 并且用一种比较普通的公式表示出来, 直接影响了后来皮亚诺的自然数公理的诞生, 是最早对实数理论提出了许多论据的数学家之一. 1855 年在讲授伽罗瓦理论时引入了"域"的概念.

戴德金在数学上有很多新发现. 他的主要贡献有以下两个方面: 在实数和连续性理论方面, 他提出"戴德金分割", 给出了无理数及连续性的纯算术的定义.

1872 年，他的《连续性与无理数》出版，使他与康托尔、魏尔斯特拉斯等一起成为现代实数理论的奠基人. 在代数数论方面，他建立了现代代数数和代数数域的理论，将库默尔的理想数加以推广，引出了现代的“理想”概念，并得到了代数整数环上理想的唯一分解定理. 今天把满足理想唯一分解条件的整环称为“戴德金整环”. 他在数论上的贡献对 19 世纪数学产生了深刻影响.

1916 年 2 月 12 日，戴德金在不伦瑞克去世.

3.9* 商　域

本节将介绍通过对一个环进行扩充而构造域的方法. 为此，需要证明下面的定理.

定理 3.9.1 (挖补定理)　设 S 是环 R 的一个子环，且 S 与环 $\overline{S}$ 同构. 如果 $\overline{S}\cap(R-S)=\varnothing$，则存在环 $\overline{R}$，使 $\overline{S}\leqslant\overline{R}\cong R$.

证　设 φ 为 S 到 $\overline{S}$ 的同构映射，$\overline{R}=\overline{S}\cup(R-S)$. 并作 R 到 $\overline{R}$ 的映射

$$f:R\to\overline{R},$$
$$f(r)=\begin{cases}\varphi(r), & r\in S,\\ r, & r\in R-S,\end{cases}$$

则 f 显然是一个双射. 从而 $\overline{R}=\{f(r)\mid r\in R\}$.

在 $\overline{R}$ 中定义运算 $\oplus$ 与 $\odot$ 分别如下:

$$f(r_1)\oplus f(r_2)\triangleq f(r_1+r_2),$$
$$f(r_1)\odot f(r_2)\triangleq f(r_1r_2),$$

则 f 是环 R 到代数系统 $\overline{R}$ 的同构映射. 因此，$\overline{R}$ 是环，且 $R\cong\overline{R}$.

为了证明 $\overline{S}$ 是 $\overline{R}$ 的子环，只需要证明 $\overline{S}$ 中的元素在环 $\overline{S}$ 中的运算与在环 $\overline{R}$ 中的运算一致. 对任意的 $\overline{r_1},\overline{r_2}\in\overline{S}$，存在 $r_1,r_2\in S$，使

$$\varphi(r_1)=\overline{r_1},\quad \varphi(r_2)=\overline{r_2},$$

于是

$$\overline{r_1}+\overline{r_2}=\varphi(r_1)+\varphi(r_2)=f(r_1)+f(r_2)=f(r_1+r_2)=\overline{r_1}\oplus\overline{r_2},$$
$$\overline{r_1}\,\overline{r_2}=\varphi(r_1)\varphi(r_2)=f(r_1)f(r_2)=f(r_1r_2)=\overline{r_1}\odot\overline{r_2}.$$

这说明 $\overline{S}$ 的运算与 $\overline{R}$ 的运算一致. 因此，$\overline{S}$ 是 $\overline{R}$ 的子环. □

我们知道，整数环 $(\mathbb{Z},+,\cdot)$ 仅是一个整环而不是域，但将 $\mathbb{Z}$ 适当扩充后就得到了有理数域. 类似地，可以将除零环外的任意一个没有零因子的交换环扩充成一个域.

定理 3.9.2 设 R 是一个无零因子的交换环，且 $|R|>1$，则 R 可以扩充为一个域，即存在域 $\overline{R}$，使 R 是 $\overline{R}$ 的一个子环.

证 令

$$M=\{(a,b)\mid a,b\in R,\ a\neq 0\},$$

在 M 中规定以下关系:

$$(a,b)\sim(c,d)\Leftrightarrow ad=bc,$$

则易知关系“～”是 M 的一个等价关系.

记 M 中元素 (a,b) 所在的等价类为 $\dfrac{b}{a}$，并用 E 表示所有等价类的集合，即

$$E=\left\{\frac{b}{a}\middle| a,b\in R,\ a\neq 0\right\}.$$

在 E 中规定加法与乘法运算如下:

$$\frac{b}{a}+\frac{d}{c}=\frac{bc+ad}{ac},\quad \frac{b}{a}\cdot\frac{d}{c}=\frac{bd}{ac}.$$

下面证明，上式规定的加法与乘法是 E 的代数运算.

首先，因为 R 无零因子，所以当 $a\neq 0, c\neq 0$ 时，$ac\neq 0$. 这说明 $\dfrac{bc+ad}{ac}$ 与 $\dfrac{bd}{ac}$ 是 E 的元素.

其次，设

$$\frac{b'}{a'}=\frac{b}{a},\quad \frac{d'}{c'}=\frac{d}{c},$$

则 $ab'=a'b, cd'=c'd$，且 $a'c'\neq 0, ac\neq 0$. 于是

$$a'c'(bc+ad)=(b'c'+a'd')ac,$$

$$ac\cdot b'd'=bd\cdot a'c',$$

$$\frac{b'c'+a'd'}{a'c'}=\frac{bc+ad}{ac},\quad \frac{b'd'}{a'c'}=\frac{bd}{ac}.$$

这说明 E 中所规定的加法与乘法是 E 的代数运算.

同样可以验证加法与乘法都满足结合律与交换律，且乘法对加法满足分配律.

又当 a 是 R 的非零元时，$\dfrac{0}{a}$ 是 E 的零元，$\dfrac{a}{a}$ 是 E 的单位元. 且当 $b\neq 0$ 时，$\dfrac{b}{a}$ 的逆元为 $\dfrac{a}{b}$. 因此，E 作成一个域.

作

$$\varphi: R\to E,$$

$$a \mapsto \frac{aq}{q}, \quad \forall a \in R,$$

其中 q 为 R 的任一非零元. 下证 φ 为同态单射.

对任意的 $a,b \in R$，有

$$a = b \Leftrightarrow aqq = bqq \Leftrightarrow \frac{aq}{q} = \frac{bq}{q},$$

即 φ 为单射. 又

$$\varphi(a+b) = \frac{(a+b)q}{q} = \frac{aq}{q} + \frac{bq}{q} = \varphi(a) + \varphi(b),$$

$$\varphi(ab) = \frac{(ab)q}{q} = \frac{aq}{q} \cdot \frac{bq}{q} = \varphi(a)\varphi(b),$$

因此, φ 是 R 到 E 的同态单射. 从而 R 与 E 的子环 $\varphi(R)$ 同构.

于是由挖补定理, 存在 R 的扩环(即以 R 为子环的环) $\overline{R} = R \cup (E - \varphi(R))$，使 $\overline{R} \cong E$. 由于 E 是域, 因而 $\overline{R}$ 也是一个域. □

设 R 是一个无零因子的交换环, 且 $|R|>1$. 按照定理 3.9.2, 必存在以 R 为子环的域 E. 于是, 对任意的 $a,b \in R, a \neq 0$，E 必包含形如

$$\frac{b}{a} = a^{-1}b = ba^{-1}$$

的元素. 这个元素称为 b 与 a 的商.

下面说明, 一切这样的元素作成一个域, 且 R 为其子环.

定理 3.9.3　设 R 是一个无零因子的交换环, 且 $|R|>1$. 若 E 是以 R 为其子环的一个域, 则

$$F = \left\{ \frac{b}{a} \middle| a,b \in R, a \neq 0 \right\}$$

作成 E 的一个子域, 且 R 为 F 的一个子环.

证　显然 $F \subseteq E$. 任取 $\frac{b}{a}, \frac{d}{c} \in F$，则 $a,b,c,d \in R, a \neq 0, c \neq 0$，且有

$$\frac{b}{a} - \frac{d}{c} = ba^{-1} - dc^{-1} = (bc-ad)(ac)^{-1} = \frac{bc-ad}{ac} \in F.$$

当 $b \neq 0$ 时,

$$\left(\frac{b}{a}\right)^{-1}\left(\frac{d}{c}\right) = (ba^{-1})^{-1}(dc^{-1}) = (ad)(bc)^{-1} = \frac{ad}{bc} \in F.$$

于是 F 是域 E 的子域.

由于 R 有非零元 q，于是对 R 的任一元素 a，有

$$a=(aq)q^{-1}=\frac{aq}{q}\in F.$$

这说明 R 是 F 的子集，从而是 F 的子环. □

定义 3.9.1　设 R 是一个无零因子的交换环，且 $|R|>1$. 称定理 3.9.3 中的域

$$F=\left\{\frac{b}{a}\middle| a,b\in R,a\neq 0\right\}$$

为环 R 的**分式域**或**商域**(quotient field).

由于商域 F 中的元素由 R 的元素唯一确定. 因此，一个环的商域是唯一确定的. 更一般地，我们有如下定理.

定理 3.9.4　设 F 是环 R 的商域，$\overline{F}$ 是环 $\overline{R}$ 的商域. 如果 $R\cong\overline{R}$，则 $F\cong\overline{F}$.

证　设 φ 是环 R 到环 $\overline{R}$ 的同构映射. 令

$$f:F\to\overline{F},$$
$$\frac{b}{a}\mapsto\frac{\varphi(b)}{\varphi(a)},$$

则 f 是 F 到 $\overline{F}$ 的映射. 因为 φ 是满射，所以 f 也是满射.

对任意的 $\frac{b}{a},\frac{d}{c}\in F$，

$$f\left(\frac{b}{a}\right)=f\left(\frac{d}{c}\right)\Rightarrow\frac{\varphi(b)}{\varphi(a)}=\frac{\varphi(d)}{\varphi(c)}\Rightarrow\varphi(b)\varphi(c)=\varphi(a)\varphi(d)$$
$$\Rightarrow\varphi(bc)=\varphi(ad)\Rightarrow bc=ad\Rightarrow\frac{b}{a}=\frac{d}{c},$$

从而 f 是单射. 又

$$f\left(\frac{b}{a}+\frac{d}{c}\right)=f\left(\frac{bc+ad}{ac}\right)=\frac{\varphi(bc+ad)}{\varphi(ac)}=\frac{\varphi(b)\varphi(c)+\varphi(a)\varphi(d)}{\varphi(a)\varphi(c)}$$
$$=\frac{\varphi(b)}{\varphi(a)}+\frac{\varphi(d)}{\varphi(c)}=f\left(\frac{b}{a}\right)+f\left(\frac{d}{c}\right),$$

$$f\left(\frac{b}{a}\cdot\frac{d}{c}\right)=f\left(\frac{bd}{ac}\right)=\frac{\varphi(bd)}{\varphi(ac)}=\frac{\varphi(b)\varphi(d)}{\varphi(a)\varphi(c)}=\frac{\varphi(b)}{\varphi(a)}\cdot\frac{\varphi(d)}{\varphi(c)}$$
$$=f\left(\frac{b}{a}\right)f\left(\frac{d}{c}\right),$$

因此，f 是 F 到 $\overline{F}$ 的同构映射，即

$$F\cong\overline{F}.$$ □

例 3.9.1　有理数域 $(\mathbb{Q},+,\cdot)$ 是整数环 $(\mathbb{Z},+,\cdot)$ 的商域, 也是偶数环 $(2\mathbb{Z},+,\cdot)$ 的商域.

证　因为有理数域 $\mathbb{Q}$ 是包含整数环 $\mathbb{Z}$ 与偶数环 $2\mathbb{Z}$ 的域, 且

$$\mathbb{Q}=\left\{\frac{n}{m}\middle| m,n\in\mathbb{Z}, m\neq 0\right\}.$$

又对任意有理数 $\frac{n}{m}(m,n\in\mathbb{Z}, m\neq 0)$,

$$\frac{n}{m}=\frac{2n}{2m},$$

其中 $2n, 2m\in 2\mathbb{Z}$, 且 $2m\neq 0$, 于是也有

$$\mathbb{Q}=\left\{\frac{n'}{m'}\middle| m', n'\in 2\mathbb{Z}, m'\neq 0\right\}.$$

所以, 有理数域既是整数环的商域, 也是偶数环的商域.

实际上, 整数环的任一非零子环的商域都是有理数域 $\mathbb{Q}$.

习题 3.9

1. 证明: 域 F 的商域就是 F.
2. 设 R 是一个无零因子的交换环, 且 $|R|>1$. 证明: 包含 R 的域必包含 R 的商域.
3. 求环 $R=\left\{m+n\sqrt{2}\,\middle|\, m, n\text{为偶数}\right\}$ 的商域.
4. 求高斯整环 $\mathbb{Z}[\mathrm{i}]$ 的商域.
5. 设 p 是一个素数. 证明:

$$R=\left\{\frac{m}{n}\middle| m, n\in\mathbb{Z}, (n, p)=1\right\}$$

是一个整环, 并求其商域.

拓展阅读 20　阿廷小传

阿廷(E. Artin, 1898～1962), 奥地利数学家. 1898 年 3 月 3 日出生于奥地利维也纳. 阿廷在维也纳大学学习一年后应征入伍, 退伍后在莱比锡大学继续学习, 并于 1921 年获博士学位. 1923 年在汉堡大学任教, 1925 年任副教授, 1926～1937 年任教授.

阿廷于 1937 年移民到美国. 1938～1946 年, 阿廷任教于印第安纳大学, 1946～1958 年任教于普林斯顿大学, 后又回到汉堡, 1962 年 12 月 20 日病逝.

阿廷的研究领域既宽又深. 他在数论、群论、环论、域论、伽罗瓦理论、集合代数、代数拓扑、复变函数等方面都有重要贡献, 创立了辫子理论, 证明了任意域中的一般互反律. 曾荣获美国数学会的科尔奖. 此外, 阿廷还对化学、天文学、生物学和古典音乐深感兴趣, 并且是一位出色的数学教师, 他的许多博士生以后都成了著名的数学家.

阿廷的主要著作有《伽罗瓦理论》《代数几何学》和《Γ-函数引论》等.

3.10 环上的多项式环

在高等代数中, 我们所学的多项式都是数域上的多项式. 现在来讨论一般环上的多项式.

假设 R 是一个有单位元 1 的环. x 是一个记号, 称为 R 上的**未定元**. 形如

$$f(x)=a_0x^0+a_1x^1+\cdots+a_nx^n \quad (a_i\in R, 0\leqslant i\leqslant n)$$

的表达式称为环 R 上未定元 x 的**一元多项式**. 其中 $a_0,a_1,\cdots,a_n$ 称为这个多项式 $f(x)$ 的**系数**, a_ix^i 称为 $f(x)$ 的**项**. 当 $a_n\neq 0$ 时, a_nx^n 是 $f(x)$ 的**首项**, 并称 a_n 为 $f(x)$ 的**首项系数**, n 为 $f(x)$ 的**次数**, 记为 $\deg(f(x))$. 并规定系数为 0 的项可以省略不写, 也可以任意添加. 又约定

$$1x=x, \quad (-a)x=-ax, \quad x^1=x, \quad x^0=1.$$

系数全为 0 的多项式称为**零多项式**, 记为 0. 零多项式没有次数.

根据上述规定, 两个多项式可以进行如下的加法和乘法运算:

$$f(x)=a_0+a_1x+\cdots+a_nx^n, \quad g(x)=b_0+b_1x+\cdots+b_mx^m, \quad m\leqslant n,$$

$$\begin{aligned}f(x)+g(x)&=(a_0+a_1x+\cdots+a_nx^n)+(b_0+b_1x+\cdots+b_mx^m)\\&=(a_0+a_1x+\cdots+a_nx^n)+(b_0+b_1x+\cdots+b_mx^m+0x^{m+1}+\cdots+0x^n)\\&=(a_0+b_0)+(a_1+b_1)x+\cdots+(a_m+b_m)x^m+a_{m+1}x^{m+1}+\cdots+a_nx^n,\end{aligned}$$

$$f(x)g(x)=c_0+c_1x+\cdots+c_{m+n}x^{m+n},$$

其中 $c_k=\sum\limits_{i+j=k}a_ib_j$, $k=0,1,2,\cdots,m+n$.

不难验证: R 上未定元 x 的全体多项式, 关于多项式的加法与乘法作成一个环. 这个环称为 R 上未定元 x 的**多项式环**(polynomial ring), 记为 $R[x]$.

显然, R 是环 $R[x]$ 的一个子环, 且 $R[x]$ 的单位元就是 R 的单位元.

定理 3.10.1 设 $f(x), g(x)$ 是 $R[x]$ 中的两个非零多项式，则

(1) $\deg(f(x)+g(x)) \leqslant \max\{\deg(f(x)), \deg(g(x))\}$；

(2) $\deg(f(x)g(x)) \leqslant \deg(f(x))+\deg(g(x))$，

且当 $f(x)$ 与 $g(x)$ 的最高次项系数至少有一个不是零因子时，有

$$\deg(f(x)g(x)) = \deg(f(x))+\deg(g(x)).$$

可以仿照数域上的多项式的相应结论证明该定理，不再赘述.

带余除法是数域上多项式理论的基础，也可以在一般多项式环中得到推广.

定理 3.10.2 设 $f(x), g(x) \in R[x]$，且 $g(x) \neq 0$. 如果 $g(x)$ 的首项系数是 R 的可逆元，则存在唯一的多项式 $q_1(x), r_1(x) \in R[x]$ 及 $q_2(x), r_2(x) \in R[x]$，使

$$f(x) = g(x)q_1(x)+r_1(x), \quad r_1(x)=0 \text{ 或 } \deg(r_1(x)) < \deg(g(x)),$$

$$f(x) = q_2(x)g(x)+r_2(x), \quad r_2(x)=0 \text{ 或 } \deg(r_2(x)) < \deg(g(x)).$$

证 仅证 $q_1(x)$，$r_1(x)$ 的情况.

存在性. 若 $f(x)=0$ 或 $\deg(f(x)) < \deg(g(x))$，则取 $q_1(x)=0$，$r_1(x)=f(x)$ 即可. 下面假设

$$f(x) = a_0 + a_1x + \cdots + a_mx^m, \quad g(x) = b_0 + b_1x + \cdots + b_nx^n,$$

其中 $a_m \neq 0$，b_n 为可逆元，且 $m \geqslant n$.

对 m 应用数学归纳法. 假设对次数小于 m 的每个多项式除以 $g(x)$，都存在满足定理条件的多项式. 现在来看 $f(x)$ 除以 $g(x)$ 的情况. 令

$$f_1(x) = f(x) - g(x)b_n^{-1}a_mx^{m-n},$$

则 $f_1(x)=0$ 或 $\deg(f_1(x)) < m$. 由已证结果或归纳假设，存在 $q(x), r(x)$，使

$$f_1(x) = g(x)q(x)+r(x),$$

其中 $r(x)=0$ 或 $\deg(r(x)) < \deg(g(x))$. 于是

$$f(x) = g(x)(q(x)+b_n^{-1}a_mx^{m-n})+r(x),$$

即存在 $q_1(x) = q(x)+b_n^{-1}a_mx^{m-n}$，$r_1(x)=r(x)$，使

$$f(x) = g(x)q_1(x)+r_1(x),$$

其中 $r_1(x)=0$ 或 $\deg(r_1(x)) < \deg(g(x))$.

唯一性. 设另有一对多项式 $q'(x), r'(x) \in R[x]$，使

$$f(x) = g(x)q'(x)+r'(x),$$

其中 $r'(x)=0$ 或 $\deg(r'(x)) < \deg(g(x))$，则

$$g(x)q_1(x)+r_1(x) = g(x)q'(x)+r'(x),$$

即

$$g(x)(q_1(x)-q'(x)) = r'(x)-r_1(x).$$

若 $q_1(x)-q'(x)\neq 0$，则由于 $g(x)$ 的首项系数是可逆元，所以由定理 3.10.1,

$$\deg(q_1(x)-q'(x))+\deg(g(x))=\deg(r'(x)-r_1(x))<\deg(g(x)),$$

矛盾. 因此 $q_1(x)-q'(x)=0$，从而 $r'(x)-r_1(x)=0$，即 $q'(x)=q_1(x)$，$r'(x)=r_1(x)$. □

上述定理中的 $q_1(x)$ 与 $r_1(x)$ 分别称为右商与右余式，而 $q_2(x)$ 与 $r_2(x)$ 分别称为左商与左余式. 但由于环 R 未必是交换的，因而在一般情况下，左商 $\neq$ 右商，左余式 $\neq$ 右余式. 当然，在 R 为交换环时，左右两者相等.

例 3.10.1 证明：域 F 上多项式环 $F[x]$ 的每个理想都是主理想.

证 设 A 是 $F[x]$ 的任意一个理想. 若 $A=\{0\}$，则 $A=\langle 0\rangle$. 若 $A\neq\{0\}$，则 A 中存在次数最低的多项式 $g(x)$，且有 $\langle g(x)\rangle\subseteq A$.

对于任意的多项式 $f(x)\in A$，由定理 3.10.2，存在 $q(x),r(x)\in F(x)$，使

$$f(x)=g(x)q(x)+r(x),$$

其中 $r(x)=0$ 或 $\deg(r(x))<\deg(g(x))$.

因为 $f(x)\in A$，$g(x)\in\langle g(x)\rangle\subseteq A$，所以 $r(x)\in A$. 由于 $g(x)$ 的次数是 A 中最低的，因此 $r(x)=0$. 从而

$$f(x)=g(x)q(x)\in\langle g(x)\rangle.$$

即 $A\subseteq\langle g(x)\rangle$. 所以 $A=\langle g(x)\rangle$. 这说明 $F[x]$ 的每个理想都是主理想.

因为 R 是有单位元的环，所以 R 上未定元 x_1 的多项式环 $R[x_1]$ 也是一个有单位元的环. 从而 $R[x_1]$ 上未定元 x_2 的多项式环 $R[x_1][x_2]$ 也是有单位元的环. 依次可得多项环 $R[x_1][x_2]\cdots[x_n]$，称其为 R 上未定元 $x_1,x_2,\cdots,x_n$ 的 n 元多项式环，简记为 $R[x_1,x_2,\cdots,x_n]$.

最后，我们讨论域 F 上的多项式环 $F[x]$.

有关数域上的多项式的概念和结论，在一般域 F 上的多项式环中都有相应的概念和结论.

定理 3.10.3 设 F 是域 E 的一个子域，则 E 中的元素 α 是 F 上多项式 $f(x)$ 的根，当且仅当 $x-\alpha$ 整除 $f(x)$，其中 x 是 E 上的未定元.

定理 3.10.4 设 F 是域 E 的一个子域，x 是 E 上的未定元，则 F 上 $n(n>0)$ 次多项式 $f(x)$ 在 E 中根的个数不超过 n. 其中，重根按重数计.

但上述结论对一般环上的多项式不成立!

例 3.10.2 $\mathbb{Z}_8=\{\overline{0},\overline{1},\overline{2},\overline{3},\overline{4},\overline{5},\overline{6},\overline{7}\}$ 上的二次多项式 $x^2-\overline{1}$ 在 $\mathbb{Z}_8$ 内有四个根 $\overline{1},\overline{3},\overline{5},\overline{7}$. 根的个数可以大于多项式的次数.

定理 3.10.5 设 F 是域 E 的一个子域，而 F 上的多项式 $f(x)$ 在 $E[x]$ 中可分解成一次因式的乘积，则 $f(x)$ 在 E 中无重根当且仅当

$$(f(x),f'(x))=1.$$

习题 3.10

1. 设 R 为整环. 证明: R 上的多项式环 $R[x]$ 也是整环.
2. 在 $\mathbb{Z}_7[x]$ 中计算:

$$(\overline{3}x^3+\overline{5}x-\overline{4})(\overline{4}x^2-\overline{1}x+\overline{3}).$$

3. 求多项式 $f(x)=x^3+\overline{1}$ 在 $\mathbb{Z}_4$ 中的根.
4. 设 F^* 是域 F 的乘法群. 证明: F^* 的任意有限子群都是循环群.

3.11* 环 的 直 和

同群的直积类似, 本节介绍环的直和.

设 $A_1,A_2,\cdots,A_n$ 是 n 个环, 作这 n 个集合的卡氏积:

$$A=A_1\times A_2\times\cdots\times A_n=\{(a_1,a_2,\cdots,a_n)\,|\,a_i\in A_i,1\leqslant i\leqslant n\}.$$

对 A 规定加法与乘法:

$$(a_1,a_2,\cdots,a_n)+(b_1,b_2,\cdots,b_n)=(a_1+b_1,a_2+b_2,\cdots,a_n+b_n),$$
$$(a_1,a_2,\cdots,a_n)(b_1,b_2,\cdots,b_n)=(a_1b_1,a_2b_2,\cdots,a_nb_n).$$

容易证明, A 关于上面规定的加法与乘法作成一个环. 这个环称为环 $A_1,A_2,\cdots,A_n$ 的**外直和**(external direct sum), 其中, A 的零元为 $(0_1,0_2,\cdots,0_n)$ (环 A_i 的零元用 0_i 表示, $1\leqslant i\leqslant n$), $(a_1,a_2,\cdots,a_n)$ 的负元为 $(-a_1,-a_2,\cdots,-a_n)$.

显然, 环 A 可换当且仅当每个 A_i 可换, 且当 A_i 有单位元 $e_i(1\leqslant i\leqslant n)$ 时, A 有单位元 $(e_1,e_2,\cdots,e_n)$.

令

$$R_i=\{(0_1,\cdots,0_{i-1},a_i,0_{i+1},\cdots,0_n)\,|\,a_i\in A_i\},\quad i=1,2,\cdots,n,$$

则易知 R_i 是环 A 的一个理想, 且 $R_i\cong A_i$. R_i 称为 A 的第 i 个**投影**(projection).

更进一步, 环 A 中每个元素 $(a_1,a_2,\cdots,a_n)$ 均可表示为

$$(a_1,a_2,\cdots,a_n)=\sum_{i=1}^{n}(0_1,\cdots,0_{i-1},a_i,0_{i+1},\cdots,0_n),$$

即环 A 中元素能表成 $R_1,R_2,\cdots,R_n$ 中元素的和, 并且表示法唯一. 这是因为, 若 $a\in A$ 能表示为

$$a=\sum_{i=1}^{n}(0_1,\cdots,0_{i-1},a_i,0_{i+1},\cdots,0_n)=\sum_{i=1}^{n}(0_1,\cdots,0_{i-1},b_i,0_{i+1},\cdots,0_n),$$

则

$$(a_1,a_2,\cdots,a_n)=(b_1,b_2,\cdots,b_n),$$

从而 $a_i=b_i(i=1,2,\cdots,n)$.

根据上面的讨论，环 $A_1,A_2,\cdots,A_n$ 的外直和 A 有 n 个理想 $R_1,R_2,\cdots,R_n$，满足

$$A=R_1+R_2+\cdots+R_n,$$

且环 A 中元素表为 $R_1,R_2,\cdots,R_n$ 中元素之和时，表示法唯一. 由此引出内直和的概念.

定义 3.11.1 设 $R_1,R_2,\cdots,R_n$ 是环 R 的 n 个子环. 如果

(1) $R_i\ (i=1,2,\cdots,n)$ 是环 R 的理想;

(2) $R=R_1+R_2+\cdots+R_n$;

(3) R 中元素表成 $R_1,R_2,\cdots,R_n$ 中元素之和时，表示法唯一，

则称环 R 是子环 $R_1,R_2,\cdots,R_n$ 的**内直和**(inner direct sum)，记为

$$R=R_1\oplus R_2\oplus\cdots\oplus R_n \quad 或 \quad R=\sum_{i=1}^{n}\oplus R_i.$$

根据这个定义，在上面的讨论中，环 $A_1,A_2,\cdots,A_n$ 的外直和是 $R_1,R_2,\cdots,R_n$ 的内直和.

例 3.11.1 模 2 与模 3 的剩余类环分别为

$$\mathbb{Z}_2=\{\bar{0},\bar{1}\},\quad \mathbb{Z}_3=\{\tilde{0},\tilde{1},\tilde{2}\},$$

它们的外直和为

$$\mathbb{Z}_2\times\mathbb{Z}_3=\{(\bar{0},\tilde{0}),(\bar{0},\tilde{1}),(\bar{0},\tilde{2}),(\bar{1},\tilde{0}),(\bar{1},\tilde{1}),(\bar{1},\tilde{2})\}.$$

例 3.11.2 模 6 的剩余类环 $\mathbb{Z}_6$ 是其子环

$$R_1=\{\bar{0},\bar{3}\},\quad R_2=\{\bar{0},\bar{2},\bar{4}\}$$

的内直和，即

$$\mathbb{Z}_6=R_1\oplus R_2.$$

利用环 $A_1,A_2,\cdots,A_n$，可以构造外直和 A，而由 A 可以构造其投影 $R_1,R_2,\cdots,R_n$ 的内直和. 反过来，由内直和也可以得到一个外直和.

定理 3.11.1 设 $R_i(i=1,2,\cdots,n)$ 是环 R 的 n 个子环，则 R 是子环 $R_1,R_2,\cdots,R_n$ 的内直和的充分必要条件是:

(1) $R_i\ (i=1,2,\cdots,n)$ 是环 R 的理想;

(2) $R=R_1+R_2+\cdots+R_n$;

(3) $R_i\cap(R_1+\cdots+R_{i-1}+R_{i+1}+\cdots+R_n)=\{0\}$，$i=1,2,\cdots,n$.

证 设 R 是子环 $R_1,R_2,\cdots,R_n$ 的内直和，则只需证明条件(3)成立即可.

对任意的 i，记 $N_i=R_i\cap(R_1+\cdots+R_{i-1}+R_{i+1}+\cdots+R_n)$. 任取 $x\in N_i$，则存在

$x_j \in R_j$, $j=1,2,\cdots,n$，使

$$x = x_i = x_1 + \cdots + x_{i-1} + x_{i+1} + \cdots + x_n,$$

即 $0 = x_1 + \cdots + x_{i-1} + (-x_i) + x_{i+1} + \cdots + x_n$．根据直和的定义，$x_i = 0(i=1,2,\cdots,n)$．从而 $x=0$．即 $N_i = \{0\}$．所以 $R_i \bigcap (R_1 + \cdots + R_{i-1} + R_{i+1} + \cdots + R_n) = \{0\}$．

反之，设条件(1), (2), (3)成立，则只需证明：R 中每个元素的表示法唯一.

若 R 有元素 x 能表成

$$x = a_1 + a_2 + \cdots + a_n = b_1 + b_2 + \cdots + b_n,$$

其中 $a_i, b_i \in R_i (i=1,2,\cdots,n)$，则

$$\begin{aligned} a_i - b_i &= (b_1 - a_1) + \cdots + (b_{i-1} - a_{i-1}) + (b_{i+1} - a_{i+1}) + \cdots + (b_n - a_n) \\ &\in R_i \bigcap (R_1 + \cdots + R_{i-1} + R_{i+1} + \cdots + R_n) = \{0\}, \end{aligned}$$

即 $a_i = b_i (i=1,2,\cdots,n)$．这说明 x 表成 $R_1, R_2, \cdots, R_n$ 中元素之和时，表示法唯一. 因此 R 是 $R_1, R_2, \cdots, R_n$ 的直和. □

上述定理表明：条件“$R_i \bigcap (R_1 + \cdots + R_{i-1} + R_{i+1} + \cdots + R_n) = \{0\}$, $i=1,2,\cdots,n$”可以代替定义 3.11.1 中的条件(3).

实际上，定义 3.11.1 中的条件(3)也可用条件“零元素 0 的表示法唯一”来代替.

事实上，设零元素的表示法唯一. 对 R 中任意元素 x，若 x 能表成

$$x = a_1 + a_2 + \cdots + a_n = b_1 + b_2 + \cdots + b_n \quad (a_i, b_i \in R_i, 1 \leqslant i \leqslant n),$$

则

$$(a_1 - b_1) + (a_2 - b_2) + \cdots + (a_n - b_n) = 0, \quad a_i - b_i \in R_i, \ 1 \leqslant i \leqslant n.$$

而显然

$$0 + 0 + \cdots + 0 = 0,$$

因此,

$$(a_1 - b_1) = (a_2 - b_2) = \cdots = (a_n - b_n) = 0,$$

即 $a_i = b_i \in R_i$，$1 \leqslant i \leqslant n$．这说明 R 中元素表成 $R_1, R_2, \cdots, R_n$ 中元素之和时，表示法唯一.

定理 3.11.2 设环 R 是其子环 $R_1, R_2, \cdots, R_n$ 的内直和，则

$$R_1 \times R_2 \times \cdots \times R_n \cong R.$$

证 令

$$\varphi: R_1 \times R_2 \times \cdots \times R_n \to R,$$

$$(a_1, a_2, \cdots, a_n) \mapsto a_1 + a_2 + \cdots + a_n, \quad \forall a_i \in R_i, 1 \leqslant i \leqslant n,$$

则 φ 是 $R_1 \times R_2 \times \cdots \times R_n$ 到 R 的一个映射，且显然也是满射.

若有

$$a_1+a_2+\cdots+a_n=b_1+b_2+\cdots+b_n \quad (a_i,b_i\in R_i, 1\leqslant i\leqslant n),$$

则由内直和的定义，$a_i=b_i(i=1,2,\cdots,n)$．于是

$$(a_1,a_2,\cdots,a_n)=(b_1,b_2,\cdots,b_n),$$

从而 φ 为单射．因此 φ 为双射．

对于 $i\neq j$，由于

$$R_i\cap R_j\subseteq R_i\cap(R_1+R_2+\cdots+R_{i-1}+R_{i+1}+\cdots+R_n)=\{0\},$$

因此 $R_i\cap R_j=\{0\}$．于是当 $a_i\in R_i$，$a_j\in R_j$ 时，

$$a_ia_j\in R_i\cap R_j=\{0\},$$

即 $a_ia_j=0(i\neq j)$．因此

$$(a_1+a_2+\cdots+a_n)(b_1+b_2+\cdots+b_n)=a_1b_1+a_2b_2+\cdots+a_nb_n \quad (a_i,b_i\in R_i, 1\leqslant i\leqslant n),$$

从而

$$\begin{aligned}\varphi((a_1,a_2,\cdots,a_n)(b_1,b_2,\cdots,b_n))&=\varphi(a_1b_1,a_2b_2,\cdots,a_nb_n)=a_1b_1+a_2b_2+\cdots+a_nb_n\\&=(a_1+a_2+\cdots+a_n)(b_1+b_2+\cdots+b_n)=\varphi(a_1,a_2,\cdots,a_n)\varphi(b_1,b_2,\cdots,b_n),\end{aligned}$$

而 φ 保持加法运算是显然的，因此 φ 为同构映射．故 $R_1\times R_2\times\cdots\times R_n\cong R$．　□

上述定理表明，内直和与外直和在同构意义下是一致的．因此，内直和与外直和都简称为直和，且外直和 $R_1\times R_2\times\cdots\times R_n$ 也记为 $R_1\oplus R_2\oplus\cdots\oplus R_n$．

习题 3.11

1. 设环 R 是其子环 R_1,R_2 的内直和，N 是 R_1 的一个理想．证明：N 是 R 的理想．

2. 设环 R 是其子环 $R_1,R_2,\cdots,R_n$ 的内直和．证明：

$$\varphi_i: R\to R_i,$$
$$a=a_1+a_2+\cdots+a_n\mapsto a_i \quad (a_j\in R_j, 1\leqslant j\leqslant n)$$

是环 R 到环 R_i 的同态满射，且

(1) $\varphi_i\varphi_j=\begin{cases}\varphi_i, & i=j,\\ 0, & i\neq j;\end{cases}$

(2) $\varphi_1+\varphi_2+\cdots+\varphi_n=\varepsilon$,

其中 0 为 R 的零同态，ε 为 R 的恒等变换．

3. 设 N 是环 R 的一个理想．证明：若 N 有单位元，则存在 R 的理想 N'，使

$$R=N\oplus N'.$$

4. 设 e 是环 R 的中心元素，且满足 $e^2=e$．证明：若 R 有单位元 1，则 eR 与 $(1-e)R$ 都是 R 的理想，且

$$R=eR\oplus(1-e)R.$$

第 4 章　唯一分解整环

在整数环中，若不计因子的次序，每一个大于 1 的正整数都可唯一分解成素数的乘积，这就是所谓的算术基本定理. 同样，在数域 F 上的多项式环 $F[x]$ 中，每一个次数大于1的多项式，都能分解成不可约多项式的乘积，而且除了因子次序和零次因子的差别外，分解是唯一的. 本章将对一般的整环讨论元素分解问题，并给出唯一分解定理成立的一些条件.

在本章中，K 均表示一个整环，且其零元与单位元分别记为 0 与 1.

4.1　不可约元与素元

本节先介绍与因子分解相关的一些基本概念，它们都是整数环中相应概念的推广.

定义 4.1.1　设 $a,b \in K$. 若存在元素 $c \in K$，使

$$a = bc,$$

则称 b 整除 a，或称 b 为 a 的一个**因子**(divisor)，记为 $b \mid a$. 若 b 不整除 a，则记为 $b \nmid a$.

按照这个定义，对任意的 $a \in K$，$a \mid 0$. 特别地，$0 \mid 0$，而且 0 只能整除 0.

元素的整除关系具有下列性质.

定理 4.1.1　设 $a,b,c \in K$，则

(1) $c \mid b, b \mid a \Rightarrow c \mid a$;

(2) $b \mid a \Leftrightarrow \langle a \rangle \subseteq \langle b \rangle$;

(3) $a \mid b, b \mid a \Leftrightarrow b = a\varepsilon$($\varepsilon$ 为 K 的一个单位)$\Leftrightarrow \langle a \rangle = \langle b \rangle$;

(4) ε 是单位 $\Leftrightarrow \varepsilon \mid 1$;

(5) 若 $b \mid \varepsilon$，其中 ε 为 K 的单位，则 b 也是 K 的单位;

(6) 对于 K 的任意单位 ε，$\varepsilon \mid a$，且 $\varepsilon a \mid a$.

证　(1) 因为 $c \mid b, b \mid a$，所以存在 $d, e \in K$，使

$$b = cd, \quad a = be,$$

于是 $a = be = (cd)e = c(de)$，从而 $c \mid a$.

(2) 设 $b \mid a$，则存在 $c \in K$，使 $a = bc$. 于是 $a = bc \in \{br \mid r \in K\} = \langle b \rangle$，从而

$\langle a\rangle \subseteq \langle b\rangle$.

反之，设$\langle a\rangle \subseteq \langle b\rangle$，则$a\in\langle a\rangle \subseteq \langle b\rangle$. 从而存在$d\in K$，使$a=bd$，即$b\mid a$.

(3) 由(2)，$a\mid b,b\mid a \Leftrightarrow \langle a\rangle = \langle b\rangle$. 下证：$a\mid b,b\mid a \Leftrightarrow b=a\varepsilon$.

设$a\mid b,b\mid a$，则存在$d,e\in K$，使

$$b=ad,\quad a=be,$$

于是，$b=ad=(be)d=b(ed)$.

若$b=0$，则$a=0$，从而$b=a\varepsilon$成立.

若$b\neq 0$，则由$b=b(ed)$知，$ed=1$. 于是d为K的单位. 从而取ε为d时，即有$b=a\varepsilon$.

反之，设K有单位ε，使$b=a\varepsilon$，则$a\mid b$，且$b\varepsilon^{-1}=a$. 于是又有$b\mid a$.

(4) 设ε为K的单位，则$\varepsilon^{-1}\in K$，且$\varepsilon\varepsilon^{-1}=1$，即$\varepsilon\mid 1$.

反之，若$\varepsilon\mid 1$，则存在$e\in K$，使 $1=\varepsilon e$. 从而ε可逆，即ε为K的单位.

(5) 设$b\mid\varepsilon$，则存在$e\in K$，使$\varepsilon=be$. 于是

$$1=\varepsilon\varepsilon^{-1}=(be)\varepsilon^{-1}=b(e\varepsilon^{-1}),$$

即b是K的单位.

(6) 由$a=\varepsilon(\varepsilon^{-1}a)=\varepsilon^{-1}(\varepsilon a)$得，$\varepsilon\mid a$，且$\varepsilon a\mid a$. □

定义 4.1.2　设$a,b\in K$. 如果存在K的单位ε，使

$$a=b\varepsilon,$$

则称a与b**相伴**，或称a是b的**相伴元**(associated element).

易知，K中元素的相伴关系是一个等价关系. 因此，当a与b相伴时，也记为$a\sim b$. 元素a所在的等价类也叫a的相伴类.

根据定理 4.1.1 中的(3)，$a\sim b$当且仅当a与b互相整除，当且仅当$\langle a\rangle=\langle b\rangle$.

对于K中的元素a，由于对任意单位ε，ε与εa总是a的因子，故这些因子称为a的**平凡因子**(trivial divisor)，即K的单位与a的相伴元为a的平凡因子. 若a的因子b不是平凡因子，则称b为a的**非平凡因子**或**真因子**(proper divisor).

定理 4.1.2　设$a,b\in K$，且b是a的因子，则

(1) 当b是a的平凡因子时，b的相伴元也是a的平凡因子；

(2) 当b是a的真因子时，b的相伴元也是a的真因子，且$\langle a\rangle\subset\langle b\rangle$.

证　设$c\in K$，使$a=bc$.

(1) 若b是a的平凡因子，则b为单位或a的相伴元. 于是对于K的任意单位ε，当b为单位时，εb也是单位；当b为a的相伴元时，存在K的单位ε_1，使$b=a\varepsilon_1$. 于是$\varepsilon b=a(\varepsilon\varepsilon_1)$也是$a$的相伴元. 因而，$\varepsilon b$是$a$的平凡因子.

(2) 若b是a的真因子，则对于K的任意单位ε，εb不是单位；否则有b为单

位，矛盾. 同时，εb 也不是 a 的相伴元，否则存在 K 的单位 ε_1，使 $\varepsilon b=\varepsilon_1 a$，从而 $b=(\varepsilon^{-1}\varepsilon_1)a$. 由于 $\varepsilon^{-1}\varepsilon_1$ 仍是 K 的单位，故 b 与 a 相伴，矛盾. 因此，b 的相伴元 εb 也是 a 的真因子.

又显然 $\langle a\rangle\subseteq\langle b\rangle$ 成立. 假若有 $\langle a\rangle=\langle b\rangle$，则 a 与 b 互相整除，这与 b 是 a 的真因子矛盾. 因此 $\langle a\rangle\subset\langle b\rangle$. □

定理 4.1.3 设 $a,b,c\in K$，且 $a\neq 0, a=bc$. 如果 b 是 a 的真因子，则 c 也是 a 的真因子.

证 因为 $a=bc$，且 b 是 a 的真因子，所以 c 是 a 的因子，且 c 不是单位. 下面证明：c 也不是 a 的相伴元.

假若 c 是 a 的相伴元，则存在 K 的单位 ε，使

$$c=a\varepsilon,$$

于是 $a=bc=b(a\varepsilon)=a(b\varepsilon)$. 考虑到 $a\neq 0$，得 $b\varepsilon=1$. 于是 b 为单位. 这与 b 为 a 的真因子矛盾. 因此，c 不是 a 的相伴元. 故 c 是 a 的真因子. □

定义 4.1.3 设 $a\in K, a\neq 0$，且 a 不是单位. 如果 a 只有平凡因子，则称 a 为 K 的一个**不可约元**(irreducible element). 如果 a 有真因子，则称 a 为 K 的一个**可约元**(reducible element).

显然，数域 F 上的多项式环 $F[x]$ 中的不可约元就是全体不可约多项式；而整数环中的不可约元就是全体素数及其相反数.

例 4.1.1 设 $K=\mathbb{Z}[\sqrt{5}\mathrm{i}]=\{a+b\sqrt{5}\mathrm{i}\mid a,b\in\mathbb{Z}\}$.

(1) 证明：K 的单位只有 1 与 -1；

(2) 求 $2+\sqrt{5}\mathrm{i}$ 的相伴元；

(3) 若 $\alpha\in K$ 满足 $|\alpha|^2=9$，则 α 是 K 的不可约元.

证 (1) 设 ε 是 K 的单位，则 $\varepsilon^{-1}\in K$，且 $\varepsilon\varepsilon^{-1}=1$. 从而 $|\varepsilon|^2|\varepsilon^{-1}|^2=1$.

设 $\varepsilon=a+b\sqrt{5}\mathrm{i}$，则 $|\varepsilon|^2=a^2+5b^2$. 从而 $|\varepsilon|^2=1$，即

$$a^2+5b^2=1.$$

由于 $a,b\in\mathbb{Z}$，因此 $a^2=1, b^2=0$，即 $\varepsilon=1$ 或 $\varepsilon=-1$. 而显然 1 与 -1 也是 K 的单位. 因此，K 的单位只有 1 与 -1.

(2) 由于 K 的单位只有 1 与 -1，故 $2+\sqrt{5}\mathrm{i}$ 的相伴元只有 $2+\sqrt{5}\mathrm{i}$ 与 $-(2+\sqrt{5}\mathrm{i})$.

(3) 设 $\beta=a+b\sqrt{5}\mathrm{i}$ 是 α 的任一因子，则有 $\gamma\in K$，使 $\alpha=\beta\gamma$，从而 $|\beta|^2|\gamma|^2=9$. 而 $|\beta|^2=a^2+5b^2$，故只有 $|\beta|^2=1$ 或 9.

当 $|\beta|^2=1$ 时，β 为单位；当 $|\beta|^2=9$ 时，γ 为单位，从而 β 为 α 的相伴元. 因

此，β 为 α 的平凡因子. 所以，α 是 K 的不可约元.

定理 4.1.4　设 $a \in K, a \neq 0$，且 a 不是单位，则 a 是 K 的可约元的充分必要条件是：存在 a 的真因子 b 与 c，使

$$a = bc.$$

证　充分性显然成立，下证必要性.

设 a 为 K 的一个可约元，则 a 有真因子 b. 于是存在 $c \in K$，使

$$a = bc,$$

根据定理 4.1.3，c 也是 a 的真因子. □

定理 4.1.5　K 的不可约元的相伴元仍是 K 中的不可约元.

证　设 a 是 K 的不可约元，b 为 a 的一个相伴元，则存在 K 的单位 ε，使

$$b = a\varepsilon.$$

由于 $a \neq 0$，且 a 不是单位，故 $b \neq 0$，且 b 也不是单位.

设 c 为 b 的任一因子，则存在 $d \in K$，使

$$b = cd,$$

于是

$$a\varepsilon = cd, \quad a = c(\varepsilon^{-1}d).$$

由于 a 是不可约元，故 c 是单位，或 $c \sim a$.

当 $c \sim a$ 时，由于 $b \sim a$，从而 $c \sim b$. 因此，c 为单位，或 c 与 b 相伴，即 c 为 b 的平凡因子. 故 b 为不可约元. □

定义 4.1.4　设 $p \in K, p \neq 0$，且 p 不是单位. 如果由 $p \mid ab$ 能推出 $p \mid a$ 或 $p \mid b$，则称 p 为 K 的一个**素元**(prime element).

定理 4.1.6　在整环 K 中，每一个素元都是不可约元.

证　设 p 为 K 的一个素元，且 a 为 p 的任意一个因子，则存在 $b \in K$，使 $p = ab$. 从而 $p \mid ab$. 由素元的定义，$p \mid a$ 或 $p \mid b$.

若 $p \mid a$，则由 $p = ab$ 又可得 $a \mid p$，所以 a 与 p 相伴.

若 $p \mid b$，则类似地可得 b 与 p 相伴. 于是存在 K 的单位 ε，使 $b = \varepsilon p$. 从而

$$a\varepsilon p = p, \quad a\varepsilon = 1,$$

即 a 为 K 的单位.

这说明，不论是 $p \mid a$，还是 $p \mid b$，a 都是 p 的平凡因子. 故 p 是 K 的不可约元. □

应该注意，这个定理的逆定理不成立，即不可约元不一定是素元.

例如，在例 4.1.1 的环 $\mathbb{Z}[\sqrt{5}\mathrm{i}]$ 中，3 是它的不可约元. 由于

$$9=(2+\sqrt{5}\,\mathrm{i})(2-\sqrt{5}\,\mathrm{i}),$$

所以 $3\mid(2+\sqrt{5}\,\mathrm{i})(2-\sqrt{5}\,\mathrm{i})$. 但易知 3 不能整除 $2+\sqrt{5}\,\mathrm{i}$ 与 $2-\sqrt{5}\,\mathrm{i}$ 中的任何一个，即 3 不是环 $\mathbb{Z}[\sqrt{5}\,\mathrm{i}]$ 的素元.

习题 4.1

1. 在下列整环 K 中，所给元素是否为素元？是否为不可约元？

(1) $K=\mathbb{Z}[\sqrt{2}\,\mathrm{i}]=\{a+b\sqrt{2}\mathrm{i}\mid a,b\in\mathbb{Z}\}$： $\sqrt{2}\,\mathrm{i}$, 7, $3-\sqrt{2}\,\mathrm{i}$, $2+5\sqrt{2}\,\mathrm{i}$;

(2) $K=\mathbb{Z}[\sqrt{6}\,\mathrm{i}]=\{a+b\sqrt{6}\,\mathrm{i}\mid a,b\in\mathbb{Z}\}$： $\sqrt{6}\,\mathrm{i}$, 7, $5+\sqrt{6}\,\mathrm{i}$, $2+\sqrt{6}\,\mathrm{i}$.

2. 证明：在高斯整环 $\mathbb{Z}[\mathrm{i}]$ 中，3 是不可约元，5 是可约元.

3. 证明：素元的相伴元仍是素元.

4. 设 $K=\mathbb{Z}[\sqrt{3}\,\mathrm{i}]=\{a+b\sqrt{3}\,\mathrm{i}\mid a,b\in\mathbb{Z}\}$. 证明：2, $1+\sqrt{3}\,\mathrm{i}$, $1-\sqrt{3}\,\mathrm{i}$ 是不可约元，但都不是素元.

4.2 唯一分解整环

定义 4.2.1 设 $a\in K$. 如果 K 中有不可约元 $p_1,p_2,\cdots,p_r$ 及 $q_1,q_2,\cdots,q_s$，使

$$a=p_1p_2\cdots p_r=q_1q_2\cdots q_s$$

时，就有 $r=s$，且适当调换不可约元的次序后，p_i 与 q_i $(i=1,2,\cdots,r)$ 相伴，则称元素 a 在 K 中**能唯一分解**，或称 a 为 K 中的**唯一分解元**(unique factorization element).

由于零元不是不可约元，而 K 又无零因子，因此，零元不能表成不可约元之积. 故零元不是唯一分解元. 同样，单位也不是唯一分解元.

定义 4.2.2 如果整环 K 的每一个既不是零又不是单位的元素都能唯一分解，则称 K 是**唯一分解整环**(unique factorization domain).

根据这个定义，整数环 $\mathbb{Z}$ 及数域 F 上的多项式环 $F[x]$ 都是唯一分解整环.

例 4.2.1 整环 $K=\mathbb{Z}[\sqrt{3}\,\mathrm{i}]=\{a+b\sqrt{3}\,\mathrm{i}\mid a,b\in\mathbb{Z}\}$ 不是唯一分解整环.

证 (1) ε 是 K 的单位 $\Leftrightarrow\varepsilon=1$ 或 -1.

事实上，若 ε 是 K 的单位，则存在 $\varepsilon^{-1}\in K$，使 $\varepsilon\varepsilon^{-1}=1$. 于是 $|\varepsilon|^2|\varepsilon^{-1}|^2=1$. 设 $\varepsilon=a+b\sqrt{3}\,\mathrm{i}$，则 $|\varepsilon|^2=a^2+3b^2$ 为正整数，故 $|\varepsilon|^2=1$. 从而 $\varepsilon=1$ 或 $\varepsilon=-1$.

容易验证，$\varepsilon=1$ 与 $\varepsilon=-1$ 确实是 K 的单位.

(2) K 中满足 $|\alpha|^2=4$ 的元素 α 是 K 的不可约元.

事实上，α 不是零元，也不是单位. 设 $\beta=m+n\sqrt{3}\,\mathrm{i}$ 是 α 的任意一个因子，则

有 $\gamma \in K$，使 $\alpha = \beta\gamma$．于是 $4 = |\alpha|^2 = |\beta|^2|\gamma|^2$．

但对于任何整数 m,n，$m^2+3n^2 \neq 2$．所以 $|\beta|^2=1$ 或 $|\beta|^2=4$．

若 $|\beta|^2=1$，则 β 是单位；若 $|\beta|^2=4$，则 $|\gamma|^2=1$，γ 是单位．从而 β 与 α 相伴．故 α 只有平凡因子，即 α 是 K 的不可约元．

(3) K 中元素 4 不能唯一分解．

由于 $|2|^2=4$，$|1\pm\sqrt{3}\mathrm{i}|^2=4$，故 $2,1\pm\sqrt{3}\mathrm{i}$ 都是 K 中的不可约元．又因为 K 的单位只有 1 与 -1，即 2 的相伴元只有 2 与 -2，故 $1+\sqrt{3}\mathrm{i}$ 与 $1-\sqrt{3}\mathrm{i}$ 都不是 2 的相伴元．而 $4=2\times 2=(1+\sqrt{3}\mathrm{i})(1-\sqrt{3}\mathrm{i})$，于是根据定义 4.2.1，4 不是 K 的唯一分解元．从而 K 不是唯一分解整环．

定理 4.2.1　设 K 是一个唯一分解整环，则 p 是 K 的素元当且仅当 p 是 K 的不可约元．

证　若 p 为 K 的素元，则由定理 4.1.6，p 是 K 中的不可约元．

反之，设 p 为 K 的不可约元，且 $p\mid ab$，则存在 $c\in K$，使

$$ab = pc.$$

若 a,b 中有零元或单位，则显然 p 至少整除 a,b 中的一个．下设 a 与 b 既不是零元，也不是单位．

由于 K 无零因子，所以 $c\neq 0$．同时 c 也不是单位．因为若不然，pc 也是不可约元，且能表成两个非单位的乘积，即 pc 有真因子，矛盾．

因为 K 是唯一分解整环，而 c 既不是 K 的零元也不是 K 的单位．因此，在 K 中 a,b,c 都能唯一分解．不妨设为

$$a = q_1q_2\cdots q_r,\quad b = q_1'q_2'\cdots q_s',\quad c = p_1p_2\cdots p_n,$$

$q_i,q_j',p_t\ (1\leqslant i\leqslant r,1\leqslant j\leqslant s,1\leqslant t\leqslant n)$ 为不可约元，则 $q_1q_2\cdots q_rq_1'q_2'\cdots q_s' = pp_1p_2\cdots p_n$．

由唯一分解的定义，不可约元 p 必与某个 q_i 或 q_j' 相伴．

若 p 与 q_i 相伴，则 $p\mid q_i$，而 $q_i\mid a$，所以 $p\mid a$．

若 p 与 q_j' 相伴，则类似可得 $p\mid b$．

因此，p 必整除 a,b 中的一个，即 p 为 K 中的素元．□

下面给出唯一分解整环的判定定理．

定理 4.2.2　设整环 K 满足：

(1) K 的每个既不是零又不是单位的元素 a 有因子分解：

$$a = p_1p_2\cdots p_r,$$

其中 $p_i\ (1\leqslant i\leqslant r)$ 为 K 中的不可约元；

(2) K 的每一个不可约元都是素元，

则 K 是唯一分解整环.

证 由(1)知, K 中每个既不是零又不是单位的元素 a 有一个不可约元的因子分解. 因此, 我们只需证明 a 的分解是唯一的.

假设 a 有两种不可约元的因子分解:

$$a = p_1 p_2 \cdots p_r = q_1 q_2 \cdots q_s,$$

其中 $p_i\ (1 \leqslant i \leqslant r)$ 与 $q_j\ (1 \leqslant j \leqslant s)$ 为 K 中的不可约元. 下证 $r = s$, 且适当调换 q_j 的顺序, 使 q_i 与 $p_i\ (i = 1, 2, \cdots, r)$ 相伴.

对不可约元的个数 r 应用数学归纳法.

当 $r = 1$ 时, $a = p_1$ 为不可约元. 从而 $s = 1$, 且 $q_1 = p_1$.

现设上述结论对 $r - 1$ 的情形成立, 下证结论对 r 也成立.

由于 p_1 为不可约元, 因而由(2)知, p_1 为素元. 又 $p_1 \mid q_1 q_2 \cdots q_s$, 故 p_1 必整除 $q_1, q_2, \cdots, q_s$ 中的某个 q_i. 适当调整次序, 可以假定 $p_1 \mid q_1$. 而 q_1 也是不可约元, 从而 p_1 与 q_1 相伴. 于是存在单位 ε, 使 $q_1 = \varepsilon p_1$, 从而有

$$a = p_1 p_2 \cdots p_r = (\varepsilon p_1) q_2 \cdots q_s .$$

约去 p_1, 得

$$p_2 p_3 \cdots p_r = (\varepsilon q_2) q_3 \cdots q_s .$$

由于 εq_2 是 q_2 的相伴元, 因此, εq_2 也是不可约元.

由归纳假设, $r - 1 = s - 1$. 且适当调整因子的次序, 使 q_i 与 $p_i\ (i = 2, 3, \cdots, r)$ 相伴. 于是 $r = s$, 且 q_i 与 $p_i\ (i = 1, 2, \cdots, r)$ 相伴.

因此, a 是 K 的唯一分解元. 故 K 是唯一分解整环. □

整数环中的公因数及数域 F 上的多项式环 $F[x]$ 中的公因式的概念, 也可以在唯一分解整环中得到推广.

定义 4.2.3 设 $a_1, a_2, \cdots, a_n$ 为整环 K 中的 n 个元素. 如果 c 是每个元素 $a_1, a_2, \cdots, a_n$ 的因子, 则称 c 是 $a_1, a_2, \cdots, a_n$ 的一个**公因子**(common divisor).

如果 d 是 $a_1, a_2, \cdots, a_n$ 的一个公因子, 且 $a_1, a_2, \cdots, a_n$ 的任何公因子都是 d 的因子, 则称 d 是 $a_1, a_2, \cdots, a_n$ 的一个**最大公因子**(greatest common divisor).

根据这个定义, 若 d_1, d_2 都是 $a_1, a_2, \cdots, a_n$ 的最大公因子, 则 d_1 与 d_2 互相整除. 从而 d_1 与 d_2 相伴. 反之, 若 d_1 与 d_2 相伴, 则当 d_1 是 $a_1, a_2, \cdots, a_n$ 的一个最大公因子时, d_2 也是 $a_1, a_2, \cdots, a_n$ 的一个最大公因子. 因此, 当 $a_1, a_2, \cdots, a_n$ 有最大公因子时, 其全部最大公因子构成一个相伴类. 我们用 $(a_1, a_2, \cdots, a_n)$ 表示 $a_1, a_2, \cdots, a_n$ 的任意一个最大公因子, 即若 d 是 $a_1, a_2, \cdots, a_n$ 的一个最大公因子, 则有 $(a_1, a_2, \cdots, a_n) \sim d$.

当 $a_1, a_2, \cdots, a_n$ 的最大公因子是单位时, 称 $a_1, a_2, \cdots, a_n$ **互素**, 此时有

$$(a_1, a_2, \cdots, a_n) \sim 1.$$

容易验证, 对于整环 K 的任意元素 a,b 及任意单位 ε, 有

(1) $(a,0) \sim a$;

(2) $(a,b) \sim 0 \Leftrightarrow a = b = 0$;

(3) $(a,\varepsilon) \sim \varepsilon$.

值得注意的是, 在一般整环 K 中, 任意给定 n 个元素的最大公因子未必存在.

例 4.2.2　整环 $\mathbb{Z}[\sqrt{3}\,\mathrm{i}]$ 中的元素

$$a = 2(1+\sqrt{3}\,\mathrm{i}) \quad 与 \quad b = (1+\sqrt{3}\,\mathrm{i})(1-\sqrt{3}\,\mathrm{i})$$

不存在最大公因子.

事实上, 由于

$$a = 2(1+\sqrt{3}\,\mathrm{i}) = -(1-\sqrt{3}\,\mathrm{i})^2, \quad b = 2^2 = (1+\sqrt{3}\,\mathrm{i})(1-\sqrt{3}\,\mathrm{i}),$$

所以 a,b 有公因子: $\pm1, \pm 2, \pm(1+\sqrt{3}\,\mathrm{i}), \pm(1-\sqrt{3}\,\mathrm{i})$.

容易验证, 上述公因子就是 a 与 b 的全部公因子. 但 $2, (1+\sqrt{3}\,\mathrm{i}), (1-\sqrt{3}\,\mathrm{i})$ 都是 $\mathbb{Z}[\sqrt{3}\,\mathrm{i}]$ 的不可约元, 从而不能互相整除. 因此它们都不是 a 与 b 的最大公因子. 同理, $-2, -(1+\sqrt{3}\,\mathrm{i}), -(1-\sqrt{3}\,\mathrm{i})$ 也不是 a 与 b 的最大公因子. 又 ±1 是单位, 也不能被其余公因子整除, 因而也不是最大公因子. 故 a 与 b 没有最大公因子.

然而, 在唯一分解整环中, 这种情况是不存在的. 因为我们有下面的结论.

定理 4.2.3　设 K 是一个唯一分解整环, $a,b \in K$, 则 a,b 的最大公因子存在.

证　若 $a=0$, 则 $(a,b) \sim b$; 若 a 为单位, 则 $(a,b) \sim a$. 同理, 当 $b=0$ 或 b 为单位时, (a,b) 也存在. 下设 a 与 b 既不是零元也不是单位.

令 $a = q_1 q_2 \cdots q_r, b = q_1' q_2' \cdots q_s'$, 其中 $q_i, q_j' (1 \leqslant i \leqslant r, 1 \leqslant j \leqslant s)$ 是素元, 且假定 $p_1, p_2, \cdots, p_n$ 是

$$q_1, q_2, \cdots, q_r, q_1', q_2', \cdots, q_s'$$

中互不相伴的素元, 则有 K 的单位 $\varepsilon_1, \varepsilon_2$, 及非负整数 $t_i, k_i (i = 1, 2, \cdots, n)$, 使

$$a = \varepsilon_1 p_1^{t_1} p_2^{t_2} \cdots p_n^{t_n}, \quad b = \varepsilon_2 p_1^{k_1} p_2^{k_2} \cdots p_n^{k_n}.$$

令

$$l_i = \min\{t_i, k_i\} \quad (i = 1, 2, \cdots, n),$$

$$d = p_1^{l_1} p_2^{l_2} \cdots p_n^{l_n},$$

则显然 d 是 a,b 的一个公因子.

对于 a,b 的任意一个公因子 c, 若 c 为单位, 则 $c \mid d$. 若 c 不是单位, 则令

$$c = p_1' p_2' \cdots p_t',$$

其中 $p_1', p_2', \cdots, p_t'$ 为 K 的素元.

由于 $c|a$，故对于每个 $i, p_i'|a$，从而 p_i' 整除某个 p_j．但二者都是素元，因而相伴. 故存在单位 ε_3 及非负整数 $m_1, m_2, \cdots, m_n$，使

$$c = \varepsilon_3 p_1^{m_1} p_2^{m_2} \cdots p_n^{m_n}.$$

由于 $c|a$，且当 $i \neq j$ 时，p_i 与 p_j 不相伴，因此

$$m_i \leqslant t_i, \quad i = 1, 2, \cdots, n.$$

同理可得，$m_i \leqslant k_i, i = 1, 2, \cdots, n$．从而有 $c|d$，即 d 是 a, b 的一个最大公因子.□

利用数学归纳法，可进一步得到下面的结论.

推论 4.2.1　设 K 是一个唯一分解整环，$a_1, a_2, \cdots, a_n \in K$，则 $a_1, a_2, \cdots, a_n$ 的最大公因子存在.

习题 4.2

1. 证明：$K = \mathbb{Z}[\sqrt{10}] = \{a + b\sqrt{10} | a, b \in \mathbb{Z}\}$ 不是唯一分解整环.
2. 证明：整数环 $\mathbb{Z}$ 上的多项式环 $\mathbb{Z}[x]$ 是一个唯一分解整环.
3. 证明：在高斯整环 $\mathbb{Z}[\mathrm{i}]$ 中，5 是唯一分解元.
4. 设 $a_1, a_2, \cdots, a_n$ 是唯一分解整环 K 中 n 个非零元素，且在 K 中有

$$a_1 = db_1, a_2 = db_2, \cdots, a_n = db_n.$$

证明：$(a_1, a_2, \cdots, a_n) \sim d \Leftrightarrow (b_1, b_2, \cdots, b_n) \sim 1$.

5. 在唯一分解整环 K 中，如果 $a | bc, (a, b) \sim 1$，则 $a | c$.

拓展阅读 21　库默尔小传

库默尔(E. E. Kummer, 1810～1893)，德国数学家，1810 年 1 月 29 日生于索拉乌(现波兰扎雷).

1819 年库默尔进入索拉乌预科学校. 1828 年进入哈雷大学学习. 开始学习神学，在数学教师的影响下，转而学数学. 1831 年获博士学位. 毕业后在索拉乌和利格尼茨等地的中学教学，并从事数学研究.

1842 年，在狄利克雷和雅可比的推荐下，库默尔成为布雷斯劳大学的正式教授. 1855 年，库默尔成为柏林大学教授，一直到退休. 1856 年，魏尔斯特拉斯也来到柏林大学执教. 在库默尔和魏尔斯特拉斯的共同努力下，1861 年柏林大学开办

了德国第一个纯粹数学讨论班. 1868～1869 年任柏林大学校长, 1868 年成为巴黎科学院院士, 他还是英国皇家学会及其他许多科学学会的成员.

库默尔在数论、几何学、函数论、数学分析、方程论等方面都有较大的贡献, 但最主要的是在函数论、数论和几何三个方面.

在函数论方面, 他研究了超几何级数, 首次对这些级数的单值群的代换进行计算. 他发明的级数变换法是相当有名的, 在级数的数值计算中有广泛的应用.

在几何方面, 他研究了一般射线系统, 并用纯代数方法构作了一个四次曲面, 它有 16 个孤立的二重点和 16 个奇异切平面, 称之为库默尔曲面.

在数论方面, 库默尔花的时间最多, 贡献也最大. 他研究过高斯曾研究过的高次互反律, 研究了数论中最困难的问题之一——费马大定理, 创立了甚至比定理本身更重要的理想数理论. 这不仅使得他的证明工作取得了空前的进展, 而且为代数学、函数论、方程论等学科提供了一个新的有效工具. 这项成果因此而获得巴黎科学院奖金. 在库默尔理想数理论的基础上, 戴德金创立了一般理想理论. 库默尔的学说经戴德金和克罗内克的研究加以发展, 建立了现代的代数数理论.

4.3　主理想整环与欧氏环

下面介绍两种重要的唯一分解整环——主理想整环与欧氏环.

定义 4.3.1　若整环 K 的每个理想都是主理想, 则称 K 是一个**主理想整环** (principal ideal domain).

根据这个定义, 整数环 $\mathbb{Z}$ 以及数域 F 上的多项式环 $F[x]$ 都是主理想整环.

例 4.3.1　证明: 高斯整环 $\mathbb{Z}[\mathrm{i}]$ 是主理想整环.

证　由于 $\mathbb{Z}[\mathrm{i}]$ 是整环, 因此, 我们只需证明 $\mathbb{Z}[\mathrm{i}]$ 的每个理想是主理想即可.

零理想 $\{0\}$ 显然是主理想. 设 N 是 $\mathbb{Z}[\mathrm{i}]$ 的任意一个非零理想, 则 N 中必存在模最小的非零元. 不妨设 α 就是这样的一个元素, 下证 $N=\langle\alpha\rangle$.

任取 $\beta\in N$, 则存在有理数 r,s, 使

$$\frac{\beta}{\alpha}=r+s\mathrm{i}.$$

设 m,n 分别是最接近 r,s 的两个整数, 则有

$$|r-m|\leqslant\frac{1}{2},\quad |s-n|\leqslant\frac{1}{2},$$

于是 $\gamma=m+n\mathrm{i}\in\mathbb{Z}[\mathrm{i}]$, 且

$$\left|\frac{\beta}{\alpha}-\gamma\right|=\sqrt{(r-m)^2+(s-n)^2}\leqslant\sqrt{\frac{1}{4}+\frac{1}{4}}<1.$$

但由于 N 是 $\mathbb{Z}[\mathrm{i}]$ 的理想，故 $\alpha\gamma \in N$．记 $\theta = \beta - \alpha\gamma$，则 $\theta \in N$，且

$$|\theta| = |\beta - \alpha\gamma| = |\alpha| \left|\frac{\beta}{\alpha} - \gamma\right| < |\alpha|.$$

由于 α 是 N 中模最小的非零元，故 $\theta = 0$，即 $\beta - \alpha\gamma = 0$．从而 $\beta = \alpha\gamma \in \langle\alpha\rangle$．

因此，$N = \langle\alpha\rangle$．这说明 $\mathbb{Z}[\mathrm{i}]$ 是主理想整环.

定理 4.3.1 设 K 是一个主理想整环，p 为 K 的一个不可约元，则 $\langle p\rangle$ 是 K 的极大理想.

证 显然 $\langle p\rangle \neq K$，因为 p 不是 K 的单位.

设 N 是 K 的任意一个理想，且 $\langle p\rangle \subseteq N$，则存在 $a \in K$，使

$$\langle p\rangle \subseteq \langle a\rangle = N,$$

于是 $a \mid p$．但 p 是不可约元，故 a 只能是单位或 p 的相伴元.

若 a 是单位，则 $N = \langle a\rangle = K$；若 a 为 p 的相伴元，则由定理 4.1.1，$N = \langle a\rangle = \langle p\rangle$．因此，$\langle p\rangle$ 是 K 的极大理想. □

引理 4.3.1 设 K 是一个主理想整环．如果在序列

$$a_1, a_2, \cdots, a_i, \cdots \quad (a_i \in K, i = 1, 2, \cdots)$$

中每个元素 a_{i+1} 都是 a_i $(i = 1, 2, \cdots)$ 的真因子，则这个序列一定是有限序列.

证 作序列中每个元素生成的主理想

$$\langle a_1\rangle, \langle a_2\rangle, \cdots, \langle a_i\rangle, \cdots.$$

由于 a_{i+1} 是 a_i 的真因子，因此由定理 4.1.2，

$$\langle a_i\rangle \subset \langle a_{i+1}\rangle, \quad i = 1, 2, \cdots.$$

令

$$N = \langle a_1\rangle \cup \langle a_2\rangle \cup \cdots,$$

则对任意的 $a, b \in N$ 及 $r \in K$，必存在正整数 i, j，使

$$a \in \langle a_i\rangle, \quad b \in \langle a_j\rangle.$$

假设 $i \leqslant j$，则 $\langle a_i\rangle \subseteq \langle a_j\rangle$．从而 $a \in \langle a_j\rangle$．于是

$$a - b, ra \in \langle a_j\rangle \subseteq N.$$

因此，N 是 K 的一个理想.

但由于 K 是主理想整环，因此存在 $d \in K$，使

$$N = \langle d\rangle.$$

由于 $d \in N$，故 d 必属于某个 $\langle a_n\rangle$．下面证明 a_n 是序列中的最后一项.

如若不然，则 a_n 后面还有元素 a_{n+1}．于是由

$$d \in \langle a_n \rangle, \quad a_{n+1} \in N = \langle d \rangle,$$

可得 $a_n \mid d, d \mid a_{n+1}$. 因此 $a_n \mid a_{n+1}$. 这与 a_{n+1} 是 a_n 的真因子矛盾. 故 a_n 就是序列中的最后一项. □

有了上面的准备, 我们来证明本节的主要结论.

定理 4.3.2 每个主理想整环都是唯一分解整环.

证 设 K 是一个主理想整环. 任取 $a \in K, a \neq 0$, 且 a 不是单位.

(1) 若 a 不能表成有限个不可约元之积, 则 a 不是不可约元. 从而有真因子 b_1, c_1, 使

$$a = b_1 c_1,$$

由于 a 不能表成有限个不可约元之积, 因此 b_1, c_1 至少有一个不能表成有限个不可约元之积. 不妨设 b_1 不能表成有限个不可约元之积, 则 b_1 不是不可约元. 于是 b_1 有真因子 b_2, c_2, 使

$$b_1 = b_2 c_2,$$

且 b_2, c_2 至少有一个不能表成有限个不可约元之积. 不妨设为 b_2, 则 b_2 有真因子 b_3, c_3. 这个过程可以一直进行下去, 于是可得到一个无限序列:

$$a, b_1, b_2, \cdots,$$

其中, 从第二个起, 每一个都是前一个的真因子. 这与引理 4.3.1 矛盾.

因此, a 可表成有限个不可约元之积.

(2) 设 p 是 K 的任意一个不可约元, 且 $p \mid ab$, 则由于 K 是主理想整环, $\langle p \rangle$ 为 K 的极大理想. 从而 $K / \langle p \rangle$ 是一个域.

由 $p \mid ab$, 得 $ab \in \langle p \rangle$. 于是

$$(a + \langle p \rangle)(b + \langle p \rangle) = ab + \langle p \rangle = \langle p \rangle,$$

但域 $K / \langle p \rangle$ 无零因子, 因此

$$a + \langle p \rangle = \langle p \rangle \quad 或 \quad b + \langle p \rangle = \langle p \rangle,$$

即 $a \in \langle p \rangle$ 或 $b \in \langle p \rangle$, 亦即 $p \mid a$ 或 $p \mid b$. 这说明 p 是 K 中的素元.

根据定理 4.2.2, K 是唯一分解整环. □

应该注意, 这个定理的逆定理不成立, 即唯一分解整环不一定是主理想整环.

例如, 整数环上的多项式环 $\mathbb{Z}[x]$ 是一个唯一分解整环, 但 $\mathbb{Z}[x]$ 中的理想 $\langle 2, x \rangle$ 并不是一个主理想. 因若不然, 设

$$\langle 2, x \rangle = \langle g(x) \rangle,$$

则 $2, x \in \langle g(x) \rangle$. 由于 $\mathbb{Z}[x]$ 是有单位元的交换环, 故可令

$$2 = s(x) g(x), \quad x = t(x) g(x),$$

这只有 $g(x)=\pm 1$. 但因为 $\langle 2,x\rangle$ 显然是由常数项为偶数的所有整系数多项式作成的理想, 故 $\pm 1\notin\langle 2,x\rangle$, 矛盾. 因此 $\langle 2,x\rangle$ 不是主理想. 这说明 $\mathbb{Z}[x]$ 不是一个主理想整环.

定义 4.3.2 设 K 是一个整环. 如果存在一个 $K^*=K-\{0\}$ 到非负整数集 $\mathbb{N}$ 的映射 φ, 使得对于 K 中的任意元素 $a,b\ (b\neq 0)$, 都有 K 中元素 q,r, 满足

$$a=bq+r,\quad r=0 \text{ 或 } \varphi(r)<\varphi(b),$$

则称 K 关于 φ 作成一个**欧几里得整环**(Euclidean domain), 简称**欧氏环**.

例 4.3.2 整数环 $\mathbb{Z}$ 是一个欧氏环.

证 令

$$\varphi:\mathbb{Z}^*\to\mathbb{N},$$
$$a\mapsto |a|,\quad \forall a\in\mathbb{Z}^*,$$

则 φ 是 $\mathbb{Z}^*$ 到非负整数集的映射.

任取 $a,b\in\mathbb{Z}$, 且 $b\neq 0$, 则存在 $q,r\in\mathbb{Z}$, 使

$$a=bq+r,\quad r=0 \text{ 或 } 0<r<|b|,$$

即 $r=0$ 或 $\varphi(r)<\varphi(b)$. 因此, 整数环 $\mathbb{Z}$ 关于 φ 作成一个欧氏环.

例 4.3.3 数域 F 上的多项式环 $F[x]$ 是欧氏环.

证 显然 $F[x]$ 是一个整环. 令

$$\varphi:F[x]^*\to\mathbb{N},$$
$$f(x)\mapsto \deg(f(x)),\quad \forall f(x)\in F[x]^*,$$

则 φ 是 $F[x]^*$ 到非负整数集 $\mathbb{N}$ 的映射.

任取 $f(x),g(x)\in F[x]$, 且 $g(x)\neq 0$, 则存在 $q(x),r(x)\in F[x]$, 使

$$f(x)=g(x)q(x)+r(x),$$

其中 $r(x)=0$ 或 $\deg(r(x))<\deg(g(x))$, 即 $r(x)=0$ 或 $\varphi(r(x))<\varphi(g(x))$.

因此, $F[x]$ 关于上述映射作成一个欧氏环.

定理 4.3.3 每个欧氏环都是主理想整环, 从而是唯一分解整环.

证 设 K 是任意一个欧氏环, N 是 K 的任意一个理想, 我们只需证明 N 是 K 的一个主理想即可.

若 $N=\{0\}$, 则 $N=\langle 0\rangle$.

若 $N\neq\{0\}$, 则 N 含有非零元. 因为 K 是欧氏环, 所以存在一个从 K^* 到非负整数集的映射 φ.

令

$$M=\{\varphi(x)\mid x\in N-\{0\}\},$$

则 M 是由一些非负整数构成的集合, 且 $M\neq\varnothing$. 因此 M 中存在最小整数, 设为

$\varphi(a),\ a\in N-\{0\}$. 又因为 K 是欧氏环, 所以对任意的 $b\in N$, 存在 $q,r\in K$, 使

$$b=aq+r,\quad r=0\text{ 或 }\varphi(r)<\varphi(a).$$

由于 N 是 K 的理想, 且 $a,b\in N$, 所以 $r=b-aq\in N$.

若 $r\neq 0$, 则 $\varphi(r)\in M$ 且 $\varphi(r)<\varphi(a)$. 这与 $\varphi(a)$ 为 M 中的最小整数矛盾. 从而 $r=0$. 因此 $b=aq\in\langle a\rangle$, 即 $N\subseteq\langle a\rangle$. 而显然 $\langle a\rangle\subseteq N$, 故 $N=\langle a\rangle$.

这说明 K 的任意一个理想都是主理想, 从而 K 是主理想整环. 再根据定理 4.3.2, K 是唯一分解整环. □

应该注意, 这个定理的逆定理不成立, 即一个主理想整环不一定是一个欧氏环.

例如, 整环 $\mathbb{Z}[\theta]=\{a+b\theta\mid a,b\in\mathbb{Z}\}$ 是一个主理想整环, 但不是一个欧氏环, 其中 $\theta=\dfrac{1+\sqrt{19}\mathrm{i}}{2}$. 其证明已超出本书范围, 不再给出证明过程.

习题 4.3

1. 设 K 是一个主理想整环, P 为 K 的一个非平凡理想. 证明: P 是素理想当且仅当 P 由素元生成.

2. 证明: $\mathbb{Q}[x]/\langle x^2+3\rangle$ 是一个域.

3. 证明: 域 F 是一个欧氏环.

4. 证明: 高斯整环是一个欧氏环.

5. 证明:

(1) 整环 $\mathbb{Z}[\sqrt{2}\,\mathrm{i}]=\{a+b\sqrt{2}\,\mathrm{i}\mid a,b\in\mathbb{Z}\}$ 关于映射 $\varphi(a+b\sqrt{2}\,\mathrm{i})=a^2+2b^2$ 作成一个欧氏环.

(2) 整环 $\mathbb{Z}[\sqrt{3}]=\{a+b\sqrt{3}\mid a,b\in\mathbb{Z}\}$ 关于映射 $\varphi(a+b\sqrt{3})=|a^2-3b^2|$ 作成一个欧氏环.

拓展阅读 22　高斯小传

高斯(C. F. Gauss, 1777～1855), 德国数学家、物理学家和天文学家, 1777 年 4 月 30 日生于德国的一个贫困家庭.

高斯 7 岁那年开始上学. 10 岁的时候, 他进入了学习数学的班级, 这是一个首次创办的班, 孩子们在这之前都没有听说过算术这门课程. 数学教师是布特纳, 他对高斯的成长也起了一定作用.

1788 年, 11 岁的高斯进入了文科学校, 他在新的学校里, 所有的功课都极好, 特别是古典文学、数学尤为突出.

1792 年高斯进入不伦瑞克的卡罗琳学院继续学习. 1795 年, 高斯在得到一位公爵的资助后进入德国著名的哥廷根大学, 这样就使得高斯得以按照自己的理想, 勤奋地学习和开始进行创造性的研究.

1796 年, 19 岁的高斯发现了正十七边形的尺规作图法, 解决了自欧几里得以来悬而未决的一个难题. 同年发表并证明了二次互反律. 这是他的得意杰作, 一生曾用八种方法证明, 称之为"黄金律".

1799 年, 高斯完成了博士论文, 获得博士学位, 回到家乡不伦瑞克.

公爵在高斯的成才过程中起了举足轻重的作用. 不仅如此, 这种作用实际上反映了欧洲近代科学发展的一种模式, 表明在科学研究社会化以前, 私人的资助是科学发展的重要推动因素之一, 高斯正处于私人资助科学研究与科学研究社会化的转变时期.

慷慨、仁慈的资助人去世后, 高斯必须找一份合适的工作, 以维持一家人的生计. 由于高斯在天文学、数学方面的杰出工作, 他的名声从 1802 年起就已开始传遍欧洲. 彼得堡科学院不断暗示他, 自从 1783 年欧拉去世后, 欧拉在彼得堡科学院的位置一直在等待着像高斯这样的天才.

为了不使德国失去最伟大的天才, 德国著名学者洪堡联合其他学者和政界人物, 为高斯争取到了享有特权的哥廷根大学数学和天文学教授, 以及哥廷根天文台台长的职位. 1807 年, 高斯赴哥廷根就职, 全家迁居于此.

从这时起, 除了一次到柏林去参加科学会议以外, 他一直住在哥廷根. 洪堡等人的努力, 不仅使得高斯一家人有了舒适的生活环境, 高斯本人可以充分发挥其天才, 而且为哥廷根数学学派的创立、德国成为世界科学中心和数学中心创造了条件.

高斯对自己的工作态度是精益求精, 非常严格地要求自己的研究成果. 他自己曾说: 宁可发表少一些, 但发表的东西要是成熟的成果. 但他的那些影响数学发展进程的论著却使他呕心沥血.

1855 年 2 月 23 日, 高斯在哥廷根去世.

4.4* 唯一分解整环上的多项式环

我们知道, 数域上的多项式环是唯一分解整环. 本节将证明: 唯一分解整环上的多项式环也是唯一分解整环.

本节中, K 总表示一个唯一分解整环, $K[x]$ 为环 K 上的多项式环.

定理 4.4.1 (1) $K[x]$ 是一个整环, 且其单位元就是 K 的单位元.

(2) K 中的单位就是 $K[x]$ 的全部单位.

证　(1) 显然成立.

(2) 首先, K 的单位当然是 $K[x]$ 的单位. 其次, 设 $f(x)$ 是 $K[x]$ 的单位, 则存在 $g(x)\in K[x]$, 使 $f(x)g(x)=1$. 于是

$$\deg(f(x))+\deg(g(x))=0,$$

从而

$$\deg(f(x))=\deg(g(x))=0,$$

即 $f(x),g(x)\in K$. 因此, $f(x)$ 是 K 中的单位. □

定义 4.4.1　设 $f(x)\in K[x]$. 如果 $f(x)$ 的所有系数的最大公因子是一个单位, 即所有系数互素, 则称 $f(x)$ 是一个**本原多项式**(primitive polynomial).

性质 4.4.1　本原多项式有下列性质:

(1) 零多项式不是本原多项式;

(2) 零次多项式 $f(x)$ 是本原多项式当且仅当 $f(x)$ 为单位;

(3) 与本原多项式相伴的多项式也是本原多项式;

(4) 若本原多项式 $f(x)$ 可约, 则存在本原多项式 $f_1(x), f_2(x)$, 使

$$f(x)=f_1(x)f_2(x),$$

其中, $0<\deg(f_i(x))<\deg(f(x)),\ i=1,2$;

(5) 设 $f(x)$ 是 $K[x]$ 中的非零多项式, 则存在 $d\in K$ 及本原多项式 $f_1(x)$, 使

$$f(x)=df_1(x),$$

且这个分解除相差单位因子外是唯一的.

证　(1) 因为零不是单位, 所以零多项式不是本原多项式.

(2) 由本原多项式的定义直接推出.

(3) 设 $f(x)$ 是本原多项式, $g(x)$ 与 $f(x)$ 相伴, 则存在单位 $\varepsilon\in K[x]$, 使 $g(x)=\varepsilon f(x)$. 由定理 4.4.1, ε 也是 K 的单位.

令 $f(x)=a_0+a_1x+\cdots+a_nx^n$, 则

$$g(x)=\varepsilon f(x)=\varepsilon a_0+\varepsilon a_1x+\cdots+\varepsilon a_nx^n.$$

由于 $(a_0,a_1,\cdots,a_n)$ 是一个单位, 因此, $(\varepsilon a_0,\varepsilon a_1,\cdots,\varepsilon a_n)$ 也是一个单位, 即 $g(x)$ 是本原多项式.

(4) 若 $f(x)$ 可约, 则 $f(x)\neq 0$. 由定理 4.1.4, 存在 $f_1(x),f_2(x)\in K(x)$, 使

$$f(x)=f_1(x)f_2(x),$$

其中 $f_1(x),f_2(x)$ 都不是 $K[x]$ 的单位.

若 $\deg(f_1(x))=0$, 则 $f_1(x)=a\in K$, 从而 a 为 $f(x)$ 的系数的一个公因子. 但由于 $f(x)$ 是本原多项式, 所以 a 是 K 的单位, 从而也是 $K[x]$ 中的单位. 这与

$f_1(x)$ 不是 $K[x]$ 的单位矛盾. 因此 $\deg(f_1(x))>0$.

同理, $\deg(f_2(x))>0$.

再由 $\deg(f(x))=\deg(f_1(x))+\deg(f_2(x))$, 得

$$\deg(f_i(x))<\deg(f(x)),\quad i=1,2.$$

(5) 设

$$f(x)=a_0+a_1x+\cdots+a_nx^n,\quad a_i\in K.$$

令 d_1 为 $a_0,a_1,\cdots,a_n$ 的一个最大公因子, 则由 $f(x)\neq 0$ 知 $d_1\neq 0$, 且存在一组互素的元素 $a_0',a_1',\cdots,a_n'\in K$, 使

$$a_i=d_1a_i',\quad i=0,1,2,\cdots,n,$$

于是

$$f(x)=d_1f_1(x),$$

其中 $f_1(x)=a_0'+a_1'x+\cdots+a_n'x^n$ 是一个本原多项式.

如果有 $d_2\in K$ 及 K 上本原多项式 $f_2(x)$, 使 $f(x)=d_2f_2(x)$, 则 d_2 也是 $f(x)$ 的系数 $a_0,a_1,\cdots,a_n$ 的一个最大公因子. 于是 d_2 与 d_1 相伴, 从而存在单位 $\varepsilon\in K$, 使 $d_2=\varepsilon d_1$. 因此

$$f(x)=d_1f_1(x)=d_2f_2(x)=\varepsilon d_1f_2(x),$$

故 $f_1(x)=\varepsilon f_2(x)$, 即 $f_2(x)$ 与 $f_1(x)$ 相伴.

因此, $f(x)$ 的分解除相差单位因子外是唯一的. □

令 F 为 K 的商域, 则性质 4.4.1(5)的结论可以推广到 F 上的多项式环 $F[x]$ 中.

定理 4.4.2 设 F 是 K 的商域, $f(x)\in F[x]$ 且 $f(x)\neq 0$, 则存在 $r\in F$ 及 $K[x]$ 中的本原多项式 $f_1(x)$, 使

$$f(x)=rf_1(x),$$

并且这个分解除相差 K 的单位因子外是唯一的.

证 设

$$f(x)=q_0+q_1x+\cdots+q_nx^n,\quad q_i\in F,$$

则存在 $a_i,b_i\in K,i=0,1,\cdots,n$, 使

$$q_i=\frac{a_i}{b_i},\quad b_i\neq 0,i=0,1,\cdots,n.$$

令 $b=b_0b_1\cdots b_n$, 则 $bf(x)\in K[x]$ 且 $bf(x)\neq 0$.

由性质 4.4.1(5), 存在 $c\in K$ 及 $K[x]$ 中的本原多项式 $f_1(x)$, 使

$$bf(x)=cf_1(x).$$

于是 $f(x)=rf_1(x), r=cb^{-1}\in F$.

若又有 $f(x)=sf_2(x)$，其中 $s=ed^{-1}\in F$，$e,d\in K, d\neq 0, f_2(x)$ 是 $K[x]$ 中的本原多项式，则 $cdf_1(x)=bef_2(x)\in K[x]$. 由性质 4.4.1,

$$cd\sim be,\quad f_1(x)\sim f_2(x),$$

即 cd 与 be 相差一个单位因子，从而 s 与 r 也相差一个单位因子，且 $f_2(x)$ 与 $f_1(x)$ 相伴. 因此结论成立. □

引理 4.4.1 (高斯引理) 设在 $K[x]$ 中，$f(x)=g(x)h(x)$，则 $f(x)$ 是本原多项式当且仅当 $g(x)$ 与 $h(x)$ 都是本原多项式.

证 必要性显然成立. 下证充分性.

设

$$g(x)=a_0+a_1x+\cdots+a_mx^m,$$
$$h(x)=b_0+b_1x+\cdots+b_nx^n,$$

则

$$f(x)=g(x)h(x)=c_0+c_1x+\cdots+c_{m+n}x^{m+n},$$

其中 $c_k=\sum\limits_{i+j=k}a_ib_j,\ k=0,1,\cdots,m+n.$

因为 $g(x),h(x)$ 是本原多项式，所以 $g(x)\neq 0, h(x)\neq 0$. 从而 $f(x)\neq 0$. 假若 $f(x)$ 不是本原多项式，则 $c_0,c_1,\cdots,c_{m+n}$ 的最大公因子 d 不是单位. 而 $f(x)\neq 0$，于是 $d\neq 0$. 由于 K 是唯一分解整环，故存在 K 的不可约元 p，使 $p\,|\,d$. 从而

$$p\,|\,c_k,\quad k=0,1,\cdots,m+n.$$

因为 $g(x),h(x)$ 是本原多项式，所以 p 不能整除所有的 a_i，也不能整除所有的 b_j. 设 a_i 中不能被 p 整除的最小下标为 r，b_j 中不能被 p 整除的最小下标为 s. 考察 $f(x)$ 中 x^{r+s} 的系数:

$$c_{r+s}=a_0b_{r+s}+\cdots+a_{r-1}b_{s+1}+a_rb_s+a_{r+1}b_{s-1}+\cdots+a_{r+s}b_0,$$

由于 $c_{r+s},a_0,\cdots,a_{r-1},b_{s-1},\cdots,b_0$ 都能被 p 整除，所以 $p\,|\,a_rb_s$. 而 p 为不可约元，从而也是素元，故 $p\,|\,a_r$ 或 $p\,|\,b_s$. 这与 a_r,b_s 的取法矛盾. 因此，$f(x)$ 是本原多项式. □

定理 4.4.3 设 F 是整环 K 的商域，$f(x)$ 是 $K[x]$ 中次数大于零的不可约多项式，则 $f(x)$ 也是 $F[x]$ 中的不可约多项式.

证 因为 $f(x)$ 的次数大于零，且在 $K[x]$ 中不可约，所以其系数的最大公因子为单位，从而 $f(x)$ 是本原多项式.

若 $f(x)$ 在 $F[x]$ 中可约，则存在 $f_1(x),f_2(x)\in F(x)$，使

$$f(x)=f_1(x)f_2(x),$$

且 $f_1(x),f_2(x)$ 都不是单位，即不是 F 中的非零元. 所以 $f_1(x),f_2(x)$ 都是 $F[x]$ 中次

数大于零的多项式. 于是由定理 4.4.2, 存在 $r_i \in F$ 及 $K[x]$ 中的本原多项式 $h_i(x)\ (i=1,2)$, 使

$$f_i(x)=r_i h_i(x),\quad i=1,2,$$

从而 $f(x)=r_1 r_2 h_1(x)h_2(x)$.

由引理 4.4.1, $h_1(x)h_2(x)$ 是 $K[x]$ 中的本原多项式. 又由于 $f(x)$ 是 $K[x]$ 中的不可约多项式, 因而由定理 4.4.2 中的分解唯一性, $\varepsilon=r_1 r_2$ 是 K 中的单位. 然而

$$\deg(h_i(x))=\deg(f_i(x))>0,\quad i=1,2.$$

这与 $f(x)$ 在 $K[x]$ 中不可约矛盾. 因此, $f(x)$ 在 $F[x]$ 中不可约. □

引理 4.4.2 $K[x]$ 中次数大于零的本原多项式 $f(x)$ 是 $K[x]$ 中的唯一分解元.

证 先证 $f(x)$ 可以分解成不可约多项式的积.

若 $f(x)$ 是不可约多项式, 则结论已成立. 现设 $f(x)$ 可约, 则由性质 4.4.1, 存在 $f_1(x), f_2(x)\in K[x]$, 使

$$f(x)=f_1(x)f_2(x),$$

其中 $0<\deg(f_i(x))<\deg(f(x)), i=1,2$.

因为 $f(x)$ 是本原多项式, 由引理 4.4.1, $f_1(x)$ 与 $f_2(x)$ 也是本原多项式. 这样, 若 $f_1(x)$ 或 $f_2(x)$ 也是可约的, 又可以把它们分解成次数更低的本原多项式的积. 由于 $\deg(f(x))$ 是一个有限的正整数, 从而总有分解式:

$$f(x)=q_1(x)q_2(x)\cdots q_m(x),$$

其中每个 $q_i(x)\ (i=1,2,\cdots,m)$ 都是 $K[x]$ 中的不可约本原多项式, 且次数大于零.

若 $f(x)$ 另有分解式:

$$f(x)=p_1(x)p_2(x)\cdots p_n(x),$$

其中 $p_j(x)\ (j=1,2,\cdots,n)$ 是 $K[x]$ 中的不可约本原多项式, 且次数大于零.

由定理4.4.3, $q_i(x)$ 与 $p_j(x)$ 在 $F[x]$ 中也是不可约多项式(这里 F 是 K 的商域). 从而上述两种分解也都是 $f(x)$ 在 $F[x]$ 中的不可约因子分解. 而 $F[x]$ 是唯一分解整环, 所以 $m=n$, 且适当调换因子次序, 使 $p_i(x)\sim q_i(x)$, 即存在 $F[x]$ 的单位 α_i, 使

$$p_i(x)=\alpha_i q_i(x),\quad i=1,2,\cdots,n.$$

由于 $F[x]$ 的单位就是 F 的单位, 从而 $0\neq\alpha_i\in F$. 于是由定理 4.4.2 中分解的唯一性,

$$p_i(x)=\varepsilon_i q_i(x),\quad \varepsilon_i \text{ 是 } K \text{ 的单位}.$$

因此, $f(x)$ 是 $K[x]$ 的唯一分解元. □

定理 4.4.4　设 K 是一个唯一分解整环, 则 $K[x]$ 也是唯一分解整环.

证　设 $f(x)\in K[x], f(x)\neq 0$, 且 $f(x)$ 不是单位.

若 $f(x)\in K$, 则由于 K 是唯一分解整环, 从而 $f(x)$ 是唯一分解元. 若 $f(x)$ 是本原多项式, 则由性质 4.4.1, $f(x)\notin K$, 即 $\deg f(x)>0$. 于是由引理 4.4.2, $f(x)$ 也是唯一分解元. 下设 $f(x)$ 是次数大于零的非本原多项式.

由性质 4.4.1, 存在 $d\in K$ 及次数大于零的本原多项式 $f_0(x)$, 使

$$f(x)=df_0(x),\quad d \text{ 不是单位}.$$

因为 K 是唯一分解整环, 所以存在 K 的不可约元 $p_1,p_2,\cdots,p_r$, 使

$$d=p_1p_2\cdots p_r.$$

而由引理 4.4.2, $f_0(x)$ 在 $K[x]$ 中有因子分解:

$$f_0(x)=q_1(x)q_2(x)\cdots q_m(x),$$

其中 $q_i(x)$ 是不可约本原多项式, 且次数大于零. 由此得到

$$f(x)=p_1p_2\cdots p_rq_1(x)q_2(x)\cdots q_m(x).$$

假设 $f(x)$ 在 $K[x]$ 中有另一个不可约因子分解:

$$f(x)=p_1'p_2'\cdots p_s'q_1'(x)q_2'(x)\cdots q_n'(x),$$

其中 $p_j'\in K, q_k'(x)$ 是次数大于零的不可约本原多项式. 令

$$d'=p_1'p_2'\cdots p_s',\quad f_1(x)=q_1'(x)q_2'(x)\cdots q_n'(x),$$

则

$$f(x)=df_0(x)=d'f_1(x),$$

其中 $d,d'\in K$, $f_0(x),f_1(x)$ 为 $K[x]$ 中的本原多项式. 由性质 4.4.1,

$$d'\sim d,\quad f_1(x)\sim f_0(x).$$

由引理 4.4.2, $d=\varepsilon d'$, $f_0(x)=\varepsilon^{-1}f_1(x)$ 都是唯一分解元, 从而 $r=s,m=n$, 且适当调换因子次序, 可使

$$p_i\sim p_i',\quad q_j(x)\sim q_j'(x).$$

因此, $f(x)$ 是唯一分解元. 从而 $K[x]$ 是唯一分解整环. □

根据定理 4.4.4 的结论, 并对未定元的个数应用数学归纳法, 可以得到如下定理.

定理 4.4.5　设 K 是唯一分解整环, 则 K 上的 n 元多项式环 $K[x_1,x_2,\cdots,x_n]$ 也是唯一分解整环.

由此可以看出, 整数环 $\mathbb{Z}$ 上的多项式环 $\mathbb{Z}[x]$ 是一个唯一分解整环, 而域 F 上的二元多项式环 $F[x_1,x_2]$ 也是一个唯一分解整环.

习题 4.4

1. 设 F 是整环 K 的商域，$f_1(x), f_2(x)$ 是 $K[x]$ 中的两个本原多项式. 证明：若 $f_1(x)$ 与 $f_2(x)$ 在 $F[x]$ 中相伴，则它们在 $K[x]$ 中也相伴.

2. 设 K 是唯一分解整环，$f(x), g(x) \in K[x]$，且 $f(x) = af_1(x)$，$g(x) = bg_1(x)$，其中 $a, b \in K$，$f_1(x)$ 与 $g_1(x)$ 是本原多项式. 证明：若 $g(x) \mid f(x)$，则 $b \mid a$.

3. 设 K 是唯一分解整环，$f(x)$ 是 $K[x]$ 中的可约本原多项式. 证明：$f(x)$ 存在次数大于零的多项式为其真因子.

4. 证明：域 F 上的二元多项式环 $F[x_1, x_2]$ 是唯一分解整环，但不是主理想整环.

第 5 章　域的扩张及其在尺规作图中的应用

通过研究环的理想来研究环，是环论的基本研究方法. 而在研究域时，由于域没有非平凡理想，因此必须寻求其他方法. 最常用的方法是通过域的扩张来研究域. 本章将介绍域的扩张的一些基本理论，并用它来解决几个著名的几何作图问题.

5.1　子域和扩域

定义 5.1.1　若域 F 是域 E 的一个子域，则称 E 是 F 的一个**扩域**(extension field)或**扩张**.

例如，实数域 $\mathbb{R}$ 是有理数域 $\mathbb{Q}$ 的扩域；复数域 $\mathbb{C}$ 是有理数域 $\mathbb{Q}$ 和实数域 $\mathbb{R}$ 的扩域.

又如，数域 $F=\{a+b\sqrt{2}\mid a,b\in\mathbb{Q}\}$ 是有理数域的扩域；同样地，$E=\{a+b\mathrm{i}\mid a,b\in\mathbb{Q}\}$ 也是有理数域的扩域.

定义 5.1.2　若域 $\varDelta$ 除自身外不含其他子域，则称 $\varDelta$ 是一个**素域**(prime field). 若素域 F 是域 E 的一个子域，则称 F 是域 E 的**素子域**(prime subfield).

易知，有理数域 $\mathbb{Q}$ 是一个素域. 另外，以素数 p 为模的剩余类环 $\mathbb{Z}_p$ 也是一个素域.

下面我们说明，在同构意义下只有这两类素域.

定理 5.1.1　设 $\varDelta$ 是一个素域，则

(1) 当 $\mathrm{char}\varDelta=\infty$ 时，$\varDelta\cong\mathbb{Q}$；

(2) 当 $\mathrm{char}\varDelta=p$ 时，$\varDelta\cong\mathbb{Z}_p$，其中 p 为素数.

证　令 e 是 $\varDelta$ 的单位元，$Z'=\{ne\mid n\in\mathbb{Z}\}$，则 Z' 是 $\varDelta$ 的一个子环，且

$$\varphi:\mathbb{Z}\to Z',$$
$$n\mapsto ne,\quad \forall n\in\mathbb{Z}$$

是一个整数环到 Z' 的同态满射.

(1) 当 $\mathrm{char}\varDelta=\infty$ 时，φ 是同构映射，从而 $\mathbb{Z}\cong Z'$. 但同构的整环的商域也同构，整数环 $\mathbb{Z}$ 的商域是有理数域 $\mathbb{Q}$，而 $\varDelta$ 是素域，故 Z' 在 $\varDelta$ 中的商域就是 $\varDelta$，于是 $\varDelta\cong\mathbb{Q}$.

(2) 当 $\mathrm{char}\Delta = p$ 时，易知 $\mathrm{Ker}\varphi = \langle p \rangle$，故 $\mathbb{Z}_p \cong \mathbb{Z}/\langle p \rangle \cong Z'$. 由于 $\mathbb{Z}_p$ 是域，因此 Z' 也是域. 但 Δ 是素域，故 $Z' = \Delta$. 于是，$\Delta \cong \mathbb{Z}_p$.

推论 5.1.1 每个域都包含一个素域，且只含一个素域.

证 设 E 是任意一个域，其单位元为 e，则

$$\Delta = \left\{ \frac{me}{ne} \middle| m, n \in \mathbb{Z},\ ne \neq 0 \right\}$$

是包含在 E 中的一个素域.

若 Δ' 也是包含在 E 中的一个素域，又由于子域和域的单位元是一致的，故 $\Delta' = \Delta$. □

推论 5.1.2 设 E 是一个域，则当 $\mathrm{char}E = \infty$ 时，E 包含一个与有理数域同构的素域；当 $\mathrm{char}E = p$ 时，E 包含一个与 $\mathbb{Z}_p$ 同构的素域.

证 由定理 5.1.1 可以直接得到. □

对应于环中由子集生成的理想，我们可以定义域中由子集生成的子域. 由于这个子域包含素域，因而，这个子域也就是把子集的元素添加到素域上生成的子域.

定义 5.1.3 设域 E 是域 F 的一个扩域，S 是 E 的一个非空子集，则 E 的所有包含 F 和 S 的子域的交，是 E 的包含 F 和 S 的最小子域，这个子域称为 **S 在 F 上生成的子域**，或添加 S 到 F 所得到的域，记为 $F(S)$.

当 $S = \{\alpha_1, \alpha_2, \cdots, \alpha_n\}$ 为有限集时，记 $F(S)$ 为 $F(\alpha_1, \alpha_2, \cdots, \alpha_n)$. 可以表示成这种形式的扩域，称为 F 的**有限生成扩域**(finite generated extension field). 特别地，形如 $F(\alpha)$ 的扩域，称为 F 的**单扩域**(simple extension field).

例如，复数域 $\mathbb{C}$ 是包含实数域 $\mathbb{R}$ 和 i 的最小域，$\mathbb{C} = \mathbb{R}(\mathrm{i})$ 是实数域 $\mathbb{R}$ 的单扩域.

定理 5.1.2 设 E 是域 F 的一个扩域，$\alpha_1, \alpha_2, \cdots, \alpha_n \in E, L = F(\alpha_1, \alpha_2, \cdots, \alpha_n)$，则

$$L = \left\{ \frac{f(\alpha_1, \alpha_2, \cdots, \alpha_n)}{g(\alpha_1, \alpha_2, \cdots, \alpha_n)} \middle| f, g \in F[x_1, x_2, \cdots, x_n], g(\alpha_1, \alpha_2, \cdots, \alpha_n) \neq 0 \right\}.$$

证 记上式右端为 L'，则易知 $\alpha_1, \alpha_2, \cdots, \alpha_n \in L', F \subseteq L'$, 且 L' 是域，因而 $L \subseteq L'$.

另一方面，对任意的 $f, g \in F[x_1, x_2, \cdots, x_n]$，显然有

$$f(\alpha_1, \alpha_2, \cdots, \alpha_n), g(\alpha_1, \alpha_2, \cdots, \alpha_n) \in L.$$

由于 $L = F(\alpha_1, \alpha_2, \cdots, \alpha_n)$ 是域，因而当 $g(\alpha_1, \alpha_2, \cdots, \alpha_n) \neq 0$ 时，

$$\frac{f(\alpha_1, \alpha_2, \cdots, \alpha_n)}{g(\alpha_1, \alpha_2, \cdots, \alpha_n)} \in L.$$

于是 $L' \subseteq L$. 从而有 $L = L'$. □

定理 5.1.3 设 E 是域 F 的一个扩域, S_1 与 S_2 是 E 的两个非空子集, 则

$$F(S_1)(S_2) = F(S_2)(S_1) = F(S_1 \cup S_2).$$

证 $F(S_1)(S_2)$ 是包含 $F(S_1)$ 和 S_2 的域, 因而也是包含 F, S_1, S_2 的域, 从而是包含 F 和 $S_1 \cup S_2$ 的域. 但 $F(S_1 \cup S_2)$ 是包含 F 和 $S_1 \cup S_2$ 的最小域, 所以

$$F(S_1 \cup S_2) \subseteq F(S_1)(S_2).$$

另一方面, 域 $F(S_1 \cup S_2)$ 包含 F 和 $S_1 \cup S_2$, 从而包含 F, S_1, S_2, 当然也包含 $F(S_1)$ 和 S_2. 但 $F(S_1)(S_2)$ 是包含 $F(S_1)$ 和 S_2 的最小域, 故

$$F(S_1)(S_2) \subseteq F(S_1 \cup S_2).$$

因此, $F(S_1)(S_2) = F(S_1 \cup S_2)$.

同理, $F(S_2)(S_1) = F(S_1 \cup S_2)$, 故有

$$F(S_1)(S_2) = F(S_2)(S_1) = F(S_1 \cup S_2).$$ □

根据定理 5.1.3, 我们有

$$F(\alpha_1, \alpha_2, \cdots, \alpha_n) = F(\alpha_1)(\alpha_2)\cdots(\alpha_n).$$

也就是说, 添加有限个元素到域 F, 可以从 F 出发, 每次添加一个元素而得到. 从而, 讨论有限生成扩域, 只需讨论单扩域即可.

设 E 是域 F 的一个扩域, 则 $(E,+)$ 是一个加群, 且

$$F \times E \to E,$$
$$(a, \alpha) \mapsto a\alpha$$

定义了 F 在 E 上的一个数乘运算. 易知, E 关于加法和这样的数乘作成 F 上的一个线性空间, 有时也称 E 是 F-线性空间.

定义 5.1.4 域 F 的扩域 E, 作为 F 上的线性空间的维数, 称为 E 在 F 上的**次数**(degree), 记为 $[E:F]$.

这里需要说明线性空间中任意一个子集的线性相关性与基底的含义. 设 V 是域 F 上的一个线性空间, S 是 V 的一个子集. 若 S 中任意有限子集都是线性无关的, 则称 S 是 V 的**线性无关子集**(linearly independent subset), 否则, 就称 S 是 V 的**线性相关子集**(linearly dependent subset). 若 V 的线性无关子集 S 满足: 对于 V 的任一向量都存在 S 的有限子集 S_0, 使得 α 可由 S_0 中的向量线性表示, 则称 S 是 V 的一个**基底**, 简称**基**(base).

高等代数中的一些关于数域上的线性空间理论, 如基底、维数等, 都可以推广到一般域上的线性空间.

定义 5.1.5 设 E 是域 F 的一个扩域. 当 $[E:F] < \infty$ 时, 称 E 是域 F 的**有限扩**

域(finite extension field), 否则称 E 是 F 的**无限扩域**(infinite extension field). 当 $[E:F]=n$ 时, 称 E 是域 F 的 n **次扩域**(extension field of degree n).

显然, $[E:F]\geqslant 1$, 且 $[E:F]=1 \Leftrightarrow E=F$.

例如, 域 $E=\mathbb{Q}(\sqrt{2})=\{a+b\sqrt{2}\mid a,b\in\mathbb{Q}\}$ 是有理数域的二次扩域, 因为 $\{1,\sqrt{2}\}$ 是 $\mathbb{Q}$ 上线性空间 E 的一个基底, $[K:\mathbb{Q}]=2$.

定理 5.1.4 设 E 是域 K 的扩域, K 是域 F 的扩域, 则

$$[E:F]=[E:K][K:F].$$

证 先设 $[E:K]=n$, $[K:F]=m$, 且

$$\beta_1,\beta_2,\cdots,\beta_n \quad \text{与} \quad \alpha_1,\alpha_2,\cdots,\alpha_m$$

分别为 E 在 K 上的一个基和 K 在 F 上的一个基. 下面证明, E 中 mn 个元素

$$\alpha_i\beta_j \quad (i=1,2,\cdots,m;\ j=1,2,\cdots,n) \tag{5.1.1}$$

是 E 在 F 上的一个基.

首先, 在 E 中任取元素 α, 并令

$$\alpha=k_1\beta_1+k_2\beta_2+\cdots+k_n\beta_n, \tag{5.1.2}$$

其中 $k_j\in K$, $j=1,2,\cdots,n$. 再令

$$k_j=h_{1j}\alpha_1+h_{2j}\alpha_2+\cdots+h_{mj}\alpha_m, \tag{5.1.3}$$

其中 $h_{ij}\in F$, $i=1,2,\cdots m$, $j=1,2,\cdots,n$. 将式(5.1.3)代入式(5.1.2), 得

$$\alpha=\sum_{j=1}^{n}\sum_{i=1}^{m}h_{ij}\alpha_i\beta_j\,.$$

从而, α 在 F 上可由 mn 个元素线性表示.

其次, 设有 $t_{ij}\in F$, $i=1,2,\cdots,m$, $j=1,2,\cdots,n$, 使

$$\sum_{j=1}^{n}\sum_{i=1}^{m}t_{ij}\alpha_i\beta_j=0, \quad \text{即} \quad \sum_{j=1}^{n}\left(\sum_{i=1}^{m}t_{ij}\alpha_i\right)\beta_j=0.$$

但 $\sum\limits_{i=1}^{m}t_{ij}\alpha_i\in K$, 而 $\beta_1,\beta_2,\cdots,\beta_n$ 在 K 上线性无关, 故

$$\sum_{i=1}^{m}t_{ij}\alpha_i=0, \quad j=1,2,\cdots,n.$$

又 $\alpha_1,\alpha_2,\cdots,\alpha_m$ 在 F 上线性无关, 故

$$t_{ij}=0 \quad (i=1,2,\cdots,m;\ j=1,2,\cdots,n).$$

从而式(5.1.1)中的 mn 个元素线性无关. 因此, 它是 E 在 F 上的一个基. 从而 $[E:F]=mn$, 即

$$[E:F]=[E:K][K:F].$$

由上面的证明可知，$[E:F]$ 无限当且仅当 $[E:K]$ 与 $[K:F]$ 至少有一个无限，因此也可认为上式成立. □

由这个定理不难得到下面的推论.

推论 5.1.3　设

$$F_0 \subseteq F_1 \subseteq F_2 \subseteq \cdots \subseteq F_k$$

是一个域扩张序列，且有 $[F_i:F_{i-1}]<\infty$，$i=1,2,\cdots,k$，则

$$[F_k:F_0]=[F_k:F_{k-1}][F_{k-1}:F_{k-2}]\cdots[F_2:F_1][F_1:F_0].$$

推论 5.1.4　设 E 是域 F 的扩域，且 $[E:F]$ 是素数，则 E 与 F 之间没有其他的中间域.

习题 5.1

1. 设域 $E=\mathbb{Q}(\sqrt[3]{5})$，求 E 作为 $\mathbb{Q}$- 线性空间的一个基.
2. 证明：$\mathbb{Q}(\sqrt{2},\sqrt{3})=\mathbb{Q}(\sqrt{2}+\sqrt{3})$.
3. 在 $\mathbb{Q}(\sqrt[3]{2})$ 中，求 $1+\sqrt[3]{2}+\sqrt[3]{4}$ 的逆元.
4. 设 E 是特征为素数 p 的一个域. 证明：$\Delta=\{0,e,2e,\cdots,(p-1)e\}$ 作成 E 的素子域.

拓展阅读 23　希尔伯特小传

希尔伯特(D. Hilbert, 1862～1943)，德国著名数学家，出生于东普鲁士哥尼斯堡附近的韦劳. 中学时代，希尔伯特就是一名勤奋好学的学生，对于科学特别是数学表现出浓厚的兴趣，善于灵活和深刻地掌握以至能应用老师讲课的内容. 他与 17 岁便拿下数学大奖的著名数学家闵可夫斯基结为好友，同进哥尼斯堡大学，最终超越了他.

1880 年，希尔伯特进入哥尼斯堡大学攻读数学，并于 1884 年获得博士学位. 后留校取得讲师和副教授资格，并于 1893 年被任命为教授. 1895 年转入哥廷根大学任教授，此后一直在数学之乡哥廷根生活和工作. 希尔伯特于 1930 年退休. 在此期间，他成为柏林科学院通讯院士.

希尔伯特是对20世纪数学有深刻影响的数学家之一，他领导了著名的哥廷根学派，使哥廷根大学成为当时世界数学研究的重要中心，并培养了一批对现代数学发展做出重大贡献的杰出数学家.

希尔伯特的数学工作可以划分为几个不同的时期，每个时期他几乎都集中精力研究一类问题. 按时间顺序，他的主要研究内容有：不变量理论、代数数域理论、几何基础、积分方程、物理学、一般数学基础，其间穿插的研究课题有：狄利克雷原理和变分法、华林问题、特征值问题、“希尔伯特空间”等. 在这些领域中，他都做出了重大的或开创性的贡献. 希尔伯特认为，科学在每个时代都有它自己的问题，而这些问题的解决对于科学发展具有深远意义.

在 1900 年巴黎国际数学家代表大会上，希尔伯特发表了题为《数学问题》的著名讲演. 他根据过去特别是19世纪数学研究的成果和发展趋势，提出了23个最重要的数学问题. 这 23 个问题统称希尔伯特问题，后来成为许多数学家力图攻克的难关，对现代数学的研究和发展产生了深刻的影响，并起了积极的推动作用. 希尔伯特问题中有些现已得到圆满解决，有些至今仍未得到解决. 他在讲演中所阐发的相信每个数学问题都可以得到解决的信念，对数学工作者是一种巨大的鼓舞.

希尔伯特的《几何基础》是公理化思想的代表作，书中把欧几里得几何学加以整理，成为建立在一组简单公理基础上的纯粹演绎系统，并开始探讨公理之间的相互关系与研究整个演绎系统的逻辑结构.

1904 年，希尔伯特又着手研究数学基础问题，经过多年酝酿，于 20 世纪初，提出了如何论证数论、集合论或数学分析一致性的方案. 他建议从若干形式公理出发将数学形式化为符号语言系统，并从不假定实无穷的有穷观点出发，建立相应的逻辑系统. 然后再研究这个形式语言系统的逻辑性质，从而创立了元数学和证明论. 希尔伯特的目的是试图对某一形式语言系统的无矛盾性给出绝对的证明，以便克服悖论引起的危机，一劳永逸地消除对数学基础以及数学推理方法可靠性的怀疑.

1930 年，年轻的奥地利数理逻辑学家哥德尔获得了否定的结果，证明了希尔伯特方案是不可能实现的. 但正如哥德尔所说，希尔伯特有关数学基础的方案“仍不失其重要性，并继续引起人们的高度兴趣”.

5.2 代 数 扩 域

定义 5.2.1 设 E 是域 F 的一个扩域，$\alpha\in E$. 如果存在 F 上的非零多项式 $f(x)$，使

$$f(\alpha)=0,$$

则称 α 为 F 上的一个**代数元**(algebraic element)；否则，称 α 为 F 上的一个**超越元**(transcendental element).

对于复数 α，如果 α 是有理数域 $\mathbb{Q}$ 上的代数元，则称 α 为**代数数**(algebraic number)；否则，称 α 为**超越数**(transcendental number).

例如，$\sqrt{3}$ 是有理数域 $\mathbb{Q}$ 上的代数元，也是代数数. π 是实数域 $\mathbb{R}$ 上的代数元，但 π 是超越数.

定义 5.2.2 设 E 是域 F 的一个扩域. 如果 E 中的每个元素都是 F 上的代数元，则称 E 是 F 的一个**代数扩域**(algebraic extension field)；否则，称 E 是 F 的一个**超越扩域**(transcendental extension field).

定理 5.2.1 若 E 是域 F 的一个有限扩域，则 E 是 F 的代数扩域.

证 设 $[E:F]=n$，$\alpha\in E$，则 $1,\alpha,\alpha^2,\cdots,\alpha^n$ 在 F 上线性相关. 故存在不全为零的元素 $a_0,a_1,\cdots,a_n\in F$，使

$$a_0+a_1\alpha+a_2\alpha^2+\cdots+a_n\alpha^n=0,$$

即 α 是 F 上的非零多项式 $f(x)=a_0+a_1x+a_2x^2+\cdots+a_nx^n$ 的一个根，故 α 是 F 上的代数元，从而 E 是 F 的代数扩域. □

推论 5.2.1 若 $\alpha_1,\alpha_2,\cdots,\alpha_n$ 是域 F 上的代数元，则 $F(\alpha_1,\alpha_2,\cdots,\alpha_n)$ 是 F 的有限扩域，从而是代数扩域.

证 我们以 $n=2$ 为例证明结论. 对一般的正整数 n，可用数学归纳法证明.

因为 $F\subseteq F(\alpha_1)\subseteq F(\alpha_1)(\alpha_2)$，而 α_1,α_2 是 F 上的代数元，故 α_2 是 $F(\alpha_1)$ 上的代数元. 于是 $F(\alpha_1)$ 是 F 的有限扩域. 而

$$F(\alpha_1)(\alpha_2)=F(\alpha_1,\alpha_2)$$

是 $F(\alpha_1)$ 的有限扩域，因此由推论 5.1.3 知，$F(\alpha_1,\alpha_2)$ 是 F 的有限扩域. 从而 $F(\alpha_1,\alpha_2)$ 是 F 的代数扩域. □

当 $\alpha_1,\alpha_2,\cdots,\alpha_n$ 是 F 上的代数元时，$F(\alpha_1,\alpha_2,\cdots,\alpha_n)$ 是 F 的有限扩域. 反之，F 的有限扩域也是通过添加有限个代数元于 F 而得到.

事实上，若 E 是域 F 的 n 次扩域，$\alpha_1,\alpha_2,\cdots,\alpha_n$ 是 E 在 F 上的一个基，则 $\alpha_1,\alpha_2,\cdots,\alpha_n$ 当然是 F 上的代数元，且易知有

$$E=F(\alpha_1,\alpha_2,\cdots,\alpha_n).$$

推论 5.2.2 域 F 上的代数元的和、差、积、商仍是 F 上的代数元.

证 设 α,β 是 F 上的任意代数元，则由推论 5.2.1 知，$F(\alpha,\beta)$ 是 F 的代数扩域，从而其中每个元素都是 F 上的代数元. 但 α 与 β 的和、差、积、商都是 $F(\alpha,\beta)$ 中的元素，因此它们都是 F 上的代数元. □

定理 5.2.2 如果 K 是域 F 的代数扩域，E 是域 K 的代数扩域，则 E 是 F 的代数扩域.

证　任取 $\alpha \in E$，由于 E 是域 K 的一个代数扩域，所以存在 K 上的非零多项式

$$f(x)=k_0+k_1x+k_2x^2+\cdots+k_nx^n,\quad k_i\in K,$$

使 $f(\alpha)=0$. 但 K 是 F 的代数扩域，故 $k_0,k_1,\cdots,k_n$ 是 F 上的代数元. 于是 $K'=F(k_0,k_1,\cdots,k_n)$ 是 F 的有限扩域. 而 $K'(\alpha)$ 是 K' 的有限扩域，再由 $F\subseteq K'\subseteq K'(\alpha)$ 知，$K'(\alpha)$ 是 F 的有限扩域. 从而是 F 的代数扩域. 这说明 α 是 F 上的代数元. 于是，E 是 F 的代数扩域. □

从这个定理可以看出，代数扩域具有传递性，即代数扩域的代数扩域仍然是原来域的代数扩域，这是代数扩域的一个重要性质.

定义 5.2.3　设 α 是 F 上的一个代数元，则 F 上首项系数为 1、有根 α 且次数最低的多项式是存在的，称为 α 在 F 上的**最小多项式**(minimal polynomial).

当 α 在 F 上的最小多项式的次数为 n 时，称 α 是 F 上的一个 **n 次代数元**(algebraic element of degree n).

例如，$\sqrt{2}$ 在有理数域 $\mathbb{Q}$ 上的最小多项式是 x^2-2，因此，$\sqrt{2}$ 是 $\mathbb{Q}$ 上的一个二次代数元.

一般地，对任意素数 p，$\sqrt[n]{p}$ 是有理数域 $\mathbb{Q}$ 上的一个 n 次代数元.

对于域 F 上的代数元，其最小多项式是否唯一？下面的定理给出了回答.

定理 5.2.3　设 α 是域 F 上的一个代数元，其最小多项式是 $p(x)$，则

(1) $p(x)$ 在 F 上不可约；

(2) 若 F 上的多项式 $f(x)$ 满足 $f(\alpha)=0$，则 $p(x)\mid f(x)$；

(3) α 在 F 上的最小多项式是唯一确定的.

证　(1) 若有 $p(x)=f(x)g(x)$，其中 $f(x),g(x)$ 都是次数大于零的多项式，则有

$$\deg(f(x))<\deg(p(x)),\quad \deg(g(x))<\deg(p(x)).$$

约去 $f(x),g(x)$ 的首项系数，不妨假设 $f(x),g(x)$ 都是首项系数为 1 的多项式. 由

$$p(\alpha)=f(\alpha)g(\alpha)=0$$

得，或者 $f(\alpha)=0$，或者 $g(\alpha)=0$. 这与 $p(x)$ 是 α 的最小多项式矛盾，故 $p(x)$ 在 F 上不可约.

(2) 令

$$f(x)=p(x)q(x)+r(x),$$

其中 $r(x)=0$ 或者 $\deg(r(x))<\deg(p(x))$，则有

$$f(\alpha)=p(\alpha)q(\alpha)+r(\alpha).$$

但 $f(\alpha)=0$，$p(\alpha)=0$，于是 $r(\alpha)=0$. 这只有 $r(x)=0$，否则将与 $p(x)$ 是 α 在 F

上的最小多项式矛盾. 因此, $p(x)\mid f(x)$.

(3) 若 $p_1(x)$ 也是 α 的最小多项式, 则 $p_1(x)\mid p(x)$, 且 $p(x)\mid p_1(x)$. 由于最小多项式首项系数为 1, 故 $p_1(x)=p(x)$, 即 α 在 F 上的最小多项式是唯一确定的.□

定理 5.2.4 设 $F[x]$ 是域 F 上的未定元 x 的多项式环, $F(x)$ 是为其商域, 则

(1) 当 α 为 F 上的超越元时, $F(\alpha)\cong F(x)$;

(2) 当 α 为 F 上的代数元时, $F(\alpha)\cong F[x]/\langle p(x)\rangle$, 其中, $p(x)$ 是 α 在 F 上的最小多项式.

证 令 $F[\alpha]=\{f(\alpha)\mid f(x)\in F[x]\}$, 则 $F[\alpha]$ 是 $F(\alpha)$ 的一个子环. 又易知

$$\varphi: f(x)\mapsto f(\alpha),\quad \forall f(x)\in F[x]$$

是 $F[x]$ 到 $F[\alpha]$ 的一个同态满射.

(1) 当 α 为 F 上的超越元时, φ 是同构映射, 于是

$$F[x]\cong F[\alpha].$$

但同构的环其商域也同构, 而 $F[x]$ 的商域为 $F(x)$, $F[\alpha]$ 的商域为 $F(\alpha)$, 因此

$$F(\alpha)\cong F(x).$$

(2) 当 α 为 F 上的代数元时, 设 α 在 F 上的最小多项式是 $p(x)$, 则易知

$$\mathrm{Ker}\varphi=\langle p(x)\rangle.$$

于是, 由环的同态基本定理,

$$F[x]/\langle p(x)\rangle\cong F[\alpha].$$

由于 $p(x)$ 在 F 上不可约, $\langle p(x)\rangle$ 是 $F[x]$ 的极大理想, 故 $F[x]/\langle p(x)\rangle$ 是域, 从而 $F[\alpha]$ 也是域. 但 $F(\alpha)$ 是包含 F 及 α 的最小域, 故 $F[\alpha]=F(\alpha)$. 因此有

$$F(\alpha)=F[\alpha]\cong F[x]/\langle p(x)\rangle.$$ □

由此定理可知, 当 α 为 F 上的代数元时, 有 $F[\alpha]=F(\alpha)$, 即每个关于 α 的有理分式都与 α 的一个多项式相等.

更进一步, 有以下结论.

定理 5.2.5 若 α 为域 F 上的 n 次代数元, 则 $F(\alpha)$ 中的每个元素都可由 $1,\alpha,\alpha^2,\cdots,\alpha^{n-1}$ 线性表示, 并可唯一地表示成

$$a_0+a_1\alpha+a_2\alpha^2+\cdots+a_{n-1}\alpha^{n-1},\quad a_i\in F, i=0,1,\cdots,n-1.$$

也就是说, F 的代数扩域 $F(\alpha)$ 是 F 上的一个 n 维线性空间, 而且 $1,\alpha,\alpha^2,\cdots,\alpha^{n-1}$ 是它的一个基.

证 设 $p(x)$ 是 α 在 F 上的最小多项式, 次数为 n. 任取 $\beta\in F(\alpha)$, 由定理 5.2.4, 可令

$$\beta=f(\alpha),$$

其中 $f(x)\in F[x]$.

设 $f(x)=p(x)q(x)+r(x),\quad q(x),r(x)\in F[x]$,

$$r(x)=a_0+a_1x+a_2x^2+\cdots+a_{n-1}x^{n-1},$$

以 $x=\alpha$ 代入上式, 由于 $p(\alpha)=0$, 故可得

$$f(\alpha)=r(\alpha)=a_0+a_1\alpha+a_2\alpha^2+\cdots+a_{n-1}\alpha^{n-1},$$

即 $F(\alpha)$ 中的每个元素都可用 $1,\alpha,\alpha^2,\cdots,\alpha^{n-1}$ 线性表示.

其次, 若有

$$a_0+a_1\alpha+a_2\alpha^2+\cdots+a_{n-1}\alpha^{n-1}=b_0+b_1\alpha+b_2\alpha^2+\cdots+b_{n-1}\alpha^{n-1},$$

其中 $a_i,b_i\in F(i=0,1,\cdots,n-1)$, 则有

$$(a_0-b_0)+(a_1-b_1)\alpha+\cdots+(a_{n-1}-b_{n-1})\alpha^{n-1}=0,$$

即 α 是 F 上的多项式

$$g(x)=(a_0-b_0)+(a_1-b_1)x+\cdots+(a_{n-1}-b_{n-1})x^{n-1}$$

的根. 但由于 α 为域 F 上的 n 次代数元, 故只有 $g(x)=0$, 从而有

$$a_i=b_i,\quad i=0,1,\cdots,n-1,$$

这说明 $F(\alpha)$ 中的每个元素的表示法是唯一的. 从而 $F(\alpha)$ 是 F 上的一个 n 维线性空间, 而且 $1,\alpha,\alpha^2,\cdots,\alpha^{n-1}$ 是 $F(\alpha)$ 的一个基. □

给定域 F 后, F 的单超越扩域显然存在, 下面定理说明, F 的单代数扩域也是存在的.

定理 5.2.6 设 F 是一个域, $p(x)$ 是 $F[x]$ 中的一个首项系数为 1 的不可约多项式, 则存在 F 的代数扩域 $F(\alpha)$, 其中 α 在 F 上的最小多项式为 $p(x)$.

证 由于 $p(x)$ 在 F 上不可约, $\langle p(x)\rangle$ 是 $F[x]$ 的极大理想, 故 $F[x]/\langle p(x)\rangle$ 是域. 又易知

$$\varphi: f(x)\mapsto \overline{f(x)}=f(x)+\langle p(x)\rangle,\quad \forall f(x)\in F[x]$$

是 $F[x]$ 到域 $F[x]/\langle p(x)\rangle$ 的一个同态满射, 且

$$\mathrm{Ker}\varphi=\langle p(x)\rangle.$$

由 $F\subseteq F[x]$ 知, $\overline{F}=\varphi(F)\subseteq F[x]/\langle p(x)\rangle$. 任取 $a,b\in F$, 当 $a\neq b$ 时, 由于 $p(x)$ 不整除 $a-b$, 故 $a-b\notin\langle p(x)\rangle$, 因而 $\overline{a}=a+\langle p(x)\rangle\neq b+\langle p(x)\rangle=\overline{b}$, 即在 φ 之下 $F\cong\overline{F}=\{\overline{a}\mid a\in F\}$.

这样, 在域 $F[x]/\langle p(x)\rangle$ 中把 $\overline{F}$ 的元素 $\overline{a}$ 换成 F 中对应的元素 a, 设这样所得的域为 K, 并把 K 中元素 $\overline{x}=x+\langle p(x)\rangle$ 记为 α, 于是在 φ 之下

$$p(x)\mapsto\overline{p(x)}=p(\overline{x})=p(\alpha)=0,$$

即 α 是 F 上的不可约多项式 $p(x)$ 的根，故 $p(x)$ 是 α 在 F 上的最小多项式. 而 K 是包含 α 与 F 的扩域，从而存在单代数扩域 $F(\alpha)$. □

习题 5.2

1. 证明：$\mathbb{Q}[x]/\langle x^2+1\rangle \cong \mathbb{Q}(\mathrm{i})$.
2. 求有理数域 $\mathbb{Q}$ 的扩域 $\mathbb{Q}(\sqrt[3]{2}+\sqrt[3]{4})$ 在 $\mathbb{Q}$ 上的次数.
3. 设 $\xi=\cos\dfrac{\pi}{8}+\mathrm{i}\sin\dfrac{\pi}{8}$，求 ξ 在有理数域 $\mathbb{Q}$ 上的最小多项式.
4. 设 p 是一个素数. 证明：$\mathbb{Q}(\sqrt{p},\sqrt[3]{p},\sqrt[4]{p},\cdots)$ 是有理数域 $\mathbb{Q}$ 上的无限代数扩域.
5. 设 F 为域，$E=F(\alpha)$，且 α 在 F 上的最小多项式的次数为奇数. 证明：$E=F(\alpha^2)$.

拓展阅读 24　施泰尼茨小传

施泰尼茨(E. Steinitz, 1871～1928)，德国数学家，1871 年 6 月 13 日生于德国西里西亚.

1890 年，施泰尼茨进入布雷斯劳大学学习，1891 年来到柏林学习数学，1894 年获博士学位. 1910～1920 年，施泰尼茨在布雷斯劳工业学院任教；1920～1928 年在基尔大学任教.

施泰尼茨的主要贡献在近世代数方面. 他对抽象域进行了综合研究，并著有《域的代数理论》. 在该书中他引入了域论中的许多重要概念，如素域、可分元、扩域的超越次数等. 他证明了对于每个域，存在一个唯一的代数闭域为其扩域这一重要结论. 此外，他还研究了伽罗瓦方程理论在域中的有效性等问题.

1928 年 9 月 29 日，施泰尼茨卒于德国基尔.

5.3　多项式的分裂域

根据代数学基本定理，任何复系数的 n 次多项式在复数范围内都有 n 个根. 每个次数大于零的复系数多项式，都可以分解成一次因式的乘积，即完全分解.

对于域 E 来说，如果 E 上每个次数大于零的多项式，都能分解成 E 上一次因式的乘积，则称 E 为代数闭域. 显然，复数域就是一个代数闭域. 但对一般的域来说，其上的多项式未必能分解成一次因式的乘积.

例如，有理数域上多项式 $f(x)=x^2+1$，就不能在有理数域或实数域中分解成一次因式的乘积.

定义 5.3.1　设 E 是域 F 的一个扩域，$f(x)$ 是域 F 上的一个次数大于零的多项式. 如果 $f(x)$ 能分解成 $E[x]$ 中一次因式的乘积，则称 $f(x)$ 在 E 上是**分裂的**. 如果 $f(x)$ 在 E 上是分裂的，而在任何包含 F 但比 E 小的子域上不是分裂的，则称 E 是 $f(x)$ 在 F 上的**分裂域**(splitting field).

也就是说，$f(x)$ 在 F 上的分裂域就是 F 的使 $f(x)$ 在其中完全分解的最小扩域.

多项式 $f(x)$ 在 F 上的分裂域，不仅依赖于 $f(x)$，也依赖于域 F. 笼统地说 "E 是 $f(x)$ 的分裂域"，并无意义，必须指明基域 F .

例 5.3.1　考虑多项式 $f(x)=x^2-2\in\mathbb{Q}[x]$. 由于 $x^2-2=(x+\sqrt{2})(x-\sqrt{2})$，这说明 $f(x)$ 在实数域中完全分解，但它在有理数域 $\mathbb{Q}$ 上的分裂域是 $\mathbb{Q}(\sqrt{2})=\{a+b\sqrt{2}\mid a,b\in\mathbb{Q}\}$.

定理 5.3.1　设 $f(x)$ 是域 F 上的一个多项式，E 是 $f(x)$ 在 F 上的分裂域，且

$$f(x)=a(x-\alpha_1)(x-\alpha_2)\cdots(x-\alpha_n),$$

其中 $a\in F,\alpha_i\in E\ (i=1,2,\cdots,n)$，则 $E=F(\alpha_1,\alpha_2,\cdots,\alpha_n)$，即 $f(x)$ 在 F 上的分裂域就是将 $f(x)$ 的全部根添加到 F 所得到的扩域.

证　由于 $f(x)$ 在 E 中能分解成一次因式的乘积，故 $\alpha_1,\alpha_2,\cdots,\alpha_n\in E$，且 $F\subseteq E$，所以

$$F(\alpha_1,\alpha_2,\cdots,\alpha_n)\subseteq E.$$

另一方面，由于 $f(x)$ 在 $F(\alpha_1,\alpha_2,\cdots,\alpha_n)$ 上能完全分解，故 $E\subseteq F(\alpha_1,\alpha_2,\cdots,\alpha_n)$. 从而有

$$E=F(\alpha_1,\alpha_2,\cdots,\alpha_n).$$

□

例 5.3.2　设 $f(x)=x^3-1\in\mathbb{Q}[x]$，求 $f(x)$ 在有理数域 $\mathbb{Q}$ 上的分裂域.

解　由于 $f(x)=x^3-1=(x-1)\left(x-\dfrac{-1+\sqrt{3}\,\mathrm{i}}{2}\right)\left(x-\dfrac{-1-\sqrt{3}\,\mathrm{i}}{2}\right)$，于是，$f(x)$ 在 $\mathbb{Q}$ 上的分裂域为 $\mathbb{Q}\left(1,-\dfrac{-1+\sqrt{3}\,\mathrm{i}}{2},\dfrac{-1-\sqrt{3}\,\mathrm{i}}{2}\right)=\mathbb{Q}(\sqrt{3}\,\mathrm{i})=\{a+b\sqrt{3}\,\mathrm{i}\mid a,b\in\mathbb{Q}\}$.

更一般地，对于正整数 n，有理数域 $\mathbb{Q}$ 上的多项式 $f(x)=x^n-1$ 在 $\mathbb{Q}$ 上的分裂为：$E=\mathbb{Q}(\xi)$，其中，$\xi=\cos\dfrac{2\pi}{n}+\mathrm{i}\sin\dfrac{2\pi}{n}$.

对于分裂域的存在性问题，我们有下面的结论.

定理 5.3.2　设 $f(x)$ 是域 F 上的一个 n 次多项式，其中 $n\geqslant 1$，则 $f(x)$ 在 F 上

的分裂域存在.

证　对 $f(x)$ 的次数 n 应用数学归纳法.

当 $n=1$ 时, 显然 F 本身就是 $f(x)$ 在 F 上的分裂域.

假定对 $n-1$ 次多项式定理成立, 下证 $f(x)$ 是 n 次多项式时定理成立.

任取 $f(x)$ 的一个首项系数为 1 且在 F 上不可约因式 $p(x)$, 则由定理 5.2.6, 存在单扩域 $F(\alpha_1)$, 其中 α_1 在 F 上的最小多项式是 $p(x)$.

在域 $F(\alpha_1)$ 上, $f(x)$ 至少可分解成 $f(x)=(x-\alpha_1)f_1(x)$, 其中 $f_1(x)$ 是域 $F(\alpha_1)$ 上的 $n-1$ 次多项式. 由归纳假设, $f_1(x)$ 在域 $F(\alpha_1)$ 上存在分裂域, 设为

$$F(\alpha_1)(\alpha_2,\alpha_3,\cdots,\alpha_n),$$

其中 $\alpha_2,\alpha_3,\cdots,\alpha_n$ 为 $f_1(x)$ 的根. 从而, $\alpha_1,\alpha_2,\cdots,\alpha_n$ 就是 $f(x)$ 的所有根, 而 $F(\alpha_1,\alpha_2,\cdots,\alpha_n)$ 就是 $f(x)$ 在 F 上的分裂域. □

对于分裂域的唯一性问题, 我们只给出下面的结论而不加证明.

定理 5.3.3　设 F 与 $\overline{F}$ 是域,

$$\varphi: F \to \overline{F},$$
$$a \mapsto \overline{a}$$

是域同构, 则 φ 可自然地扩充为环同构:

$$\overline{\varphi}: F[x] \to \overline{F}[x],$$
$$f(x)=a_0+a_1x+\cdots+a_nx^n \mapsto \overline{f}(x)=\overline{a_0}+\overline{a_1}x+\cdots+\overline{a_n}x^n.$$

如果 E 是 $F[x]$ 中多项式 $f(x)$ 的分裂域, $\overline{E}$ 是 $\overline{F}[x]$ 中多项式 $\overline{f}(x)$ 的分裂域, 则存在域同构 $\psi: E \to \overline{E}$, 使得 $\psi|_F=\varphi$.

根据这个定理, 不难得到下面的推论.

推论 5.3.1　设 $f(x)$ 是域 F 上的一个 n 次多项式, 其中 $n\geqslant 1$, 则 $f(x)$ 在 F 上的分裂域存在, 且在 F-同构意义下是唯一的.

这里所说的 F-同构是指 F 上两个扩域间的同构, 且保持 F 的元素不变.

习题 5.3

1. 求 $f(x)=x^3-1$ 在实数域 $\mathbb{R}$ 上的分裂域.

2. 证明: $f(x)=x^4+1$ 在有理数域 $\mathbb{Q}$ 上的分裂域是一个单扩域 $\mathbb{Q}(\alpha)$, 其中 α 是 $f(x)$ 的一个根.

3. 设 p 是一个素数, E 是 x^p-1 在有理数域 $\mathbb{Q}$ 上的分裂域. 证明: $[E:\mathbb{Q}]=p-1$.

4. 设 $f(x)$ 是域 F 上的 $n\,(n\geqslant 1)$ 次多项式, E 是 $f(x)$ 在 F 上的分裂域. 证明: $[E:F]\leqslant n!$.

扩展阅读 25　怀尔斯小传

安德鲁·怀尔斯(A. J. Wiles, 1953～), 英国著名数学家. 他于 1994 年证明了数论中历史悠久的“费马大定理”, 并因此在 1996 年获沃尔夫奖, 1998 年获菲尔兹奖.

怀尔斯于 1953 年 4 月 11 日出生在英国, 10 岁时就被费马大定理吸引住了, 并从此选择了数学作为终身职业. 1974 年毕业于牛津大学默顿学院, 获学士学位. 1977 年, 在剑桥大学克莱尔学院获博士学位. 1981 年到美国普林斯顿高等研究院任研究员. 1982 年任普林斯顿大学教授.

1986 年, 怀尔斯决定向费马大定理发动冲击. 他先用 18 个月的时间, 收集了这次战斗所必要的数学工具, 而他全面的估计是: 接下来要做的, 是可能长达 10 年的专心致志的努力.

1988～1990 年, 怀尔斯任牛津大学皇家学会研究教授, 1989 年当选为伦敦皇家学会会员.

1993 年 6 月, 怀尔斯在英国剑桥大学牛顿研究所做了三次学术报告, 在最后一次演讲结束时, 他完成了对费马大定理的证明. 他那长达 200 页的论文大量依赖于群论和环论的结果. 费马大定理的证明使怀尔斯的事迹迅速登上世界各大报纸头版的位置, 在数学界更是奔走相告. 《纽约时报》在头版以《终于欢呼“我发现了!”, 久远的数学之谜获解》为题报道费马大定理被证明的消息. 一夜之间, 怀尔斯成为世界上最著名的数学家.

5.4　有　限　域

有限域是近世代数中重要的域, 在计算机科学、编码理论, 以及试验设计中都有重要应用. 有限域是伽罗瓦在证明一般五次代数方程不可解时引入的. 现在, 有限域上的矩阵群已成为一类重要的有限群.

定义 5.4.1　只含有有限个元素的域, 叫做**有限域**(finite field).

例如, 对于一个素数 p, $\mathbb{Z}_p$ 就是一个有限域.

定理 5.4.1　有限域的阶是一个素数的方幂.

证　设 F 为有限域, 其特征为素数 p, Δ 为 F 的素子域, 则 $|\Delta|=p$. 又设 $[F:\Delta]=n$, 并取 F 在 Δ 上的一个基 $\alpha_1,\alpha_2,\cdots,\alpha_n$, 则 F 中的元素可唯一表示成

$$k_1\alpha_1+k_2\alpha_2+\cdots+k_n\alpha_n,\quad k_i\in\Delta.$$

由于每个 k_i 在 Δ 中有 p 种取法，故系数共有 p^n 种取法. 而每种取法决定 F 中唯一一个元素，不同的取法得到不同的元素，所以，F 为 p^n 阶有限域. □

根据这个定理，有限域的阶有很强的限制，因为它只能是素数的正整数方幂. 反过来，任一素数的正整数方幂，是否是某个有限域的阶呢？回答是肯定的.

定理 5.4.2 (存在性)　设 p 为素数，n 为正整数，则 $\mathbb{Z}_p[x]$ 中的多项式

$$f(x)=x^{p^n}-x$$

在 $\mathbb{Z}_p$ 上的分裂域 E 是 p^n 阶有限域.

证　由于 $f'(x)=p^nx^{p^n-1}-1=-1$，故 $(f(x),f'(x))=1$，从而 $f(x)$ 在 E 中没有重根. 而 $f(x)$ 在 E 中分裂，故 $f(x)$ 在 E 中有 p^n 个互不相等的根，记为 $\alpha_1,\alpha_2,\cdots,\alpha_{p^n}$. 设 $F=\{\alpha_1,\alpha_2,\cdots,\alpha_{p^n}\}$，下证 F 是 E 的子域.

任取 $\alpha_i,\alpha_j\in F$，则 $\alpha_i^{p^n}=\alpha_i$，$\alpha_j^{p^n}=\alpha_j$，故 $(\alpha_i-\alpha_j)^{p^n}=\alpha_i^{p^n}-\alpha_j^{p^n}=\alpha_i-\alpha_j$，而当 $\alpha_j\neq 0$ 时，$(\alpha_i\alpha_j^{-1})^{p^n}=\alpha_i^{p^n}(\alpha_j^{-1})^{p^n}=\alpha_i^{p^n}(\alpha_j^{p^n})^{-1}=\alpha_i\alpha_j^{-1}$，所以 $\alpha_i-\alpha_j\in F$，且当 $\alpha_j\neq 0$ 时，$\alpha_i\alpha_j^{-1}\in F$. 因此，$F$ 是 E 的子域. 又 $\mathbb{Z}_p$ 是 E 的素子域，故 $\mathbb{Z}_p\subseteq F$，从而有

$$E=\mathbb{Z}_p(\alpha_1,\alpha_2,\cdots,\alpha_{p^n})=\{\alpha_1,\alpha_2,\cdots,\alpha_{p^n}\}=F.$$

于是，$f(x)=x^{p^n}-x$ 在 $\mathbb{Z}_p$ 上的分裂域是 p^n 阶有限域. □

定理 5.4.3 (唯一性)　设 F 为 p^n 阶有限域，其中 p 为素数，则 F 同构于多项式 $f(x)=x^{p^n}-x\in\mathbb{Z}_p[x]$ 在 $\mathbb{Z}_p$ 上的分裂域.

证　设 Δ 是 F 的素子域，则 $\Delta\cong\mathbb{Z}_p$，于是根据定理 5.3.3，我们只需证明，F 是 Δ 上的多项式 $x^{p^n}-x$ 在 Δ 上的分裂域即可.

令 $F^*=F-\{0\}$ 为 F 的 p^n-1 阶乘群，则对任意的 $\alpha\in F^*$，都有 $\alpha^{p^n-1}=1$，从而每个 $\alpha\in F$ 都是 $x^{p^n}-x$ 的根. 而多项式 $x^{p^n}-x$ 的根至多有 p^n 个，所以 F 中 p^n 个不同的元素恰是 $x^{p^n}-x$ 的全部根. 于是

$$x^{p^n}-x=(x-\alpha_1)(x-\alpha_2)\cdots(x-\alpha_{p^n}),$$

且 $F=\{\alpha_1,\alpha_2,\cdots,\alpha_{p^n}\}$. 再由 $\Delta\subseteq F$ 得，$F=\Delta(\alpha_1,\alpha_2,\cdots,\alpha_{p^n})=\{\alpha_1,\alpha_2,\cdots,\alpha_{p^n}\}$. 所以 F 是 Δ 上的多项式 $x^{p^n}-x$ 在 Δ 上的分裂域. □

现在讨论有限域的子域问题.

定理 5.4.4　设 F 为 p^n 阶有限域，其中 p 为素数，则 F 的子域的阶为 p^k，其中，k 是 n 的正因数. 反之，对 n 的每个正因数 k，F 有且只有一个 p^k 阶子域.

证 设K为F的一个子域, 则K为的特征也是p, 且K与F包含同一个素域Δ, 于是$|K|=p^k$, 其中$k=[K:\Delta]$. 由定理 5.1.4,

$$n=[F:\Delta]=[K:\Delta][F:K]=k[F:K],$$

从而, k是n的正因数.

反之, 设k为n的正因数, 则$(p^k-1)\mid(p^n-1)$. 从而,

$$(x^{p^k-1}-1)\mid(x^{p^n-1}-1) \quad 或 \quad (x^{p^k}-x)\mid(x^{p^n}-x).$$

但$x^{p^n}-x$在F上能完全分解, 故$x^{p^k}-x$在F上也能完全分解. 根据定理 5.4.2 的证明过程, 这个多项式在F中的全部根构成F的一个p^k阶子域, 即$x^{p^k}-x$在素域Δ上的分裂域.

由于F的p^k阶子域都是多项式$x^{p^k}-x$在素域Δ上的分裂域, 因此这样的子域也是唯一的. □

这个定理说明, p^n阶有限域有且只有$T(n)$个子域.

最后给出有限域的具体构造.

设p是给定的素数, n是给定的正整数. 下面我们构造p^n阶有限域.

令$f(x)$为域$\mathbb{Z}_p$上的n次不可约多项式, 则$\langle f(x)\rangle$是环$\mathbb{Z}_p[x]$的极大理想. 从而$\mathbb{Z}_p[x]/\langle f(x)\rangle$是域, 且$\mathbb{Z}_p[x]/\langle f(x)\rangle$中每个元素都可唯一表示成

$$a_0+a_1x+\cdots+a_{n-1}x^{n-1}+\langle f(x)\rangle,\quad a_i\in\mathbb{Z}_p.$$

但由于每个系数a_i在$\mathbb{Z}_p$中都有p种取法, 故系数共有p^n种取法. 而每种取法决定$\mathbb{Z}_p[x]/\langle f(x)\rangle$中唯一一个元素. 所以, $\mathbb{Z}_p[x]/\langle f(x)\rangle$为$p^n$阶有限域.

习题 5.4

1. 设$f(x)$是域$\mathbb{Z}_2$上的 3 次不可约多项式. 证明: $f(x)$在$\mathbb{Z}_2$上的分裂域是 8 阶域.
2. 设p为素数. 证明: 包含域$\mathbb{Z}_p$的每个有限域都是$\mathbb{Z}_p$的单扩域.
3. 设F是特征为素数p的有限域, 且对任意的$\alpha\in F$, 都有$\alpha^p=\alpha$. 证明: $F\cong\mathbb{Z}_p$.
4. 设F是有限域E的子域. 证明: $[E:F]=\log_{|F|}|E|$.

拓展阅读 26 汤普森小传

汤普森(J. G. Thompson, 1932～), 美国数学家, 1932 年 10 月 13 日出生于美国堪萨斯州渥太华. 1951 年, 作为神学专业学生进入耶鲁大学, 但二年级时又转为

数学专业，并于 1955 年获耶鲁大学学士学位. 随后进入芝加哥大学攻读博士，于 1959 年获博士学位. 在哈佛大学任教了一年后，1962 年回到芝加哥大学任教授. 1968 年到英国剑桥大学，1971 年被选为美国科学院院士，1979 年被选为英国皇家学会会员. 1993 年起任佛罗里达大学教授.

1959 年，汤普森在他的博士论文中证明了一个有 50 年历史的关于有限群的自同构的弗罗贝尼乌斯猜想，并用该论文中的方法在1963年与费特合作证明了有限群的伯恩赛德猜想：每个奇数阶群都是可解群. 这一结果标志着有限单群分类的重大突破.

汤普森于1967 年当选为美国国家科学院院士，并于1998 年成为美国艺术与科学学院成员. 他还是英国皇家学会与意大利科学院的外籍院士. 汤普森因其在数学上的巨大贡献曾获多项国际奖项，包括菲尔兹奖、沃尔夫奖及庞加莱奖章，并于 2000 年由美国总统克林顿授予国家科学奖章.

5.5　尺规作图问题

希腊是几何的故乡，古希腊人对几何的贡献是巨大的. 在他们的几何体系里，尺规作图是一项有趣而又重要的内容. 所谓尺规作图，就是经过有限次使用圆规和没有刻度的直尺，作出满足某些条件的几何图形. 下面就是古希腊几何中尺规作图的三大难题.

化圆为方问题：能否用尺规作一个正方形，使其面积等于已知半径的圆的面积.

立方倍积问题：能否用尺规作一个正方体，使其体积等于已知棱长的立方体体积的 2 倍.

三等分角问题：能否用尺规三等分任意一个角.

下面我们将用域论的知识证明，上述三个问题的答案都是否定的.

我们先看尺规作图的本质是什么，由此找到几何作图与代数扩张的关系. 假如已知平面上有限个初等几何图形(包括点、直线、圆等)，要求用尺规作出符合给定条件的几何图形. 我们在作几何图形过程中，总是从已知的点和线段出发，作出新的点，然后再进行连接. 如果引进坐标，把点看成数，那么一个点能否作出就变成对应的数能否作出的问题.

例如，作边长为 1 的正方形的对角线，相当于作出 $\sqrt{2}$ 这个数. 而对于立方倍积问题，假定已知立方体的棱长为 1，要作体积为 2 的立方体，其棱长为 $\sqrt[3]{2}$，问题也就相当于能否作出 $\sqrt[3]{2}$ 这个数.

规定 1 总是可作的. 下面的例子说明, 有理数都是可作的.

例 5.5.1　已知线段 a,b，求作长度为 $a+b, a-b, ab, a/b$ 的线段.

这些线段的作法在初等数学中就能看到, 譬如, 要作线段 ab，只要作一个三角形 ABC 即可. 即由点 A 引两条不重合的射线 AB, AC. 在 AB 上取点 D, B, 使得 $AD=1, AB=1+a$. 同样地, 在 AC 上取点 E, 使得 $AE=b$. 连接 DE, 并过 B 作直线 BC 平行于 DE, 交 AE 的延长线于 C, 则线段 $EC=ab$ (图 5.5.1). 同样可以作出线段 a/b (图 5.5.2).

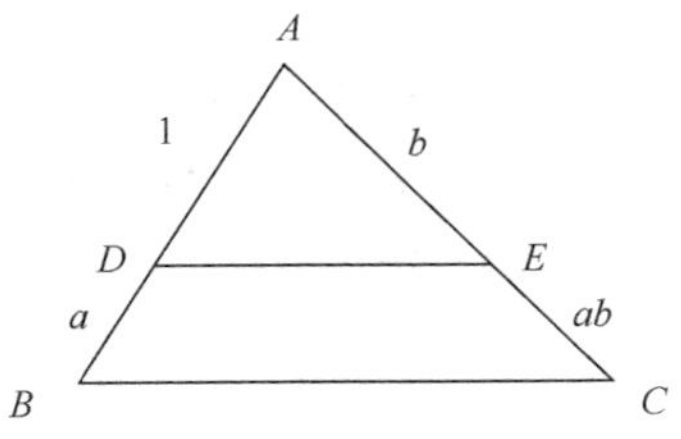

图 5.5.1

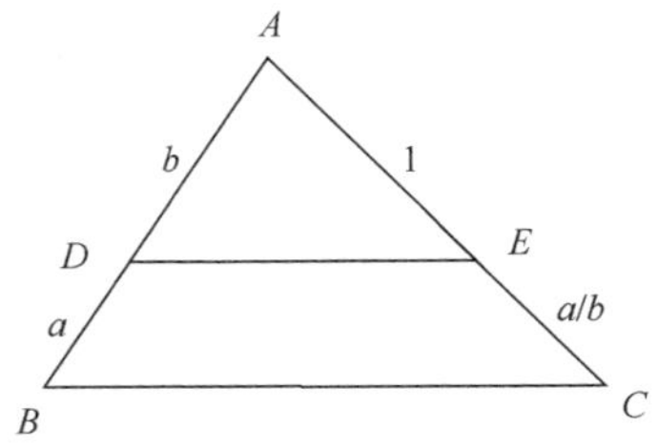

图 5.5.2

例 5.5.2　已知长度 a 的线段, 求作长度为 $\sqrt{a}$ 的线段.

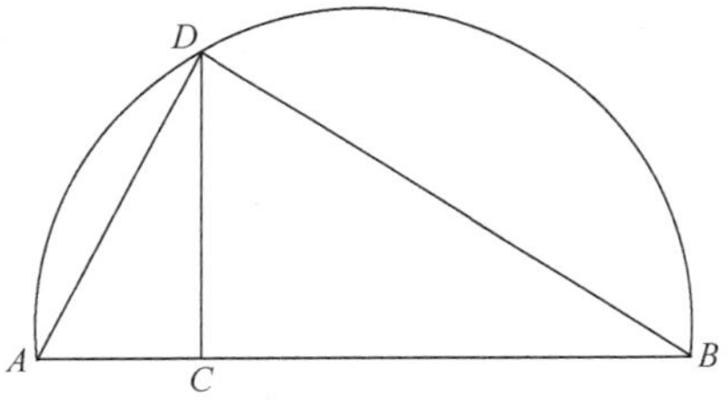

图 5.5.3

其作法如下: 以 $1+a$ 为直径作半圆. 在直径 AB 上取点 C, 使得 $AC=1$. 过 C 点作直线 CD 垂直于 AB, 交半圆弧于 D, 则线段 DC 的长度就是 $\sqrt{a}$ (图 5.5.3).

在一个平面直角坐标系中, 由于平面上的点 (a,b) 与复数 $z=a+b\mathrm{i}$ 一一对应, 因而一个点能否用尺规作出, 相当于它对应的复数能否用尺规作出.

不难验证下列结论.

定理 5.5.1　复数 $z=a+b\mathrm{i}$ 可以用尺规作出, 当且仅当 z 的实部 a 与虚部 b 可以用尺规作出. 或者说, 复数 z 可以用尺规作出, 当且仅当复数 z 的模与辐角可以用尺规作出.

例如, 如果给定复数 $z_1=a_1+b_1\mathrm{i}, z_2=a_2+b_2\mathrm{i}$, 则有

$$z_1+z_2=(a_1+a_2)+(b_1+b_2)\mathrm{i}, \quad z_1-z_2=(a_1-a_2)+(b_1-b_2)\mathrm{i},$$

$$z_1z_2=(a_1a_2-b_1b_2)+(a_1b_2+a_2b_1)\mathrm{i},$$

$$\frac{z_1}{z_2}=\frac{(a_1a_2+b_1b_2)+(a_2b_1-a_1b_2)\mathrm{i}}{a_2^2+b_2^2}, \quad z_2\neq 0.$$

按照例 5.5.1 及定理 5.5.1, 若复数 z_1, z_2 可以用尺规作出, 则其和、差、积、商也可以用尺规作出. 相应地, 若记 $z = r(\cos\theta + \mathrm{i}\sin\theta)$, 由于二等分任意角是可作的, 故 $\sqrt{z} = \sqrt{r}\left(\cos\frac{\theta}{2} + \mathrm{i}\sin\frac{\theta}{2}\right)$ 也是可作的.

从上面的讨论, 我们可以看出几何作图问题的本质: 利用已知给定的数集中的数, 通过四则运算与开平方表示一个新的数.

定理 5.5.2　若数域 F 中的每个数可以用尺规作出, 且数 $\alpha_1, \alpha_2, \cdots, \alpha_n$ 也可以用尺规作出, 则数域 $F(\alpha_1, \alpha_2, \cdots, \alpha_n)$ 中的数都可以用尺规作出.

证　对任意的 $\alpha \in F(\alpha_1, \alpha_2, \cdots, \alpha_n)$, 由于 α 可以表示成

$$\alpha = \frac{f(\alpha_1, \alpha_2, \cdots, \alpha_n)}{g(\alpha_1, \alpha_2, \cdots, \alpha_n)},$$

其中, $f(x_1, x_2, \cdots, x_n), g(x_1, x_2, \cdots, x_n) \in F[x_1, x_2, \cdots, x_n]$. 于是, α 是由 F 中的若干元素与 $\alpha_1, \alpha_2, \cdots, \alpha_n$ 通过四则运算而得到的, 故 α 可以用尺规作出. □

推论 5.5.1　若数域 F 中的每个数可以用尺规作出, $\alpha \in F$, 则 $F(\sqrt{\alpha})$ 中的每个数也可以用尺规作出.

现在我们来考虑上述问题的反问题, 即什么样的数才能用尺规作出?

当数域 F 中的数都可以用尺规作出时, 如果二维平面 F^2 中的点 P 可以用尺规一次作出, 则点 P 一定是 F^2 中两段直线段、两段圆弧或一段直线段与一段圆弧的交点, 即点 P 的坐标是下列三个方程组中某一个的解.

$$\begin{cases} a_1x + b_1y + c_1 = 0, \\ a_2x + b_2y + c_2 = 0; \end{cases} \tag{5.5.1}$$

$$\begin{cases} a_1x + b_1y + c_1 = 0, \\ x^2 + y^2 + a_2x + b_2y + c_2 = 0; \end{cases} \tag{5.5.2}$$

$$\begin{cases} x^2 + y^2 + a_1x + b_1y + c_1 = 0, \\ x^2 + y^2 + a_2x + b_2y + c_2 = 0, \end{cases} \tag{5.5.3}$$

其中 $a_1, b_1, c_1, a_2, b_2, c_2 \in F$.

容易看出, 上述每个方程组的解或者是 F 中的数, 或者是形如 $a + b\sqrt{c}$ 的数, 其中 $a, b, c \in F$. 于是, 我们得到下面的定理.

定理 5.5.3　设 F 是给定的数域. 若数 α 在 F 上可以用尺规一次作出, 则 α 在 F 中或在 F 的一个二次扩域中.

推论 5.5.2　设 F 是给定的数域, 则数 α 在 F 上可以用尺规作出, 当且仅当存在扩域序列

$$F = F_0 \subset F_1 \subset F_2 \subset \cdots \subset F_n,$$

使得

(1) $[F_i : F_{i-1}] = 2, i = 1, 2, \cdots, n;$

(2) $\alpha \in F_n$.

证 设数α在F上可以用尺规经有限步作出. 由于每作出一步, 就得到一个域扩张, 它在上一个域上的次数为 1 或 2, 因此我们得到一个二次扩域链

$$F = F_0 \subset F_1 \subset F_2 \subset \cdots \subset F_n,$$

使得$\alpha \in F_n$, 并且由定理 5.5.3 知, $[F_n : F] = 2^n$.

反之, 如果存在一个二次扩域链

$$F = F_0 \subset F_1 \subset F_2 \subset \cdots \subset F_n,$$

使得$\alpha \in F_n$, 则由$[F_1 : F] = 2$知, F_1中的数也可以用尺规作出.

一般地, 若F_{i-1}中的数可以用尺规作出, 则由$[F_i : F_{i-1}] = 2$知, F_i中的数也可以用尺规作出. 因此, F_n中的数α也可以用尺规作出. □

推论 5.5.3 如果数α可以用尺规作出, 则α一定是代数数, 且其次数为 2 的方幂.

现在我们可以解决三大尺规作图问题了.

(1) **化圆为方问题不可解**.

证 取定圆的半径为 1, 其面积为π, 于是面积为π的正方形的边长为$\sqrt{\pi}$. 而$\sqrt{\pi}$是超越数, 因此, $\sqrt{\pi}$不会在有理数域$\mathbb{Q}$的任何一个2^n次扩域中. 从而$\sqrt{\pi}$不能用尺规作出.

(2) **立方倍积问题不可解**.

证 取定立方体的棱长为 1, 则所作立方体的体积为 2, 其棱长为$\sqrt[3]{2}$. 由于$\sqrt[3]{2}$是一个三次代数数, 因此, $\sqrt[3]{2}$不会在有理数域$\mathbb{Q}$的任何一个2^n次扩域中. 从而$\sqrt[3]{2}$不能用尺规作出.

(3) **三等分角问题不可解**.

为了解决上述问题, 我们需要下面的结论.

定理 5.5.4 设α是任意一个角, $a = \cos\alpha$, 则角α可以用尺规三等分的充分必要条件是, 多项式$f(x) = x^3 - 3x - 2a \in \mathbb{Q}(a)[x]$在$\mathbb{Q}(a)[x]$中是可约的.

证 设α是一个以原点为顶点、以x轴为一条边的角. 以原点为圆心作单位圆, 与角α的另一边交点的横坐标就是$\cos\alpha$ (图 5.5.4). 由此可见, 角α可由尺规作出当且仅当实数$\cos\alpha$可由尺规作出.

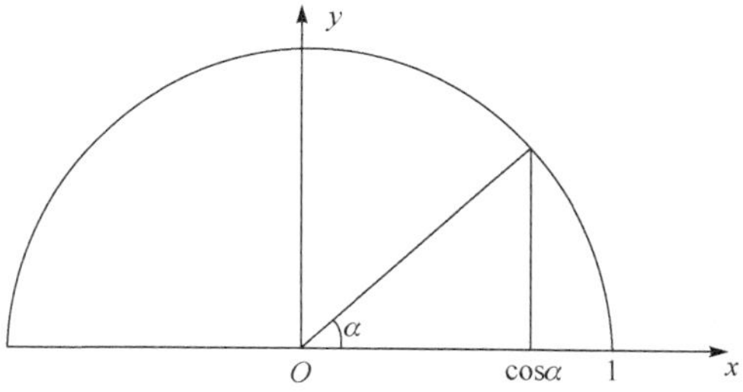

图 5.5.4

令 $\theta=\dfrac{\alpha}{3}$, $b=2\cos\theta$, 则问题化为能否由 $\mathbb{Q}(a)$ 用尺规作出 b. 由三角公式

$$\cos\alpha=\cos 3\theta=4\cos^3\theta-3\cos\theta,$$

得 $2a=b^3-3b$. 所以 b 是多项式 $f(x)=x^3-3x-2a\in\mathbb{Q}(a)[x]$ 的一个根.

如果 $f(x)$ 在 $\mathbb{Q}(a)[x]$ 中不可约, 则 $f(x)$ 就是 b 在 $\mathbb{Q}(a)$ 上的最小多项式. 于是, $[\mathbb{Q}(a)(b):\mathbb{Q}(a)]=3$, 从而由推论 5.5.2 知, b 不能用尺规作出.

如果 $f(x)$ 在 $\mathbb{Q}(a)[x]$ 中可约, 则由于 b 是 $f(x)$ 的根, 且 $f(x)$ 是三次多项式, 故 b 或者在 $\mathbb{Q}(a)$ 中, 或者是 $\mathbb{Q}(a)[x]$ 上的一个不可约二次多项式的根. 对于前者, 显然 b 能用尺规作出. 而对于后者, 由于 $[\mathbb{Q}(a)(b):\mathbb{Q}(a)]=2$, 因而由推论 5.5.2, b 也能用尺规作出. □

例如, 角 $\alpha=\dfrac{\pi}{2}$ 是可以三等分的, 因为此时 $a=0$, $f(x)=x^3-3x=x(x^2-3)$ 在 $\mathbb{Q}[x]$ 中可约. 但是, 角 $\alpha=\dfrac{\pi}{3}$ 是不能用尺规三等分的, 因为此时 $a=\dfrac{1}{2}$, $f(x)=x^3-3x-1$ 在 $\mathbb{Q}[x]$ 中不可约.

所以, 一般来说, 不能用尺规三等分任意一个角.

习题 5.5

1. 证明: 多项式 $f(x)=x^4-3x^2+1$ 的根是可用尺规作出的.
2. 证明: $\alpha=\sqrt[4]{3+2\sqrt{2}}$ 是可用尺规作出的.
3. 证明: 数 $\sin\theta$ 可以用尺规作出当且仅当 $\cos\theta$ 可以用尺规作出.

参 考 文 献

韩士安, 林磊, 2004. 近世代数. 北京: 科学出版社.
唐忠明, 2006. 抽象代数基础. 北京: 高等教育出版社.
唐高华, 2008. 近世代数. 北京: 清华大学出版社.
杨子胥, 2004. 近世代数学习辅导与习题选解. 北京: 高等教育出版社.
杨子胥, 2011. 近世代数. 3 版. 北京: 高等教育出版社.